La Pensèe Sauvage

当　代　世　界　学　术　名　著

野性的思维

[法] 克洛德·列维-斯特劳斯（Claude Lévi-Strauss）／著
李幼蒸／译

中国人民大学出版社
·北京·

Claude
Lévi-Strauss

AGORA

La pensée sauvage

法文版包封

谨以此书纪念

摩里斯·梅罗-庞蒂

I　奥地利伊丽莎白皇后像（局部）

弗朗哥·克罗埃，摄影：罗浮宫博物馆。

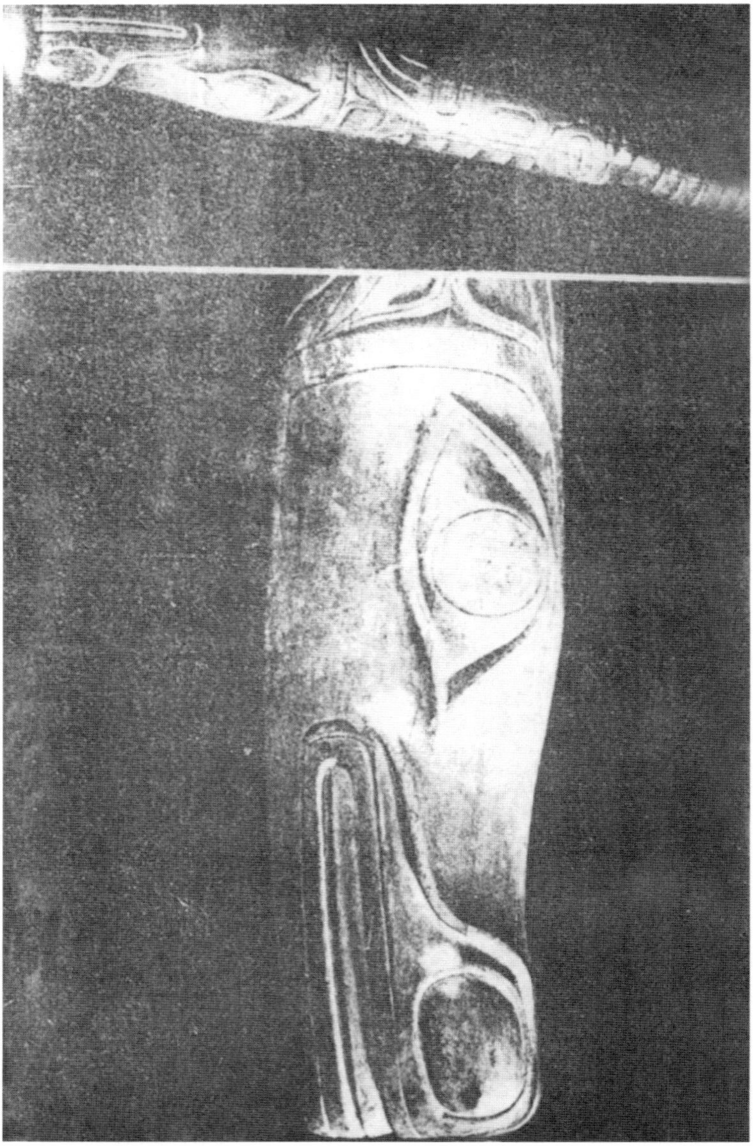

Ⅱ　海达人（阿拉斯加）的击鱼棒

全长：56 厘米，本书作者收藏，摄影：于亚尔。

Ⅲ

勒·布伦（Le Brun），录自梅提维：《与动物面容相比照的人的面容》，巴黎，1917（国立博物馆藏）。

Ⅳ

格兰得维伊(Gradville)，录自《当代变迁》，巴黎，1853（国立博物馆藏）。

V 鸟类图谱 百鸟图

甘吉尔（Gangel,Metz）作,国立艺术与民俗博物馆藏，图50-39-2583号，于亚尔摄。

Ⅵ　动物社会（漫画）

甘吉尔作，国立艺术与民俗博物馆藏，图 53—86—5120 号，于亚尔摄。

藏。来源：斯普林斯（Alice Springs），澳洲北部居留地，1956 年 12 月，邦迪摄。

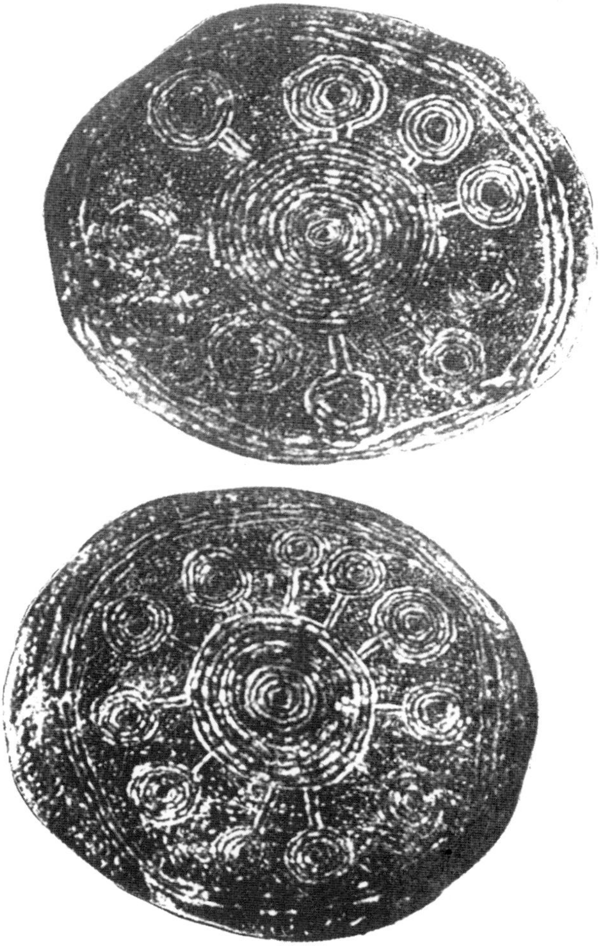

Ⅶ　阿兰达族屈林加

石制，19×17 厘米，莱伊诺得（M. Edgar Raynaud）藏。来源：斯普林斯（Alice Springs），澳洲北部居留地，1956 年 12 月，邦迪摄。

Ⅷ　阿兰达人的水彩画

上图：驼背上的巡逻队，罗本·帕勒卢尔提亚（Reuben Pareroultja）作。

下图：奥尔帕拉，西麦克唐奈尔山脊，阿尔伯特·纳马提拉（Albert Namatjira）作，澳洲情报局摄。

“当代世界学术名著”
出版说明

中华民族历来有海纳百川的宽阔胸怀，她在创造灿烂文明的同时，不断吸纳整个人类文明的精华，滋养、壮大和发展自己。当前，全球化使得人类文明之间的相互交流和影响进一步加强，互动效应更为明显。以世界眼光和开放的视野，引介世界各国的优秀哲学社会科学的前沿成果，服务于我国的社会主义现代化建设，服务于我国的科教兴国战略，是新中国出版工作的优良传统，也是中国当代出版工作者的重要使命。

中国人民大学出版社历来注重对国外哲学社会科学成果的译介工作，所出版的“经济科学译丛”、“工商管理经典译丛”等系列译丛受到社会广泛欢迎。这些译丛侧重于西方经典性教材；同时，我们又推出了这套“当代世界学术名著”系列，旨在逐译国外当代学术名著。所谓“当代”，一般指近几十年发表的著作；所谓“名著”，是指这些著作在该领域产生巨大影响并被各类文献反复引用，成为研究者的必读著作。我们希望经过不断的筛选和积累，使这套丛书成为当代的“汉译世界学术名著丛书”，成为读书人的精神殿堂。

由于本套丛书所选著作距今时日较短，未经历史的充分淘洗，加之判断标准见仁见智，以及选择视野的局限，这项工作肯定难以尽如人意。我们期待着海内外学界积极参与推荐，并对我们的工作提出宝贵的意见和建议。我们深信，经过学界同仁和出版者的共同努力，这套丛书必将日臻完善。

中国人民大学出版社

目　录

前　言

本书的内容是自成系统的，但它所论述的问题与我最近在一本名为《图腾制度》（巴黎，法国大学出版社，1962）的书中比较仓促地概述的那些问题有着密切联系。我虽无意要求读者同时去参照那本书，但如能注意到这两本书之间的联系是适宜的，其实前一本书可以看成是后一本书的一种历史的、批评的导论。因此我认为在本书中没有必要再去回顾那些已经充分论述过的理论、定义和事实了。

然而读者在阅读本书时应当了解，我们料想他们已接受了前一本书中得出的有关图腾制度的否定性的结论；因为，在说明了为什么我们认为早先的人类学家们受到一种错误观念的蒙蔽之后，我们就该来探讨图腾制度的肯定性方面了。

我把 M. 梅罗-庞蒂的名字写于本书首页，而在本书最后一章中讨论萨特的一部著作，谁都不要因此就认为我有意要把他们两人对立起来。近年来，某些接近梅罗-庞蒂和我本人的人不难了解，我将本书奉献给他原是很自然的事，这本书是根据我在法兰西学院的一些讲稿随意扩充而成的。如果他还在世，这本书无论如何也会是我们两人之间继续 II
讨论的成果，我们两人之间的相互讨论开始于 1930 年，当时西蒙·德·波瓦和我们俩在一起参加教学实习工作，那正是我们取得最后学位的前夕。死亡突然把他从我们身边夺去了，但这本书至少仍然可以奉献给长存于我们记忆中的他，以此来表示我的信赖、感激和友情。

如果说我感到有必要把我与萨特在有关人类学的哲学基础方面观点上的分歧论述一下，那只是在我反复阅读了萨特的那部著作后才决定这样做的。1960 年至 1961 年期间我和我的高等研究院的学生们曾多次开会专门研究讨论了这部书。我希望，萨特首先会看到，尽管有不可避免的分歧，这些表现出我们深切关注之意的讨论仍然间接地表示了我们大家对他本人的尊重和崇敬。

我要对我的同事，高等研究院的研究主任雅克·贝尔丁先生表示诚挚的谢意，他曾在研究室里热心地为我绘制了几幅图表；

I. 舍瓦和 J. 普伊翁的课堂笔记使我想起了早就遗忘了的一些即席发挥的内容；

E. H. 雷玛夫人为我打录了手稿；

M. N. 贝尔蒙帮助我收集文献并制作了参考书目和索引；

我的妻子帮助我重读了原稿并校改了清样。

第1章　具体性的科学

长久以来人们已经习惯于运用不包括表达“树”或“动物”这类概 3
念的字词的语言，即使这类语言含有各物种和变种的详细品目所必需的一切词语。但是，虽然这类情况被引用为“原始人”的所谓不善抽象思维的证据，同时却首先忽略了另一类情况，这类情况表明，丰富的抽象性词语并非为文明语言所专有。让我们举个例子，在北美洲西北部广泛通行的契努克印第安语中，人们就是借助抽象词语来称道事物的很多属性和性质的。鲍阿斯说：“这种方法应用的范围比我们知道的任何其他语言都更广泛”。陈述句“这个恶人杀死了那个穷孩子”，译成契努克语就是：“这个人的恶性杀死了那个孩子的贫穷”。他们把“这个女人使用过一个很小的篮子”这句话说成：“她把委陵菜根放入一个蛤篮的小中”。(鲍阿斯 2，657～658 页)

此外，在每一种语言中，话语（discours）和句法都提供必要的手
段以弥补词汇的欠缺。而且，当我们注意到这一相反的情形，即相当一 4
般性的词语比专门名词更多，也被用来证明未开化人智力的贫乏时，上一段谈到的这一论点的倾向性就变得十分明显了：

> 在植物和动物中，印第安人用名字来称呼的只是那些有用的或

有害的东西，其余种种都含混地包括在鸟类、杂草类等等之中。（克劳思，104 页）

晚近一位研究者似乎同样地相信，土著只是按其需要来命名和形成概念的：

我还记得马克萨斯群岛的朋友们……对我们 1921 年探险队中的那位植物学家对他所采集的没有名称的（“没有用的”）“野草”所发生的（在他们看来完全是愚蠢的）兴趣笑弄不已，不懂他为什么想知道它们的名称。（韩迪和普奎，119 页，注 21）

然而韩迪把这种不关心的态度，与我们文明国度中的专家们对和自己研究领域没有直接关系的现象所表现出来的漠不关心作了比较。当她的土著合作者指出，在夏威夷“每一种人们知道是有名称的（和被拟人化的）植物的、动物的或无机物的品类，都是……某种被使用的东西”时，她特意补上一句：“以这种或那种方式被使用的”。她明确指出，“有数不尽的林禽海兽和气象或海洋现象都没有名称”，其原因是，人们认为它们是没有“用处”或……不能引起“兴趣”的，这两个词并不相等，因为“用处”着眼于实际方面，“兴趣”则着眼于理论方面。接着她通过强调后者而摈弃前者来证实这一点：“生存，就是充满了精确的和确定的意义的经验”（同上书，119 页）。

5 实际上，各种语言中概念的规定是不同的，正如 18 世纪《法国大百科全书》中“名称”（nom）词条的作者正确注意到的那样，使用词的抽象程度的高低并不反映智力的强弱，而是由于一个民族社会中各个具体社团所强调和予以细致表达的兴趣不同：“在天文台里，一颗星并不只是一颗星，而是摩羯座中的 β、半人马座中的 γ 或大熊座中的 ζ，等等。在马厩中，每一匹马都有一个专有名称——钻石、妖精、暴性子，等等。”再者，即使本章开头时提到的有关所谓原始人语言的看法可以原封不动地接受，我们也不能由此得出结论说，这类语言缺少一般性的观念。像“橡树”、“山毛榉”、“桦树”等词与“树”这个词一样，也同样有资格被看作是抽象词。而且按照这一观点，一种包含有“树”一词的语言，在概念的丰富性上也不如那种虽然缺少这个词但却含有数十数百个个别物种与变种的词的语言。

我们在专业语言中见到的那种概念数目激增的现象，是与人们愈益经常地注意现实中的种种性质，愈益细致地关心对这些性质做可能的区分这一倾向相伴随的。这种对客观知识的渴求，是我们称作“原始的”人的思维中最易被忽略的方面之一。即使它所关心的事实与近代科学所关心的事实很少处于同一水平，它仍然包含着与后者相类似的智力运用和观察方法。在这两种情况下，宇宙既是满足需要的手段，至少同样也是供思索的对象。

每一文明都倾向于过高估计其思想所具有的客观性方向，然而这一倾向总是存在的。当我们错误地以为未开化人只是受机体需要或经济需要支配时，我们却未曾想到他们也可以向我们提出同样的指责，6
而且在他们看来，他们自己的求知欲似乎比我们的求知欲更为均衡。

> 这些夏威夷土著对他们所掌握的自然财富的利用几乎是完善无缺的，远比目前商业时代的资源利用要完善得多，后者毫不顾惜地耗用着少数几种在经济财务上暂时有利可图的东西，忽略而且往往是毁掉其余的东西。（韩迪和普奎，213 页）

以谋利为目的的农业当然不能与植物学家所从事的科学混为一谈。但是老一辈的夏威夷贵族忽略后者而只考虑前者，尽量利用土法耕作谋利，这就等于犯了马林诺夫斯基那种似是而非的错误。马林诺夫斯基认为，原始人对图腾动植物的兴趣只是他们饥肠辘辘的结果。

太斯曼（71 页）在谈到加蓬的芳族人时曾注意到“他们在区分同一属内各个种之间细微差别时所表现出来的精确的辨别力”。前面引述过的那两位作者对于大洋洲也有类似的看法。

> 这里的土著具有敏锐的官能，他们精确地注意到了陆地和海洋
> 生物的一切物种的种属特性，以及像风、光和天色、水波和海浪变 7
> 化、水流和气流等自然现象的最细微的变异。（韩迪和普奎，119 页）

菲律宾群岛的哈努诺人有一种嚼槟榔的习俗，就像这样一种简单的习俗竟需要具有关于四种槟榔子和八种替代物，五种蒟酱叶和五种替代物的知识。（康克林 3）

> 哈努诺人的几乎所有的日常活动都需要十分熟悉当地的植物和掌握有关植物分类的精确知识。有一种看法认为，那些靠自然物维持生存的集团只利用当地植物群中很小一部分。与此相反，哈努诺人却认为当地土生植物品种的总数中有93%都是有用的。（康克林 1，249 页）

对于动物界来说情况也相同。

> 哈努诺人把当地鸟类分成 75 种……他们大约能辨别十几种蛇……60多种鱼……10 多种淡水和海水甲壳动物……大约同样数目的蜘蛛纲动物和节足动物……哈努诺人把现有的数千种昆虫分为 108 类，其中包括 13 种蚂蚁和白蚁……哈努诺人认识 60 多种海水软体动物和 25 种以上的陆地和淡水中的软体动物……他们能辨别 4 种不同类型的吸血的水蛭……总共记录下 461 种动物。（同上书，67～70 页）

一位生物学家对菲律宾群岛的俾格米矮人作了如下的描述：

> 尼格利托矮人的另一特征是他们有极其丰富的关于动植物界的知识，这一点使他们与周围住在平原地区的信奉基督教的人判然有
> 8 别。这种经验知识不仅包括对极其大量的植物、鸟类、牲畜和昆虫的种的识别，而且还包括关于每一种动植物的习性和行为的知识……
>
> 尼格利托矮人完全是其环境中的固有部分，而且更重要的是，他们始终不断地研究着自己周围的环境。我曾多次看见一个尼格利托人，当他不能确认一种特殊的植物时，就品尝其果实，嗅其叶子，折断并察验其枝茎，并捉摸它的产地。只有在做过这一切之后，他才说出自己是否知道这种植物。

土著人对那些对他们没有直接用处的植物也感兴趣，因为这些植物与动物和昆虫界有着重要联系，于是该作者又继续说：

> 矮人敏锐的观察力和他们对动植物之间相互关系的了解……表现在他们对于蝙蝠生活习性的讨论中。梯迪丁（tididin）生活在棕榈树的干叶上，迪克迪克（dikidik）生活在野蕉叶子的背面，里特里特（litlit）生活在竹丛里，考仑拜（kolumbóy）住在树穴里，克纳纳巴（konanabá）住在暗树丛中，等等。
>
> 皮那图博的尼格利托矮人能这样区分出不下15种蝙蝠的生活习性。当然，蝙蝠以及昆虫、鸟类、牲畜、鱼和植物等的分类，主要是由其形体上的实际区别和（或）类似来决定的。
>
> 几乎所有尼格利托人都可以不费力地列举出至少450种植物， 9
> 75种鸟类，大多数蛇、鱼、昆虫和兽类，以及甚至20种蚁类……①的种名或摹状名。马纳纳姆巴尔，即巫医和巫医婆，在治病行医时经常使用各种植物，他们的植物学知识确实令人惊奇。（R. B. 福克思，187～188页）

关于琉球群岛的一个落后种族，我们读到：

> 甚至一个孩子也常常能认出哪块小木头是属于哪一种树上的，而且通过观察木头和树皮的外表、气味、硬度和其他特征来确定那种树的性别，土著们是具有关于植物性别的观念的。他们能成打地叫出鱼类和水生贝壳类动物的各不相同的名称，并十分了解它们不同的特征、习性，以及性别……（史密斯，150页）

以前数千名柯威拉印第安人从未用尽过的南加利福尼亚一块沙漠地区里的自然资源，今天却只够少数白人家庭维持生存。他们过着富裕的

---

① 至少还有45种可食用的蘑菇和菌类（R. B. 福克思，231页），在工艺方面，有50多种箭类（同上书，265～268页）。——原书注，以下不再一一注明。

生活，因为在这块表面上看来非常荒凉的不毛之地里，他们熟知 60 多种可食植物和 28 种具有麻醉、兴奋或医疗效用的其他植物（巴罗思）。一个提供资料的塞米诺尔人就能识别 250 种（和变种）植物（斯特提文特）。据记载，合皮印第安人知道 350 种植物，那伐鹤人知道五百多种植物。南菲律宾群岛的萨巴农人的植物名词超过 1000 个（弗雷克），哈
10 努诺人的植物名词将近 2000 个[①]。与加蓬的一位土著资料提供者一同工作的塞兰斯，最近发表了一份有大约 8000 个名词的人种-植物词汇表，这些名词出现在附近十二三个部落的语言或方言之中（沃克尔和塞兰斯）。M. 格雷奥勒和他在苏丹的同事的工作成果虽大部分尚未发表，但它们很可能也是同样引人注目的。

他们对周围生物环境的高度熟悉、热心关切，以及关于它的精确知识，往往使调查者们感到惊异，这显示了使土著居民与他们的白种客人判然有别的生活态度和兴趣所在。在新墨西哥的特瓦印第安人中：

> 他们注意到细微的区别……他们给该地区的每一种针叶树都取一个名字，尽管各种树木之间的区别微不可辨。普通的白人则不能区分（它们）……人们也许真有可能把一篇植物学论文翻译成特瓦语。（罗宾斯、海灵顿和弗莱雷-马尔柯，9、12 页）

E·史密斯·宝温有趣地描述了她来到一个非洲部落，打算开始学习该族语言时所产生的困惑之感，她的这番描述绝非夸张。她的资料提供者们在教她该族语言的最初阶段，觉得收集大批植物标本是很自然的事情，他们把标本拿给她看，一一说出它们的名称，而她却不能识别这些标本，这倒不是由于标本的性质过于奇特，而是由于她对丰富多彩的植物世界根本不感兴趣。另一方面，土著们则认为有这种兴趣是很自然的。

> 11 这些人都是农民，对他们来说植物的重要性和亲切性不亚于人。我从来没在农村待过，甚至连秋海棠、大丽花和矮牵牛花都认不出来。植物就像代数那样具有一种似同而异或似异而同的特点；

① 参见本书 182、202 页（指原书页码，即本书边码，全书同）。

> 因此数学和植物总是让我迷惑不解。我平生头一次发觉自己生活在这样一个社会中，这里的十岁幼童在数学上并不比我高明。我也发觉在我住的这个地方，每一种野生的或培植的植物都有自己的名称和用途，而且在这里每个男人、女人和儿童都毫不含糊地认识数百种植物。他们简直不能相信，即使我愿意的话，我也不能像他们一样识别这些植物。（史密斯·宝温，22页）

一位专家对此的反应却完全不同，他在一篇专论中描述了北罗得西亚几个种族所利用的近三百种（或变种）药用的或有毒的植物，他写道：

> 我一直感到惊异的是，巴洛瓦勒及其附近的人如此热切地喜欢谈论他们的药物和毒药。这是因为我对他们的方法产生了兴趣而使他们感到高兴吗？难道他们把同我的谈话看成是一种同行之间的知识交流？还是说他们在炫示博学呢？不管什么原因吧，他们总是乐于提供知识的。我记得有一位狡黠的卢查齐族老人，他带来几捆干枯的叶子、根和茎秆，并告诉我它们的用途。我不能断定他究竟算 12
> 是一个草药郎中呢还是一个巫医？我绝猜不透其中的奥秘，但我自愧弗如的是，我绝难拥有他所具备的那种有关非洲人心理的知识，以及他医治同伴们的技艺，这种知识和技艺可能成为我的科学的医学知识的极其有用的补充。（吉尔吉斯，20页）

康克林引述他的实地笔记中的一段话来说明人与其环境之间的密切关系，这是土著居民不断使这位人种学家强烈感受到的：

> 早晨6点钟，兰格巴和我冒着小雨离开帕里纳到宾里去……在艾尔萨思，兰格巴叫我从阿纳波拉克拉拉树（Albizzia procera〔Roxb.〕Benth.）上切下几块10×50平方厘米的树皮来，用以防备水蛭。我们间歇地用苏方树树皮的形成层那一面来擦已被浸透雨水的植物弄湿了的脚踝和腿部，于是就产生一种驱水蛭非常有效的粉红色泡沫液。在艾普特附近的一条小路上，兰格巴突然停下来，用手杖猛然插入小路的一侧，拔起一根叫做塔瓦库古姆布拉德拉德

> (Buchnera Urticifolia R. Br.)的小草，他告诉我，他要用这根草作诱饵使野猪坠入装有伏击矛的陷阱。几分钟后，我们正在快步行走时，他又像先前一样突然停下来，拔起一株叫作里亚姆里亚姆(Epipogum roseum〔D. Don.〕Lindl.)的小陆生兰花(很难在其他植物的叶丛下察觉到它)。这种草本植物在土著人使用巫术杀死损害庄稼的害虫时是有用的。在宾里，兰格巴为了不碰坏这些药草，小心翼翼地从自己的那个棕榈叶编制的肩筐内找出阿普格(apug)、熟石灰、烟草(Nicotiana tabacum L.)，和宾里人交换其他槟榔调料。在兰格巴对几种当地的槟榔胡椒(Piper betle L.)进行了一番讨价还价之后，人家就允许他去剪两枝在植物学上有区别的白薯(Ipomoea bacatas〔L〕Poir.)藤蔓，即卡木提伊纳斯万和
> 13 卡木提卢帕夫……我们在白薯地里每种剪了25条蔓枝(大约75厘米长)，并小心地用当地种植的萨金萨巴(Musa sapientum compressa〔Blco.〕Teodoro)的宽大的新鲜叶子把它们包起来，这样，在我们赶到兰格巴的家乡之前这些蔓枝就会保持湿润。沿路我们咀嚼着一种叫作土布米奴马(Saccharum officinarum L.)的甘蔗茎干，还停下来拾了一次掉下来的槟榔(Areca catechu L.)，另一次停下来是采食布格奈树丛(Antidesma brunius〔L.〕Spreng.)中类似野樱桃的果实。在路上我们很多时间都用来谈论近几十年里附近植物的变化，下午3点左右到达了马拉里姆。(康克林1，15～17页)

这种知识及其使用的语言手段也扩充到了形态学方面。在特瓦语中，鸟类和哺乳动物的每个部位或几乎全身，都有明确的名称(汉得森和海灵顿，9页)。他们在对树木或作物的叶子作形态学的描述时，运用了40个名称，对一株玉米的不同部分竟用15个不同的名称来表示。

哈努诺人用150多个名称来表示植物的各个部分和属性。这些名称为辨认植物和“讨论区分各类植物，而且还往往表明药用和营养价值的
14 重要特征的几百种植物特性”(康克林1，97页)，提供了类目。皮那图博人记录下来600余种有名称的植物，而且“除拥有关于植物及其用途

的惊人的知识以外，他们还使用近百个名称来描述植物的各个部分或特性”（R. B. 福克思，179 页）。

像这类系统地发展起来的知识，显然不可能只是与实用目的有关。对美国东北部和加拿大的印第安人（蒙塔格奈族、纳斯卡皮族、米克马克族、马莱西特族、佩诺布斯柯特族）进行过深入研究的那位人种学家强调指出，这些印第安人具有丰富而且准确的动植物学知识，接着他又继续说道：

> 人们当然会料想，这类知识都是关于为原始人提供食物和工艺原料的那些躯体较大的动物的习性的。例如，我们认为，缅因州的佩诺布斯柯特族猎手对于驼鹿习性的实际知识甚至掌握得比动物学专家还要多些。但是当我们了解到这些印第安人是如何煞费苦心地观察并系统地整理有关低等动物的科学事实时，我们也许就不会感到惊诧不解了。

> 整个爬行动物纲的生物……不会为这些印第安人提供任何经济利益；他们不吃任何蛇类或蛙类的肉，也不利用它们身上的其他部分，除非是在极个别的情况下用它们来制作护符，以抵御疾病或妖法。（斯派克 1，273 页）

然而，正像斯派克所指出的那样，东北部印第安人创立了一门地道的爬虫学，其中每一爬虫属都有各种不同的名称，各个种和变种也都有其他的名称。

西伯利亚各族人对那些用于医疗目的的天然产物都有精确的定义， 15
并给它们规定了各种特殊的用途，这说明他们细心灵巧，体察入微，而且很关心这类社会中理论的和实际的工作者所作的区分。例如我们发现，伊捷尔缅人和雅库特人用吞食蜘蛛和白虫来治疗不育；奥塞梯人用黑甲虫油来治疗恐水症；苏尔郭特的俄罗斯人用蟑螂泥、幼鸡胆来治疗脓肿和疝气；雅库特人用浸红虫来治疗风湿病；布利亚特人用狗鱼胆来治疗眼病；西伯利亚的俄罗斯人用吞食活泥鳅和小龙虾来治疗癫痫及其他百病；雅库特人用碰触一下啄木鸟的嘴来治疗牙痛，而且用啄木鸟的血来治疗淋巴腺结核，用鼻腔吸入风干啄木鸟粉来医治发高烧，用大口吞咽考克查（koukcha）鸟蛋来治疗肺结核；卫拉特人用鹧鸪血、马汗来治疗疝气和瘊子；布利亚特人用鸽子汤来治疗咳嗽；哈萨克人用泰利古斯（tilégous）鸟腿粉来医治疯狗咬伤；阿尔泰山地区的俄罗斯人用脖子上挂干蝙蝠来治发烧；卫拉特人用雷米兹（remiz）鸟窝上的冰柱水滴滴眼来治疗眼病。让我们单来看看布利亚特人是如何利用熊的例子：熊肉有 7 种不同的医疗用途，熊血的用途有 5 种，熊脂肪的用途有 9 种，熊脑的用途有 12 种，熊胆的用途有 17 种，熊皮的用途有两种。卡拉尔人还在冬季快结束时收集冻熊便，用它来治疗便秘（载里宁，47～59页）。在罗易伯的著作中我们也可以看到一份一个非洲部落所拥有的内容同样丰富的一览表。

人们可以从世界各个地区收集到这类例子，而且不难从中得出这样的结论：动植物不是由于有用才被认识的，它们之所以被看作是有用或
16 有益的，正是因为它们首先已经被认识了。

可能有人会提出异议说，这种知识大概不会有多大的实际效用吧。的确，其主要的目的并非是实用。它首先是为了满足理智的需要，而不是为了满足生活的需要。

其实，问题并不在于碰触啄木鸟的嘴是否真能医治牙病，而在于是否能有一种观念认为啄木鸟的嘴与人的牙齿是“相配”（aller ensemble）的（一致性〔congruence〕观念用于医疗方面只是诸种可能的应用之一），在于是否能通过这类事物的组合把某种最初步的秩序引入世界。不管分类采取什么形式，它与不进行分类相比自有其价值。正如一位现代分类学理论家所说：

> 科学家们对于怀疑和挫折是能容忍的，因为他们不得不如此。他们唯一不能而且也不应该容忍的就是无秩序。理论科学的整个目的就是尽最大可能自觉地减少知觉的混乱，这种努力最初以一种低级的、而且多半是不自觉的方式开始于生命的起源时期。在某些情况下有人很可能会问：这样得到的秩序究竟是现象的一种客观的特

性呢，还是由科学家创造的一种人为的产物？这个问题在动物分类学中不断地被提出来……然而，科学最基本的假定是，大自然本身是有秩序的……理论科学就是进行秩序化活动，如果分类学真的相当于这类秩序化工作的话，那么分类学就是理论科学的同义语。（森姆帕逊，5 页）

我们称作原始的那种思维，就是以这种对于秩序的要求为基础的， 17
不过，这种对于秩序的要求也是一切思维活动的基础，因为正是通过一切思维活动所共同具有的那些性质，我们才能更容易地理解那类我们觉得十分奇怪的思维形式。

一位土著思想家表达过这样一种透彻的见解："一切神圣事物都应有其位置"（弗莱彻 2，34 页）。人们甚至可以这样说，使得它们成为神圣的东西就是各有其位，因为如果废除其位，哪怕只是在思想中，宇宙的整个秩序就会被摧毁。因此神圣事物由于占据着分配给它们的位置而有助于维持宇宙的秩序。从外表看来，仪式的繁文缛节可能显得毫无意思，其实它们可用一种对人们或许可称作"微调"（micro-péréquation）的东西的关切加以解释：不使任何一个生灵、物品或特征遗漏掉，要使它们在某个类别系统中都占有各自的位置。印第安泡尼族人的哈克（Hako）仪式特别能说明这一点，虽然这只是因为它曾被透彻地分析过。人在渡河时所作的祈祷可分为几个部分，它们分别在旅行者置足于水中、移动双足以及河水完全淹没足面的诸时刻进行。对风的祈祷是："现在我们就要安全地前进了。"它也分别在身体刚着水，只有局部感到凉意时，其后扩散到身体其他部位，最后全身皮肤都有凉意等时刻说出（同上书，77～78 页）。正如情况提供者所解释的那样："我们必须用专门的咒语对所遇到的每种东西发话，因为梯拉瓦（Tirawa）这种高级精灵藏于一切事物中，我们旅行中遇到的每件事物都能给我们以帮助……我们懂得，应当留意我们所见到的一切东西。"（同上书，73、81 页）

这种热衷于对事物之间的各种关系与联系进行详尽观察和系统编目
的习惯，有时能导致与科学论断相符的结果：例如，黑脚印第安人就能 18
根据从猎获的雌骏羣子宫中取出的胎体的发育程度，来预告春季的来临。这些成就当然不能同被科学斥为虚妄的其他大量同类的联想分割开来。但是，巫术思想，即胡伯特和毛斯所说的那种“关于因果律主题的辉煌的变奏曲”（弗莱彻 2，61 页），之所以与科学有区别，并不完全是由于对决定论的无知或藐视，而是由于它更执拗、更坚决地要求运用决定论，只不过这种要求按科学观点看来是不可行的和过于草率的。

> 作为一种自然哲学体系，它（巫术）暗含着一种因果理论：这是巫术与自然力结合起来的不幸结果。譬如说，一头水牛顶伤了一个人，或者粮仓支架由于白蚁啃蚀倒塌下来砸到他的头上，或者他传染上了脑脊髓膜炎，这时阿赞德人就会说，水牛、粮仓和疾病都是厄运的原因，它们与巫术一道把人杀死。巫术与水牛、粮仓和疾病并无关系，因为它们各自独立存在；但巫术要对这种特殊的情境负责，在这种情境里它使得后三者与某一个人产生一种将其毁灭的关系。粮仓本来什么时候都有可能倒塌，但是因为巫术的存在，它就正好在某个人在它下面休息的特殊时刻倒了下来。这些因素中只有巫术是人们可以干预的，因为巫术来自于人。而人则无从干预水牛和粮仓。尽管它们也被看作是原因，却并不被看作是与社会有关联的原因。（耶万斯-普里查德 1，418～419 页）

19 因此，按照这种看法，巫术与科学之间的第一个区别就是，巫术以一种完全彻底的、囊括一切的决定论为前提；另一方面，科学则以层次之间的区分为基础，只有其中某些层次才接受某些形式的决定论。对于其他层次来说，同样形式的决定论就不适用了。我们还可以进一步认为，作为非自觉地把握决定论真理的一种表现的巫术思想和仪式活动具有严格性和精确性，决定论的真理即是科学现象的一种存在方式，因而，决定论的操作程序在其被认识和被遵守之前，就已普遍地被猜测到和被运用了。那么，巫术的仪式和信条似乎就是一种对即将诞生的科学怀具信仰的行为的种种表现。

还不只如此。这类前科学的表现不仅有时或许会自然而然地成功，而且还可能既呈现出科学的性质，又预先显示出只有等到科学发展到高级阶段才会采用的方法或产生的结果，如果人类真是一开始就致力于这项最艰难的任务的话，即把直接呈现于感觉的东西加以系统化，而对此科学很长时间以来都置之不理，目前也不过刚刚开始注意。顺便提一句，在科学思想史中这类预先出现的情况已发生过几次。如同森姆帕逊（84～85 页）借用 19 世纪生物学中的一个例子所指出的，这是由于：科学说明总是相当于发现一种“配置”（arrangement）；任何这类企图，即使是由非科学性的原则所产生的，也都能导致真正的“配置”结果。如果我们假定结构的数目按照定义是有限的话，这一点甚至是可以预见到的：“结构化活动”（mise en structure）有其自身固有的功效，而不管导致这种活动的那些原则和方法是什么。

现代化学把种种味觉与嗅觉归结为五种元素（碳、氢、氧、硫和 20
氮）的不同组合。借助于有关元素的有无、比例和最小知觉量估算等项目的表格，人们可以有效地说明种种性质的差别与相似，而在此以前由于其所具“第二性”的性质，它们是被排除于研究之外的。然而这类对比与差别并非有损于我们的审美感，而是根据审美感已经猜测到的一些联系，丰富和说明了审美感，而且我们也能较好地理解，为什么和在什么条件下，只需努力通过直观就能够发现这类联系。于是，对于一种感觉的逻辑来说，烟草的烟可能是两组东西的交叉点：其中一组既包含着烤肉又包含着烤面包干（它们由于都由氮组成故相似）；干酪、啤酒和蜂蜜由于都有丁二酮而属于另一组。野樱桃、肉桂皮、香子兰和雪利酒等，无论从理性还是从感觉来说都属于一组，因为它们都包含有乙醛。而白珠树、熏衣草和香蕉之间十分近似的香味则应该由它们都含有酯来解释。只根据直觉我们会把洋葱、大蒜、洋白菜、芜菁、小萝卜、芥末等都归为一组，虽然植物学把它们分为百合科和十字花科。化学家为确定感觉的证据而指出，这些不同的植物科在另一层次上联系起来：它们都含有硫（W. K.）。原始时代的哲学家或诗人可能会根据与化学或任何其他科学学科都不相干的考虑而作出其他类型的组合：人种学文献揭示出许多具有类似的经验价值和审美价值的其他组合。而且这并非只是由于一时狂热的联想产生的，这样的联想只有在偶尔碰巧时才会导致成功。森姆帕逊在上面引述过的那一段论述中把这种解释详述了一番，但 21

是他的卓识尤其表现在他向我们指出，“组织化的要求”（l’exigence d’organisation）对艺术与科学来说是共同的，因而“最卓越地进行着组织的分类学就具有显著的美学价值”（森姆帕逊，4页）。假定确实如此的话，无足为奇，审美感本身就能通向分类学，甚至会预先显示出某些分类学的结果。

然而我并不提倡回到这样一种俗常的信念上去（虽然在其有限的范围内并非没有一些道理），按照这种信念，巫术被看成是一种犹犹豫豫地摸索之中的科学：因为如果我们想把巫术归结为技术和科学演进中的某一时期或某一阶段的话，我们就会失去理解巫术思想的一切可能。就像在人前移动的身影一样，巫术在某种意义上本身是完整的，而且它那种非物质的完整性和连贯性与它后面的那个物质存在的完整性和连贯性完全一样。不应当把巫术思想看作是一种尚未充分实现的整体的开端、雏形、略图、部分；它组成了一个联结完善的系统，而且就这一点而言，它独立于另外那个构成科学的系统。把二者混为一谈，并把前者说成是后者的一种隐喻式表现的，只是那种纯粹形式上的类比。因而我们最好不要把巫术和科学对立起来，而应把它们比作获取知识的两种平行的方式，它们在理论的和实用的结果上完全不同（因为根据这一观点科学无疑比巫术要更为成功，虽然巫术形成于科学之前，它有时也是成功的）。然而科学与巫术需要同一种智力操作，与其说二者在性质上不同，不如说它们只是适用于不同种类的现象。

22 这些关系乃是巫术和科学知识从中出现的那些客观条件的结果。科学知识的历史过于短暂，因而我们对它所知并不多。但是近代科学只有几个世纪这一事实，提出了一个人种学家没有充分思考过的问题，我们或许可以给这个问题起一个恰当的名称：**新石器时代的矛盾**（paradoxe néolithique）。

人类对各种重大的文明技艺的掌握（制陶、编织、种植、驯养牲畜等技艺），是在新石器时代牢固地确立起来的。今日人们不会再把这些巨大的进步归结于一系列偶然发现的偶然积累，或者认为它们是由于对某些自然现象的被动的领悟所致。①

这些技术发明中的每一种都要人们花费几个世纪之久的时间去积极而又系统地进行观察，并通过无数次实验来对大胆提出的假设加以核实。一位生物学家曾谈到，美洲的植物适应菲律宾群岛的水土并被土著们接受和命名，这一过程的速度是十分之快的。在很多情况下，他们甚至于似乎是重新发现了它们的医疗用途，这类用途与墨西哥人的那些传统的用途是极其相像的，这位生物学家对此现象作了如下解释：

> 叶子和茎干带有苦味的植物在菲律宾通常被用来治疗胃痛。如果某种移植来的植物被发现有这种特性，它就会被迅速地加以利
> 用。这是因为，许多菲律宾部落的人都不断地对植物进行实验，从 23
> 而加速了按照本族文化的分类知识，对移入植物的那些可能的用途进行认识的过程。（R. B. 福克思，212～213 页）

为了把野草变成种植的作物，把野兽变成家畜，从而使这些动植物具有营养的或工艺上有用的特性，这样的特性或者原来根本不存在，或者仅仅能被猜想到；为了把松散而又容易碎裂的泥土制成坚固的、不透水的陶器（然而这只有在从大量有机和无机的原料中选出一种最适宜陶器制作的材料的情况下，才有可能，而且还得有适当的燃料、火候和达到有效的氧化程度）；为了发明出往往是费时而复杂的、无需土壤或水分而进行的养殖技术，把有毒的根茎或种子变成食物，或者把其毒素用于狩猎、战争或仪式——毫无疑问，这就必须有一种真正科学的态度，一种持续不衰的好奇心，一种为了求知的喜悦而追求知识的愿望，因为只有一小部分观察和实验（应当认为它们主要是被求知欲激起的）才能产生实际的、直接有用的结果。没有必要详述青铜、铁和贵重金属的制作情况，即使是那种简单的铜矿石煅制术也要比冶金术早上几千年，而

① 曾有人企图了解，如果铜矿石偶然进入一座炉子里会发生什么情况，各种各样复杂的实验表明，结果什么也没有发生。过去人类能够发现的获取金属铜的最简单的方法是：把研细的孔雀石放在一个陶盘内，覆上一个泥罐子加热。其唯一结果就是使成功的机遇只能发生在某位专长涂釉的陶工的窑内。（柯兰）

且甚至在那个阶段它们也都要求掌握很高水平的技术。

24 因而新石器时期的，或者说历史上早期的人类乃是一个漫长的科学传统的继承者。然而，如果那时的人类以及在其以前的人类曾经受到与我们时代完全相同的那种精神的激励，就不可能理解他们怎么会停了下来，而且为什么会有几千年的停滞期介于新石器革命和近代科学之间，如两段楼梯间的一块平台似的。对于这一矛盾只有一种解答，这就是存在着两种不同的科学思维方式，两种方式都起作用，但当然不是所谓人类心智发展的不同阶段的作用，而是对自然进行科学探究的两种策略平面的作用：其中一个大致对应着知觉和想象的平面，另一个则是离开知觉和想象的平面。似乎通过两条不同的途径都可以得到作为一切科学的——不论是新石器时代的或是近代的——对象的那些必要联系：这两条途径中的一条紧邻着感性直观，另一条则远离着感性直观。

任何一种分类都比混乱优越，甚至在感官属性水平上的分类也是通向理性秩序的第一步。在把水果分成较轻类和较重类时，合理的办法是先把苹果与梨分开，尽管是形状、颜色和味道与重量及体积没有关联；这是因为较大的苹果更易于与较小的苹果区分，如果苹果不是还同其他具有不同特性的水果混在一起的话。这个例子已经表明，分类即使在美感知觉的水平上也有其益处。

另外，尽管在感官性质与物质属性之间没有必然的联系，在二者之间却至少经常存在着一种事实上的联系，而且在相当长的时期内把这种联系加以概括，无论从理论角度还是从实用角度来说都是有益处的，即
25 使这种概括并没有理性上的根据。并非一切毒汁都是热的或苦的，也非一切热的或苦的东西都是有毒的。然而，自然是这样构成的，对于思想和行为来说，如果满足美感的相等性似乎也与客观现实相符的话，那就更为有益。由于某种无需在此赘述的理由，具有某些奇异的特征——如形、色、味的特征——的物质似乎赋予观察者一种可以称作“继后权”（droit de suite）的东西，用以假定这些明显的特征都是某些同样是奇异但隐蔽着的特性的记号。承认二者之间的联系本身是可觉察到的（把齿形种子看作防治蛇咬伤的药，把黄汁看作医治黄疸病的药，等等），比

对二者之间的任何联系都不加注意，暂时要更有价值。因为即使是一种不规则的和任意性的分类，也能使人类掌握丰富而又多种多样的事项品目；一旦决定要使每件事都加以考虑，就能更容易形成人的“记忆”。

此外，实际情况是，建立这类秩序的方法能够导致一些必要的结果，以便使人类能从一种不同角度来研究自然界。神话和仪式远非像人们常常说的那样是人类背离现实的“虚构机能”的产物。它们的主要价值就在于把那些曾经（无疑目前仍然如此）恰恰适用于某一类型的发现的残留下来的观察与反省的方式，一直保存至今日：自然从用感觉性词语对感觉世界进行思辨性的组织和利用开始，就认可了那些发现。这种具体性的科学按其本质必然被限制在那类与注定要由精确的自然科学达到的那些结果不同的结果，但它并不因此就使其科学性减色，因而也并不使其结果的真实性减色。在万年之前，它们就被证实，并将永远作为我们文明的基础。

在我们的生活中仍然存在着一种活动，它可以使我们在技术的平面 *26*
上很好地理解那种我们宁愿称作“最初的”而非“原始的”科学在理论思辨的平面上的情况。这就是通常所称作的“修补术”（bricolage）一词所表示的活动。动词 bricoler 在旧的词意上指球戏和玩台球、狩猎和骑马，然而它总是在涉及某种附带的运动时被使用：球的弹跳，狗的游荡或马的绕避障碍。在当代，“修补匠”（bricoleur）仍然是指用手干活的人，与掌握专门技艺的人相比，他总运用一些转弯抹角的手段。神话思想的特征是，它借助一套参差不齐的元素表列来表达自己，这套元素表列即使包罗广泛也是有限的；然而不管面对着什么任务，它都必须使用这套元素（或成分），因为它没有任何其他可供支配的东西。所以我们可以说，神话思想就是一种理智的“修补术”——它说明了人们可以在两个平面之间观察到的那种关系。

正像技术平面上的“修补术”一样，神话思考可以在理智平面上获得出色的、意想不到的结果。反过来说，所谓“粗糙的”或“朴实的”

艺术平面上的“修补术”所具有的神话诗意性，常常引起人们的注意，如在邮夫F. 谢瓦尔修建的那种离奇的建筑物里或在乔治·米里埃的装饰里，又或者在狄更斯的《远大前程》的不朽的描绘中，但无疑这种描绘最初是由下述的观察激起的：文米克先生的郊区“城堡”有小型吊桥，每天9点的炮鸣，以及成堆的生菜与黄瓜，这些东西可使城堡的占有者在必要时能用于抵御围攻……

27 我们应当加深这种比较，因为这可以使我们看清我们加以区别的两类科学知识之间的真正关系。“修补匠”善于完成大批的、各种各样的工作，但是与工程师不同，他并不使每种工作都依赖于获得按设计方案去设想和提供的原料与工具：他的工具世界是封闭的，他的操作规则总是就手边现有之物来进行的，这就是在每一有限时刻里的一套参差不齐的工具和材料，因为这套东西所包含的内容与眼前的计划无关，另外与任何特殊的计划都没有关系，但它是以往出现的一切情况的偶然结果，这些情况连同先前的构造与分解过程的剩余内容，更新或丰富着工具的储备，或使其维持不变。因此“修补匠”的这套工具就不能按一种设计来任意确定其内容（此外，像工程师的例子所表明的，有多少不同种类的设计就有多少套不同的工具和材料组合，至少在理论上说是如此）。它只应按其工具性确定，换言之，用“修补匠”的语言说，因为诸“零件”（éléments，即元素或成分之意）是根据“它们总归会有用”的原则被收集或保存的。这些零件都没有什么太专门的性能，对于并不需要一切行业的设备和知识的“修补匠”来说，是足以敷用的，但对每一种专用目的来说，零件却不齐全。每一种“零件”都表示一套实际的和可能的关系，它们是一些“算子”（opérateurs），但却可用于同一类型题目中的任何运算。

神话思想的“成分”（éléments）似乎总是介于知觉对象与概念之间。不可能使知觉对象与它在其中出现的具体情境分开，虽然求助于概
28 念就得要求思想能够，至少暂时地，把意图置于“括号”里。然而，在形象和概念之间还存在着一个中介物，即记号（signe），因为，对于作为特殊的语言学范畴的记号来说，它总能按索绪尔提出的方式来加以规

定，即形象和概念之间的一个联系项。在这样形成的联合体中，形象和概念分别起着能指者（signifiant）和所指者（signifié）的作用。

记号作为形象乃是一种具体的实体，但由于其具有的指示（référentiel）能力而与概念相像：无论概念还是记号都不是只与本身有关，每一个都能用其他的东西替换。然而概念在这方面具有无限的能力，记号则不然。修补匠的例子可用来说明二者之间的异同。让我们设想一下他投入工作时是多么受到自己计划的鼓舞，然而他实际要做的第一步却是回顾性的：他必须转向已经存在的一组工具和材料；反复清点其项目；最后才开始和它进行一种“对话”（dialogue），而且，在选择工具和材料之前，先把这组工具和材料为其问题所能提供的可能的解答加以编目。他对组成他的宝库①的品类各异的各种物件加以推敲，以便发现其中每一项能够“意指”（signifier）什么，从而有助于确定要加以实现的一个组合，但是这个组合最终将只在其诸部分的内部配置方面不同于那个作为工具的组合。一块特殊的立方形橡木可当作一个楔子来补足一块不够长度的松木板，它也可用作一个支座来衬托一件旧木器的纹理和光泽的美观。在前一种情况下，它被用于长度的延伸，在后一种情况下，它被用作材料。但是诸可能性由于每件东西的特殊经历及其所受 29
到的预定限制而始终是有限的。这些预定的限制是由其最初被设想的用途或其为了其他目的而经历的相应的改变所决定。修补匠所收集和使用的零件（成分）是“预先限定的”（précontraints），就像神话的组成单位一样，它们的可能的组合受到如下情况的限制，即它们都是取自语言的。在语言中它们已经具有了一种意义，这一意义使其调配的自由受到限制（列维-斯特劳斯 5，35 页）。另外，决定把什么成分置于各位置上也依赖于在各位置上置放其他代替成分的可能性，于是所做的每种选择都将牵扯到该结构的全面重新组织，这一结构的改组将既不同于人们所模糊想象的东西，也不同于人们所偏好的东西。

工程师当然也在盘算，对他来说，一个“对话者”（interlocuteur）

① 参见“观念宝库”（Trésor d’idées 2，136 页），胡伯特和毛斯十分恰当地用这个词描述巫术。

的存在是由于他的手段、能力和知识从来不是无限的，而且在这种否定的形式中他遇到了必须与之妥协的阻力。可以说，工程师向世界发问，而“修补匠”则与人类活动的一批存余物打交道，这些存余物只是文化的一个组成部分。此外，信息论指出，把物理学家的方法归结为与自然的一种对话，既是可能的，也是很有用的，这将使我们正在设法分清的区别不那么明晰了。然而区别永远是存在的，即使考虑到科学家永远不能与纯粹的自然对话，但却与自然和文化之间的某种关系状态对话，这种关系状态是由他所处的历史时期、他所属的文明以及他所掌握的物质手段来确定。当他接受一项既定任务时，他并不比“修补匠”更能随心所欲；他也必须先着手把由理论的和实践的知识及技术手段所构成的一套先前确定的组合加以编目，这些知识和技术手段也就限制了可能的解决方式。

30 因而，二者之间的区别不像人们试图去设想的那样绝对；不过区别仍然是实在的，因为工程师总是设法越出或*超脱*某一特殊文明状态所强加的限制，而“修补匠”不管愿意与否却始终安于这些限制*之内*。换句话说，工程师靠概念工作，而“修补匠”靠记号工作。他们各自使用的工具在自然和文化的对立轴线上都是明显可变的。记号与概念对立的一种方式至少在于，概念的目的是要使与现实的关系清澈透明，而记号却容许甚至要求把某些人类中介体（épaisseur d’humanité）结合到现实中去。用皮尔士的强有力而又难以译出的话来说，“记号向人云谓”（It addresses somebody）。

因而可以说，科学家和“修补匠”二者都在窥伺着信息，不过“修补匠”所收集的信息是某种事先传输来的信息，如商业法规，它集中了以往的商业经验，可以在经济上对付任何新的情况（只要它与以前的情况同属一类即可）。至于科学家，不论他是工程师还是物理学家，总在留意着*其他的信息*，它可能是取自一位对话者的，尽管他对未曾预先解答的问题保持缄默。因此概念就像是*开启*所使用的这套工具的操作者，而意指作用（signification）则像是*重组*这套工具的操作者：它既未扩大也未更新这套工具，而只是限于获取该工具的一套套的变换。

形象不可能是观念，但是它可以起记号的作用，或者更精确些说，它可以与观念同存于记号之中；而且，如果观念还没有出现的话，形象可以为观念保留着未来的位置，并以否定的方式显出其轮廓。形象是固定的，以独特的方式与伴随着它的意识行为相联系；即便记号与变成了 31
能指者的形象都还没有内涵。就是说，与概念不同，它们与同类的其他物体还不具有同时性的和理论上无限的关系，但它们已经是可置换的(permutables)了；也就是说，已能够与其他物体处于相继的关系中——虽然在数量上还很有限。并且，如我们所看到的，它们只是发生于这样的条件下，即总是形成一个系统，在此系统中影响着其中一个成分的变化将自动地影响所有其他成分：在这方面逻辑学家的“外延”与“内涵”不是两个不同而互补的方面，而是一个相互关联的整体。我们于是明白了何以神话思想由于能够进行概括而也具有科学性，即便它还缠结于形象之中：神话思想也是借助类比和比较来发挥作用的，即使它的创造过程像修补术那样，实际上永远是由诸成分的一种新的配置组成的，无论它们是出现于工具组合之中，还是出现于最终配置之中，这些成分的性质都无法改变（除了各个部分的内部排列以外，它们都是一样的）：“好像神话世界被建立起来只是为了再被拆毁，以便从碎片中建立起新世界来”（鲍阿斯 1，18 页）。这句评论可谓透彻，然而它却忽略了在用同一材料来持续地进行重建的过程中，先前作为目的的东西总被要求再起一种手段的作用：所指者变成能指者，反之亦然。

这个公式可以被看作是“修补术”的一个定义，它说明，对于神话思想来说，它也必须建立起全部可支配手段的清单或把它们全部构想出来，从而能够确定一个结果，这个结果将始终是工具性组合的结构与设计的结构这二者之间的一种折中物。因而一旦其实现，这一设计将不可 32
避免地与其最初目的有差距（而且最初目的只是一幅略图），这一现象被超现实主义者幸运地称作是“客观的偶然机遇”（“hasard objectif”）。不仅如此，修补匠的诗意创作产生于他并不仅仅表现于去完成或去实行；他不只是如我们已经指出的那样去与事物“说话”，而且是通过作为介质的事物去说话：经过在有限的诸可能性中所做的选择来叙述其作者的个性与生活。修补匠可能永远完成不了其设计，但他总是把与他自身有关的某种东西置入设计之内。

以此观点看，神话思想似乎也是一种理智形式的修补术。科学作为一个整体是以偶然事物和必然事物之间的区别为基础的，同时这也是事件与结构之间的区别。那些一开始就被宣称为科学所专有的性质，正是那些并不属于现实经验，并似乎始终与事件无关和在事件之外的性质：这就是第一性质这一概念的意义。现在，作为实际平面上的修补术的神话思想，其特征是，它建立起有结构的组合，并不是直接通过其他有结构的组合[1]，而是通过使用事件的存余物和碎屑：在法文中是“des bribes et des morceaux”，在英文中是“odds and ends”，亦即个人和社会的历史中所凝结的证明。因而在某种意义上说，历时性与同时性之间的关系被颠倒了：相当于修补匠的神话思想，通过把事件，或更准确地说，把事件的碎屑[2]拼合在一起来建立诸结构，而科学只有在其建立以后才能“前进”，它以事件的形式创造了其手段和结果，这是由于它不
33 断地在创造结构，这些结构即是其假说和理论。但不要错误地认为，在知识演进史中，神话与科学是两个阶段或时期，因为两种方法都是同样正当的。人们已经在努力使物理学和化学重新成为定性的，就是说，使它们也能阐述第二类性质，这些被阐明的第二类性质将回过头来再成为进行阐述的手段。而生物学在其能够独立地解释生命之前，或许正在原地踏步等待着这一结果。另一方面，神话思想本身不只是被禁闭于事件和经验之中，不断地把这些事件和经验加以排列和重新排列，力图为它们找到一种意义；而且，它也由于反对科学本身最初曾加以妥协的无意义的东西而成为解放者。

在前面的论述中曾几次接触到艺术的问题，现在我们可以根据这一

① 神话思想借助一个有结构的组合，即语言，建立起各种有结构的组合；但它不是在结构的水平上利用它的：它用旧的社会性话语的碎屑来建立起思想的楼阁。

② “修补术”也使用“第二”性质；比较英文的“第二手”（second hand）一词。

观点扼要地指出艺术是如何处于科学知识和神话或巫术思想二者之间的。因为一般都知道，艺术家既有些像科学家，又有些像修补匠：他运用自己的手艺做成一个物件，这个物件同时也是知识对象。我们已经把科学家和修补匠加以区别，指出他们赋予作为目的和手段的事件和结构以相反的职能，科学家借助结构创造事件（改变着世界），修补匠则借助事件创造结构（这样粗糙的说明是不精确的，但我们的分析将使我们能够进一步加以阐释）。现在让我们来看一下克罗埃所画的一幅女人肖像（插图Ⅰ），并考虑一下那种十分深沉的美感情绪的缘由，这种情绪
是通过非常逼真地对一条花边状假领进行逐线逐条的描绘所引起的，其 *34*
道理似乎无从解释。

选择这个例子不是偶然的，我们知道克罗埃喜欢画比实物小的画，因此他的油画，如日本式园林、小型车辆、微型船只等等，用修补匠的语言来说，就是“小模型”（modèles réduits）。现在问题是小模型作为匠人的“出师作”（chef-d'œuvre），是否也始终是同样类型的艺术品。因为一切小模型画似乎都具备美学上的特质——而且如果不是由于油画大小本身的原因，这种持续的美质又是从何而来的呢？——反之，绝大多数艺术品也都是小模型画。人们或许认为，这一特点主要是出于材料和工具的经济性的考虑，而且为了支持这种理论，有人也许会举出那些无可争辩的既是艺术性的同时又是大型的作品。我们必须搞清定义。尽管西斯汀小教堂的油画的尺寸很可观，但它们却是小型的，因为所描绘的主题是时代的末日。宗教建筑的宇宙象征画也是如此。再者，我们可以问，譬如说一座大于实际物体的骑士塑像，其艺术效果是来自它把人形扩大为一块天然岩石那样大小，还是说是由于它把从远处看来像是一块岩石的东西修整成人的比例呢？最后，甚至“自然大小”的作品也仍然是小型画，因为图像或造型的改变总意味着要遗弃对象的某些方面：绘画中的体积；雕塑中的色彩、气味和触感；以及这两类艺术中的时间维度，因为所表现的全部作品是在刹那间被领会的。

缩小艺术品的效果来自何处呢？来自比例的改变，还是来自对象属性数目的改变？效果似乎来自与某种认识过程相反的东西：理解一件实

35 物整体时，我们总倾向于先从部分开始。这样先进行理解的障碍，是靠把该物分解成部分来克服的。缩小画像比例使这一情况颠倒过来：比例越小，对象全体似乎越容易对付。由于量的缩小，在我们看来，它似乎在质上也简化了。说得更准确些，量的变化使我们掌握物的一个相似物（homologue）的能力扩大了，也多样化了。借助于这种能力，我们可以在一瞥之下把这个相似物加以把握、估量和领会。一个孩童的洋娃娃不再是一个敌人，一个对手，或者甚至是一个对话者。在它之中并通过它，人就变成了一个主题（sujet）。与我们试图认识实际大小的某物某人时所遇到的情况相反，在小型画中，**整体的知识先于部分的知识**。而且即使这是一种错觉，这一程序的目的也是要制造或维持这一错觉，以满足智欲和引起快感，仅仅根据这些理由，其性质已可称作是美学性的了。

到此为止，我只考虑了大小比例的问题，这一问题，如我们刚刚谈到的，包含着一种大小（即数量）和性质之间的辩证关系。但是小型画还有其他特点。它们是“人制作的”，而且是用手制作的。因而它们就不只是该对象的投影或某种消极的相似物：它们是对该对象所进行的真正的实验。既然这个模制品是人工制作的，就有可能理解它是怎样制成的，而对构成方法的这种理解又给它的存在增添了一个附加的方面。与我们在“修补术”例子中已经看到的一样，对同一问题总有几种解决方法，画家“风格”的例子表明，艺术中的情形也是一样。选择一种解决
36 方法牵扯到其他解决方法本来会导致的某种结果的改变。而且实际上同时呈现于观赏者的是某一特殊解决方法所提出的一幅诸变换的总图，因此观赏者被转变成了一个参与者的因素，而他本人对此甚至一无所知。只有在凝视画面时他才仿佛把握了同一作品的其他可能的形式。而且他模模糊糊地感到自己比创作者本人更有权利成为那些其他可能形式的创作者，因为创作者本人放弃了它们，把它们排除于自己的创作之外。这些其他形式就构成了向已实现的作品敞开的许多其他可能的补充图景。换言之，一幅小型图像的固有价值在于，它由于获得了可理解的方面而补偿了所放弃的可感觉的方面。

我们现在再回过来谈克罗埃那幅画中的花边假领。我们说过的这一

切都适用于这个例子。因为为了把花边假领在一特殊的属性空间（espace de proprétés）内按投影方式加以再现（而这些属性的可感觉因素是小于，至少是数目上少于实物属性的可感觉因素的），就必须运用与科学程序正好相反的方法。科学按其功能来说想要去制作（produire）〔而不是去再现（reproduire）〕的不仅是一个取代花边的已知方面的新的方面，而且是一个代替用形象表示的花边的真实的花边。实际上科学按真实的比例工作，但通过专业发明的方式；而艺术按一缩小了的比例工作，借助于一个与该对象相似的形象。前一方法属于一种换喻秩序，它用其他的东西置换某件东西，用其原因置换一种结果；而后一方法则属于一种隐喻秩序。

问题并不到此为止。因为，如果结构与事件之间的主次关系在科学
和“修补术”中确实正好相反，那么按照这个观点艺术显然也占据着一 37
个居间的地位。正如我们指出过的那样，即使小型画中一幅花边领的描绘要求掌握其形状和制作技术的具体知识（而且如果是描绘人和动物，我们就该说：要求掌握解剖学和关于身体姿势的知识），它也不只是一幅示意图或蓝图：它设法把这些固有的属性与那些依赖于时空环境的属性加以综合。最终的产物正是所绘出的那幅花边领，但是同时它的外观因而就受到它在其中展现的那个透视法的影响。透视法突出了某些部分，而隐蔽了其他部分；同时其存在还影响着其余方面：通过花边领的白色和衣服其他部分的颜色之间的对比，以及花边领围绕着的珍珠项链的光彩与某日某时天空的光彩的对比。花边领的外观也受到以下各种情况的影响：它显示出衣服是便服还是礼服，是新的还是旧的，熨平的还是折皱的，是由一位普通女人还是由一位皇后穿着，她的面容确认着、削弱着或说明着她在某一环境、某一社会、某一地区和某一特殊历史时期中的地位……画家总是居于图式（schème）和轶事（anecdote）之间，他的天才在于把内部与外部的知识，把“存在”和“生成”统一起来；在于用他的画笔产生出一个并不如实存在的对象，然而他却能够在其画布上把它创造出来：这是一种或多种人为的和自然的结构与一种或多种自然的和社会的事件的精妙综合。美感情绪就是结构秩序和事件秩序之间这

一统一体的结果，它是在由艺术家而且实际上还由观赏者所创造的这个东西的内部产生的，观赏者能通过艺术作品发现这样一个统一体。

38 这段分析表明了如下几个问题。首先，这段分析使我们明白了为什么我们倾向于把神话既看成抽象关系的系统，又看成美学冥想的对象：实际上，产生神话的创造行为与产生艺术作品的创作活动正相反。对于艺术作品来说，起始点是包括一个或数个对象和一个或数个事件的组合，美学创造活动通过揭示出共同的结构来显示一个整体性的特征。神话经历同样的历程，但其意义相反：它运用一个结构产生由一组事件组成的一个绝对对象（因为所有神话都讲述一个故事）。因而艺术从一个组合体（对象＋事件）出发达到最终**发现**其结构；神话则从一个结构出发，借助这个结构，它**构造**了一个组合体（对象＋事件）。

上面谈的第一点促使我们把理论加以一般化，而第二点似乎导致对理论的某种限制。因为我们可以问：一切艺术作品是否真的总是结构与事件的一种结合物？从表面看来，这一看法对于以海达人的杉木棒的例子来说似乎并不适用，这是我面前书架上的一根用来击鱼的棒槌（插图Ⅱ），我在写这一段时正望着它。这位把它刻成海怪形的艺术家想要使棒身成为海兽的躯干，棒柄成为其尾巴，而且按传说中怪物的身量配成的解剖比例，应使这件东西能成为一头捕杀弱小生灵的猛兽，同时也是一种便于使用的、匀称而有效的渔枪。这根渔枪上的一切似乎都是结构性质的，同时它也是一件杰出的艺术品：不论是它的神话象征还是它的实际功能都是如此。更精确些说，这件东西的功能和象征似乎是不可分
39 地联结在一起的，并形成了一个封闭系统，其中并无事件的位置。怪兽的姿态、形状和表情与这位艺术家在其中亲自看见、或梦见、或想象出来的历史环境没有一点关系。倒好像是它的永不改变的存在最终固定于这块木料之中，其精细的纹理使人们有可能表现它的一切方面，同时也固定于它的使用之中，其使用的经验形式似乎预先决定了它。这里有关一件个别物体所说的一切同样也适用于其他原始艺术品：一件非洲雕像或一块美拉尼西亚人的面具……于是我们在相信不仅获得了艺术作品的根本属性，而且还获得了借助它们可以建立起这件艺术品与其他形式的

艺术品之间可理解的关系的那些属性的同时，难道不是已经说明了艺术创作的某种形式的局部性和历史性吗？

我们必须扩大我们的解释以克服这一困难。谈到克罗埃的画时，曾经临时把它定义为一个事件或一个事件组合的东西，现在似乎可以从更宽广的角度来考虑了：在此意义上事件只是一种偶然性的现象，它被结合（这种结合被看作是必然的）进一种结构中时就产生了美感情绪，不管是什么类型的艺术都一概如此。偶然事件依赖着风格、地点和时机，它们在艺术创造的三种不同的方面或三个不同的时机上（或同时在三方面）起着作用：它可以在作品的起因，或在作品的制作，或在所设想的目的方面起作用。只有在第一种情况下它才采取一种事件的形式，也就是外于或先于创造行为的偶然性事件的形式。艺术家从外部把它看作一种姿态，一种表现，一种光的效果或一种情境，它们与该艺术对象在感性和理智上的关系受到他在自己作品中所把握和所组合的这些方式的影响。但是偶然事件也会在以下诸方面起一种本质的作用：在制作过程中，在雕塑家处理的那块木料的大小和形状方面，在木料纹理的方向和 40
质量方面，在所使用工具的不完善的程度上，在其作品完成过程中他的材料或设计给作品带来的困难方面，在工作中发生的不能预料的事故方面等等。最后，偶然事件可以是非固有的，像第一种情况一样，但它是后于而不再是先于这一创造行为了：只要作品受到某一特定用法的制约就总是如此，因为它将根据艺术家在创作作品时将要运用哪些潜在的样式和工序而定（因而将有意无意地把自己置于作品使用者的地位上）。

因而，艺术创造的过程就是企图在结构与偶然事件相互对峙的不变的构架内，依照情况需要，或者与**模型**，或者与**材料**，或者与未来**使用者**进行交流，艺术家在工作时就是依据其中的某一项而特别留意其信息。每种情况大致对应着一种容易辨别的艺术形式：第一种对应着西方雕塑艺术；第二种对应着所谓原始或早期的艺术；第三种对应着实用艺术。但是如果拘泥于这种鉴别方法就过于简单化了。一切艺术形式都包含有这三个方面，各形式之间只是依照各自所具有的相对比例来彼此区别。例如，即使是最学院派的画家也要遇到创作技术的问题，而一切所谓原始艺术都可以在双重意义上称作是实用性的：首先因为很多作品都是技术性的物品；其次因为即使那些看起来最脱离实用考虑的作品也具有确定的目的。最后，我们知道，即使对我们文明人来说，一些器具也可用于与实用无关的观赏目的。

41 记住这些保留条件后就不难表明，这三个方面在功能上是相关的，其中任何一个占了优势，就会限制或压制其他两个的作用。所谓专业绘画，就绘制过程和目的这两方面来说，都是或自认为是自由的。这一类最好的绘画显示出画家已充分掌握住了技术上的难点（这些难点确定可以说从韦顿以来就已被完全克服了；自那时以来画家给自己提出的问题差不多只相当于一种趣味物理学而已）。在这一限度内，只要有了画布、颜料和画笔，画家就能够随心所欲地创作。另一方面，他也企图创作出独立于一切偶然性而其本身即有价值的作品，“小幅绘画”（tableau de chevalet）准则的含义的确就是这样。摆脱开与绘制过程和目的有关的偶然事物以后，专业绘画就能使它完全与作品的机遇（occasion）发生关系，而且如果这一说明是正确的话，它就必然会这么做。因而专业绘画可以定义为“样式”（genre）绘画，如果将其词意大大扩充一下的话。因为按照我们现在采取的相当一般化的观点，一位肖像画家——甚至是伦勃朗——在其画布上再现模特儿的最能显露内心世界的表情和隐秘思想的企图，与像笛太尔这样的画家的绘画意图属于同一样式，笛太尔的构图再现了战斗的时辰和队列，以及区分两军军服的纽扣的数量和排列。用一个不太恭敬的比喻来说，不论哪种情况都是“机会造就了贼”（I’occasion fait le larron）。采用实用艺术，这三个方面的各自比例就倒了过来；首先重要的是目的和创作过程，在我们认为最“纯粹的”例子中，偶然的因素对二者起着近乎相等的作用。同时，作品的机遇将不起作用了，这可以从以下的事实看出来。一只酒杯或酒盅，一个篮筐或一件织物，当它们的实用价值显然超越时间并完全符合其对不同时代
42 和文明中的人的功用时，我们就认为它们是完美的。如果制作的难点被充分驾驭（比如把它交与机器来制作），目的就可以变得越来越精细和专门，因而实用艺术就变成了工艺艺术，相反的情况我们则称之为农民

或农村的艺术。最后，原始艺术是专业或学院艺术的对立面：专业或学院艺术使制作过程（它已经或相信自己已经掌握了）和目的（“为艺术而艺术”本身成了目的）内在化了。结果它不得不使机遇外在化（它需要模特儿来提供此机遇），因而机遇就成了所指者的一个部分。另一方面，原始艺术使机遇内在化（因为它乐于去表现的超自然存在，具有一种无时间的和独立于环境的性质），并使因此而成为能指者的一个部分的制作过程与目的外在化。

因而我们在另一方面再次看到了艺术家与材料和制作手段的交互作用，我们曾用这种作用来定义“修补术”。艺术哲学的基本问题是要了解艺术家是否把它们看作是对话者。无疑它们总是被这样看待的，虽然过于专业性的艺术最不接近而朴实的艺术最为接近“修补术”，在两种情况下都有损于结构。然而，如若让自己完全受机遇或者目的的外在偶然因素摆布，那么任何艺术形式都不配称为艺术。如果这样的话，作品就会被列入肖像类（附属于模型）或工具类（与使用的材料相互补足）。即使最专业化的艺术，如果它使我们动心的话，也只有当它为了艺术契机而及时阻止了偶然因素的滥用，并使此契机注入作品中去以赋予它一 43
种绝对存在物的尊严时，才可达到这一结果。如果说远古艺术、原始艺术和“原始”期的专业艺术是唯一不衰老的艺术，这是由于它们使偶然因素服从于对起意指作用的经验材料进行加工，因而也就是予以利用，以便使其更加完整。[①]

还必须补充一点：结构与事件，必然与偶然，内在与外在之间的平衡是不稳定的，它不断受到由于样式、风格或总的社会条件的波动而来回变向的各种力量的威胁。按照这一观点似乎可以认为，印象主义和立

---

① 按照这一分析我们可以用两个特征来说明非具象性（non figurative）绘画。第一个特征是完全摈弃目的的偶然性：画不是为特殊的用途而绘制的，“小幅”画就是这样。非具象性绘画的另一特征是它对绘制过程的偶然性因素从方法论上加以利用，这被说成是赋予画以外在的动机或机遇。非具象性绘画把“手法”（manières）当作“主题”（sujets）来采用；它自称具体表现了一切绘画的形式条件。矛盾的是我们看到了这样的结果，非具象性绘画并非像它认为的那样创造了与物质世界同样真实的（如果不说是更真实的）对象，而是对不存在的模型进行了现实主义的仿制。正是在学院派绘画的流派中，每个画家都努力表现自己的绘画风格，如果他碰巧需要作画的话。

体主义与其说是绘画发展史上的两个相继的阶段，不如说是同一艺术事业中的两种相助相携的活动。它们虽然不是诞生在同一时刻，但却通过互相补充的两种变形的共同协力来延长一种艺术表现的样式，（我们今日更能领悟到）这种样式的存在曾受到严重的威胁。断断续续流行的“拼贴抽象画派”（collage）产生于手工业正在消亡之时，从它的自身方
44 面看来，也只是把“修补术”转入艺术冥想领域。最后，或者由于过于强调暂时的社会现象（如18世纪末克罗兹的画或社会主义现实主义的画），或者由于过于强调暂时的自然现象，甚至气象现象（在印象主义里），有时候也会使事件的强调损害了结构，在这里“结构”被理解为“同一水平上的结构”，因为结构因素在一新平面上的某处被重新建立的可能性并未加以排除。

如果在理论平面的神话思维与实践平面的“修补术”之间存在着类似性，而且如果艺术创造介于科学与这两种思维活动方式的正中间，那么游戏与仪式之间也存在着同一种类型的关系。

所有的游戏都是由一组规则来规定的，这组规则实际上可以容许人们进行任意次数的比赛。另一方面，那种也是“被玩耍的”仪式确切地说类似于各种可能游戏之中的一种特殊游戏，因为只有这种特殊游戏才在双方中产生某种形式的平局。这种游戏变体我们很容易举新几内亚人的“加虎库”游戏（Gahuku-Gama）这个例子来说明。他们学会了玩足球，但是一玩就是好几天，并玩上足够多的盘数，直到双方都达到同一比分（瑞德，429页），这就是说把游戏当作仪式来对待。

弗克思印第安人在举行接纳（adoption）仪式时所做的游戏也是这种性质，他们的目的是用一个活人来替换一个已死的亲戚，这样才容许
45 死者的灵魂永别人世。[1] 弗克思人葬仪的主要意图似乎确实是为了摆脱死者，防止死者由于不再生存而向活人发泄其怨恨。因为土著人的哲学

① 参见本书264页注。

是坚决站在活人一边的，他们说：“死亡是残酷无情的，悲哀则更加难以忍受”。

在阿尔冈金人中间流传着一个关于两兄弟的神话，他们是文化上的英雄人物，弟弟由于超自然力的袭击死去。但是故事还没有到此为止：哥哥尽管悲伤还是拒不接受死者鬼魂想在活人中间占一席地位的请求。根据这个先例，人们对待死者应当是坚定的：活人必须让死者明白他们虽死却一无所失，因为他们可以定时地得到食物和烟草等供品。反过来，人们也要求死者对活人进行补偿，既然他们使活人回想起死亡的现实，既然他们的死亡给活人带来了悲伤，所以死者要保证活人长寿和丰衣足食。“死者使食物增加”，一位土著情况提供者这样解释。“他们（印第安人）必须以此来哄劝死者。”（米奇尔森 1，369、407 页）

现在，接纳仪式对于使死者的魂灵最后决定重返并承担保护神灵的角色，是必不可少的，这一仪式一般伴随有竞技运动、技艺游戏和运气游戏，各队按特定方式分成“托坎”（Tokan）和“吉柯”（Kicko）两方。他们反复说明这是活人队与死人队在互相竞赛，看起来像是活人在最终摆脱死人以前为死人提供了最后一场安慰赛。但是由于两队所代表的双方不对称，结局必然是预先决定了的： *46*

> 这就是他们玩球戏的方式。当接纳庆典是为一名托坎一方的人（死者）举行的时候，托坎队就获胜。吉柯队不能获胜。而如果接纳庆典是为一名吉柯队妇女举行的，吉柯队就获胜，托坎队则不能获胜。（米奇尔林 1，385 页）

实际上这是怎么一回事呢？在活人与死者之间不断进行着的生物学的和社会的大竞赛中，取胜的显然只能是活人。但是有如所有北美神话所证实的，在一场游戏中获胜就是象征性地“杀死”自己的对手（这一点在无数神话中都被描绘成确实如此）。由于规定死者总是获胜，这就给予死者一种错觉，似乎他们倒是真的活着的，而已被他们“杀死”的对手则死了。假借着与死者做游戏，哄骗他们，并把他们拴住。初看起来像是竞技游戏的活动，与那些同属阿尔冈金人的“迷他维特”（Mita-wit）或“迷的维宁”（Midewiwin）的典型仪式，在形式结构方面实际上是相同的，在此仪式中新入族者（néophytes）必须象征性地被死者杀死，死者的角色则由新入族者“扮演”；他们装死，为的是继续延长生命。在两个例子中死者都遭到欺骗，但这只是为了将其愚弄一下。

于是游戏似乎具有一种**分离性**的效果：游戏结束时在比赛者或比赛队之间造成一种区别，而起初他们之间并未显示出不平等来。游戏终了，他们被分成胜负两家了。另一方面，仪式则正相反；它是**结合性的**，因为它导致联合（在此甚至可以说是交融），或者无论如何导致起
47 初分离的两组人之间建立起一种有机的联系（这一联系在一定程度上使一方为祭司者个人，使另一方为信徒全体）。因而对于游戏来说，对称性是预先规定了的；而且它具有结构性质，因为它来自这样的原则，即游戏规则对于双方都是相同的。这样，不对称性是由人们制造的；它必然来自事件的偶然性质，后者本身应归于意图、运气或才能。对仪式来说则相反：在圣与俗，信徒与祭司，生与死，入族者与未入族者等等之间预先就假定存在着不对称关系，而且这种“游戏”在于借助那些其性质和配置都是真正结构性的事件，来使一切参加者都达到胜者一方。游戏像科学一样（虽然这里也是既在理论平面上又在实践平面上）借助一个结构来产生事件，因而我们能够理解竞技游戏何以会在工业社会中如此盛行。另一方面，仪式和神话，正像“修补术”（工业社会如果不是把它当作一种“嗜好”和消遣的话，是不会再容忍的）一样，使一组组事件分解和重新组合（在精神的、社会历史的或技术的平面上），并把它们用作结构模式的许许多多不可破坏的零件，在结构的配置中这些零件轮换地被用作目的和手段。

第2章　图腾分类的逻辑

一种逻辑，其词项是由从心理过程或历史过程遗留下来的零零散散 48
的观念所组成，并像这些观念本身一样缺乏必然性，关于这样一种逻辑的观念在含义上当然是不无悖谬的。逻辑就是建立必然的联系。我们可以问，这种逻辑关系怎能在绝非预定履行这一职能的词项间建立起来呢？命题之间不可能是严格地联结起来的，除非它们包含的词项首先已毫无歧义地加以定义。在前面的论述中，我们颇像是承担着去发现某种后天必然性的条件这样一种不可能完成的任务。

对此我们首先可以说，这些零散观念只是从产生了它们的历史的角度，而并非从运用着它们的逻辑的角度来看，才具有这种性质。只是相对于内容来说零散的观念才能被看作是参差不齐的，因为就形式而言，它们之间存在着类似性，“修补术”的例子使我们能够对此加以说明：这一类似性就是指在它们的形式本身上结合了一定量的内容，形式对于全体来说则大体上是同一的。神话的指意形象，修补匠的材料，是可用两个标准加以规定的成分：这些成分有**一种用处**，就像神话思想从一段话语中“拆下来”的字词一样，修补匠在修理旧闹钟时也是用同样的方法拆下它们的齿轮的；而且**这些成分可以再被使用**，不论是为了同样的

49 目的，还是为了不同的目的，如果它们都根本脱离了先前的功用的话。

其次，不论是神话中的形象还是修补匠的材料都不是单纯生成的产物。当它们先前还是其他自成一体的组合物的组成部分时所曾具有的严格性，一旦我们在其新的用途中观察它们，似乎都失去了。此外，只要它们不是原料而是成品，它们就仍具有这种严格性：语言中的词项，或对修补匠来说，技术系统中的零件。因而它们是一些必然关系的压缩式的表达，在其应用的每一阶段都以各种各样的形式受到制约。它们的必然性不是单纯的和单义的；然而总存在着作为一种语义的或审美秩序中的不变项的必然性，它表示着它们所介入的一组变换系统的特性，如我们所知，这些变换的数目不是无限的。

这种逻辑颇似一个万花筒，万花筒里的彩色碎屑可产生各种结构图案。碎屑是分解过程的产物，它们本身纯属偶然，但彼此间又有某些类似性，如大小、色泽亮度、透明性等等。碎屑不能再被看成是独立于这个制成品的实体了，它们已成为这个制成品“所说的”某种“话语”（discours）的不确定的细碎成分。然而在另一方面，碎屑必须充分有效地参与某种新型对象的形成：这个对象就是图案配置，由于镜片的作用这些图案配置对于各种实物来说反射都是等同的，也就是说，在其中记号具有了被意指的事物的地位。这些图案配置实现着各种可能性，其数
50 量虽然可能很大，但不是无限的，因为它是种种可能的配列布局的作用结果，这些配列布局是在其数量本身是有限的碎片间实现的。最后而且最重要的是，由偶然性事件（由观看者转动万花筒）和一种法则（即支配万花筒构成的法则，它相当于刚才说过的不变的制约成分）相遇而产生的这些图案配置，生动地呈现了在某一方面是临时性的可理解性模式，因为每一种图案配置都只能根据它的各个部分之间的严格关系来表现，而且因为这些关系除该图案配置本身以外是没有内容的，在观看者的经验中没有什么对象与之相当（即使用这种巧妙的把戏有可能显示出像雪花晶体或某些类型的放射虫和硅藻的客观结构，但还没有见过它们的观看者并不知道它们的经验根据是什么）。

我们可以设想，这样一种具体性逻辑是有可能的。现在该来确定一下其特征以及这些特征可在人种学研究中被观察到的方式是什么。我们可以看到，存在着感情的和理智的两个方面。

土著思想赋予其意指作用的事物被看作是显示着某种与人的类似性。奥吉布瓦人相信存在着一个超自然事物的世界。

> ……但是把这些事物称作超自然的，有些误解了印第安人的观 51
> 念。它们和人一样都是属于宇宙间自然秩序的，因为它们在拥有理智和情感方面与人相似。它们像人一样也分男和女，而且其中某一些还有自己的家庭。它们中间有些被束缚在固定的地点上，有些则任意移动位置；它们对印第安人或表示友好，或持有敌意。（詹尼斯 2，29 页）

其他一些研究则强调指出，一体感强于区别感。

> 夏威夷人与自然现象中活的东西的合一，即与神灵和其他有灵性的人的合一，用联系（rapport）这个词来描述是不恰当的，当然用交感（sympathie）、移情（empathie）、反常，或超常、神秘或神奇等词来描述也是不恰当的。它并不是“超感的”，因为它有一部分与感觉有关，而有一部分又与感觉无关。它正是自然意识的一部分……（韩迪和普奎，117 页）

土著人自己有时敏锐地认识到他们的知识的“具体的”性质，并把他们的知识和白人的知识加以鲜明的对比。

> 我们知道动物做些什么，海狸、熊、鲑和其他动物需要什么，因为很久以前人已经和它们结了婚，并从动物妻子那里获得了这种知识……白人到这个国家时间很短，对动物了解很少。我们在这儿住了几千年，而且很久以前就受到动物的亲自开导。白人把什么事情都记在本子里，这样就不会忘记；但是我们的祖先和动物结了

婚，学习了它们的习俗，并一代一代地把知识传了下来。（詹尼斯 3，540 页）

52 这种不夹私念的、专心一意而又情深意长的知识，是通过联姻和孝悌的纽带而获取和传继的。上面这段话描述得如此朴实而又气派不凡，使得哲学家们根据过于理论化的人类知识发展的观点所虚构的那些稀奇古怪的假设显得十分没有必要了。在这里没有所谓“互渗原则”（principe de participation），同样也没有形而上学所固有的神秘主义，这种神秘主义我们现在只能通过现有宗教的变形镜去理解。

我们可以发现，可以观察到，这种具体性知识的实际条件，它的工具和方法，它所富有的感情方面的价值，是与我们非常接近的。我们现代人中间有些人由于爱好或职业关系而与动物十分接近，说得精确些，接近到我们的文明所容许的程度，以致与各狩猎部族的通常情况很相像：如马戏团演员和在动物园中工作的人。在刚才引用的土著的证据之后再介绍一下苏黎世动物园经理的报道是极有教益的，其中谈到了他第一次与一头海豚亲密——如果可以这样说的话——相处的事。他记述道：“它那富有人性的目光，它那奇特的呼吸孔，鱼雷般的体形和身躯的肤色，滑净如蜡的皮肤肌理，以及鸟嘴形大口中的四排锋利的牙齿。”他又这样来描述自己的感情：

> 富利培（Flippy）不是鱼；当它从不到一米远的地方用亮晶晶的眼睛望着你的时候，你不得不自问道：它难道真是一头动物吗？这家伙如此新颖奇特，极其不可思议，以至人们会情不自禁地把它当成某种中了魔的灵物。但是动物学家的头脑总要把它和这样一个冷酷的、在这种情况下几乎令人难受的事实联系起来，即在科学上
> 53 它被枯燥乏味地称为 Tursiops truncatus（海豚）……（海地盖尔，138 页）

这段出自一位科学家笔端的叙述足以表明，如果确实必要的话，理论知识与情感并非互不相容，知识既可以是客观的，同时也可以是主观的。它也表明，人和其他生物之间的具体关系，有时候，特别是在科学只是指“自然科学”的文明世界中，使科学知识的整个领域渲

染上一层情绪色调（这种情绪出自原始认同作用，而且，如卢梭曾深刻地认识到的，它与整个思想和社会是相互关联的）。但是如果一位动物学家能把分类学与友爱结合起来，我们也就没有理由去援引其他不同的原则来解释在所谓原始种族的思想中，这样两种态度相互作用的现象了。

迪特林和扎汉继格雷奥勒之后证实了苏丹土著人分类法的普遍性和系统性。多贡人把植物分成 22 个主科，其中一些又继续分成 11 个子类。排成适当顺序的 22 个科被分成两个系列，其中一个系列由奇数诸科组成，另一个系列由偶数诸科组成。在象征单个生殖的前一类中，称作阳与阴的植物分别同雨季与旱季相联系；在象征成对生殖的后一类中，同一关系颠倒了过来。每一种又分属三个属：树、丛、草。[①] 最 54
后，每一个科对应着身体的一个部分，一种技能，一种社会阶级和一种制度。（迪特林 1，2）

这类资料初次从非洲带回时曾引起人们的惊讶。然而与此非常类似的分类方式老早以前在美洲就已经有人描述过，正是这些分类方式启发了迪尔凯姆和毛斯构思出他们的著名论文。我们在向读者介绍这些情况时，对于已经收集到的材料还须再加一些例证。

那伐鹤印第安人把自己看成“大分类家”，他们按照是否禀赋言语的原则把生物分成两类。无言语的生物类由动植物组成。动物又分成三种：“走兽”、“飞禽”和“爬虫”；每一种又按以下两种方式细分：“陆地行者”和“水泽行者”；“日行者”和“夜行者”。按此方法得到的物种分类与动物学分类不尽相符。于是根据雌雄分类原则分成对偶的鸟类，有时实际上是性别相同，只是种类不同而已。因为这种结合一方面

① 在颇尔人中，具有笔直躯干的植物、攀援植物、匍匐植物，分别又细分为带刺与不带刺的植物，有皮与无皮的植物，有果实与无果实的植物（哈姆巴特·巴和迪特林，23 页）。有关菲律宾人中同一类型的三分法分类（“树”，“藤本植物”，“草”）的报道，参见康克林 1，92～94页；有关巴西保罗罗人的分类（“树”＝土地；藤本植物＝空气；“沼泽植物”＝水）的报道，参见柯尔巴奇尼，202 页。

55 依据它们的相对大小，另一方面则依据它们在色彩分类中的位置和在巫
术与仪式中赋予它们的职能（雷查德 1，2）。① 但是土著的分类法往往
56 精确而不含混，足以进行某种程度的识别。例如据几年前生物分类学证
实，神话中提及的“大苍蝇”与生物学中一种苍蝇属的 Hystricia pollinosa 种是相符的。

植物根据以下三种特性命名：它们被假定的性别、它们的医药特性，以及它们的视觉或触觉的外表（多刺的、黏性的，等等）。三类中的每一类按大小（大、中、小）再细分为三种。大约七百万公顷的自然保护区的植被的分类都根据同一种分类法，尽管居住在这片相当广阔的土地上的六万居民分布得很稀散。（雷查德，维曼和哈里斯，维斯塔尔，埃尔摩尔）

每种动物或植物都对应着一种自然物，后者视仪式而定，众所周知，那伐鹤人的仪式是极其复杂的。在“制燧石圣歌”中可发现如下的对应组：

鹤——天；“红色鸣鸟”——太阳；鹰——山；隼——岩石；“蓝色鸣鸟”——树；蜂鸟——植物；玉米甲虫（“corn-beetle”）——土地；苍鹭——水（海尔）。

合皮人像特别引起迪尔凯姆和毛斯注意的祖尼人一样，借助一种庞
大的对应系统把生物和自然现象加以分类。下面的表格是根据散见于几
位作者的作品中的资料制作的，毫无疑问，这只是整个系统的一个甚小
的部分，其中相当多的项目均未包括。在那些其社会结构比普埃布罗人
57 的社会结构远为松散的种族中，我们知道也有类似的对应组合：爱斯基
摩的鲑鱼雕刻家用颜色十分近似于鲑肉色的木料来雕刻每个物种。“所
有木制品都是鲑鱼。”（拉斯姆森，198 页）

① 与巴西卡内拉人相反，他们“在已知的事例中表明自己熟知性别二分法”（凡佐里尼，170 页）。

	西北	西南	东南	东北	天顶	天底
颜色	黄色	蓝、绿色	红色	白色	黑色	斑杂色
动物	美洲狮	熊	野猫	狼	秃鹫	蛇
鸟类	黄鹂	蓝色鸣鸟（Sialia）	鹦、鹉	鹊	燕子	莺
树木	洋松	白松	红柳	白杨		
灌木	“green rabbit 丛”（Chrysothamnus）	“艾灌丛”（Artemisia）	“岩生蔷薇”（Cowania stansburiana）	“gray rabbit 丛”（Chrysothamnus）		
花卉	“马利波萨莲”（Calochortus）	飞燕草（Delphinium）	（Castilleja）	（Anogra）		
玉米	黄色	蓝色	红色	白色	紫色	甜
豆类	菜豆（Phaseolus vulg.）	棉豆（Phas. vulg.）	矮豆	利马豆（Phaseolus lunatus）	其他	

豆类还被细分为：

浅色	浅色	白色	白色	蓝色
黑色	黄色	黑色	灰色	红色
红色	棕色	有斑点的	黄色	粉色
			红色	等等
			黑色	

这里只是举出一些例子，甚至会有比已掌握的更多的例子，如果人种学家基于偏见，认为“原始人”简单和粗陋，这样就会在很多情况下，使人种学研究忽略复杂而首尾连贯的、有意识的社会系统。他们未曾料到在经济与技术水平如此低下的社会中会有这类系统，因为他们曾非常匆忙地从中得出一种结论，认为原始人的智力水平必定也是同样低下的。人们只是刚刚开始猜想，像卡辛这样的难得而又具有真知灼见的研究者所做的那些较早的描述，并非是特殊的事例，而是所谓的原始社会中极其普遍存在着的知识和思想的形式。因而我们必须修改我们那幅关于这种原始性的传统图画。“野蛮人”肯定既不同于人们通常所设想的那种刚刚脱离动物阶段而还受制于其本能需要的生物，也不同于那种受情绪驱使而又陷于混乱和参与的意识。前面所举的例子以及其他能够补充的例子，都证明存在着一种在一切思考活动中都可以体验到的那种思维，这种思维接近于古代和中世纪的博物学家和炼金术士（如：哥林

Galien、波里尼 Pline、赫尔梅斯·特里斯美吉斯特 Hermès Trismégiste、大阿尔伯特 Albert le Grand…）的那种思维。根据这一观点，“图腾”分类或许更接近于希腊和罗马人的植物象征系统，这些植
58 物象征系统是用橄榄、橡树、月桂、野芹等枝叶编的花环来表示的；或者更接近于中世纪教堂使用的象征方法，在教堂里，唱诗班的席位上所撒的干草、灯心草、常春藤或沙粒，随节日的不同而变换。

占星草药学曾区分出 7 种与行星相联系的植物、12 种与黄道十二宫相联系的草类，36 种分配给炼金术和占星术的植物。第一批必须在特定日期和特定时辰采集，这样才能有效。日期分配各有一定之规：星期日是榛树和油橄榄树；星期一是芸香、三叶草、芍药和苣荬菜；星期二是马鞭草；星期三是常春花；星期四是马鞭草、常春花、芍药、金链花和委陵菜，如果打算把它们用作医药的话；星期五是苣荬菜、曼德拉草和马鞭草，施符咒时使用；星期六是草花和车前草。在狄奥佛拉斯塔（Théophraste）的著作中甚至可以看到植物和鸟类的对应系统，其中芍药与啄木鸟相配，矢车菊与红门兰（triorchis）和隼相配，黑菟葵与鹰相配。（迪拉特）

上述这些，我们都十分乐意归于一种自然哲学，这种自然哲学是由继承了近千年的文化传统的专家们经过漫长岁月才创立起来的，但这类知识竟几乎一模一样地在异乎于我们的社会中被重复着。奥马哈印第安人认为他们和白人之间的主要区别之一是，“印第安人从不摘花”，就是说从不为赏玩而采花；事实上，“植物具有神圣的用途，这些神圣的用途只为其秘密的主人所知”。甚至通常蒸气浴中用来医治牙痛、耳痛或关节炎的“皂草”（soapweed）也被采集，好像它是一种圣根似的：

> 在掘出草根的洞里留下一撮烟叶，往往还留下一把刀或一些
> 59 钱，采集者口中念念有词：“我拿走了您给我的东西，我把这点东西留给您。我希望长命百岁，并希望我和我全家无灾无祸。”（弗尔琴 1，175 页）

当加拿大东部一个草药郎中采集医用根茎、叶子或树皮时，他总是

忘不了在植物根基部放上些供品以求得植物神灵的宽佑。因为他相信，没有神灵的默许，单靠植物的“身体”是不能治病的。（詹尼斯 1，60 页）

苏丹颇尔人把植物分成诸类，每类都与一周的某一天和八方位中的某一方位相关：

> 植物……必须按各种各样的分类法采集……树皮、根茎、叶子或果子必须在与该植物对应的太阴月的某一日采集；必须向拉尔（láre），即与月份顺序相关的畜群“守护神”祈祷；而且太阳必须恰好在相应的位置上。这样，西拉替基（silatigi）在发出命令时比如就会说：“为了这么做，你得在某天，当太阳在某个位置上时取下一株无皮带刺的攀援植物的叶子，然后朝着某一方向，向某位拉尔祈祷。”（哈姆巴特·巴和迪特林，23 页）

土著人的分类法不仅是有条有理的，而且还以精心建立的理论知识为根据。从一种形式的观点来看，有时它们满可以与动植物学中尚在运用的分类法相比。

玻利维亚高原上的艾马拉印第安人（他们可能是传说中的可拉 Colla 的后裔，蒂亚瓦纳科的伟大文明即为其所创）是保存食物方面有能耐 60
的实验家。第二次世界大战期间美军之所以能把足供百餐的土豆粉装入一个鞋盒大小的容器内，就是因为直接模仿了他们的脱水技术。他们也是农艺学家和植物学家，发展了茄属植物的种植术与分类学，或许比迄今为止人们所取得的任何类似的成就更先进，这种知识对于印第安人极其重要，因为他们住在海拔 4 000 米以上的高地，在这样高的地方玉米不能生长。

在土著的词汇中仍然可区分出 250 多个品种，过去这个数字一定更高。该分类学是借助于品种的一个描述性的词，再另加上一个修饰形容词来使用的。于是伊米拉（imilla）种（“姑娘”）或者按颜色（黑、蓝、白、红、血色）或者按其他特征（如像草的、无味的、蛋形的，等等）

再细分为若干亚种。大约有22个主要品种就是照此办法细分的。此外，又把品种和亚种大体上分为两类，一类是稍经烹制即可食用的，另一类是必须经冷冻和发酵处理后才可食用的。这种双名分类学也常常使用如下诸标准，像形状（扁的、厚的、螺旋形的、仙人掌叶状的、凹凸不平的、蛋形的、牛舌形的等）、质地构成（粉状的、碎粒状的、黏的等），或“性别”（男孩或女孩）。（拉·巴勒）

曾经有一位植物学专家指出，很多错误和误解（其中有些只是最近才加以改正）本来是可以避免的，如果早期旅行家不是自以为是地拼凑一种全新的分类法，而是充分信赖土著的分类法的话。结果其中有11
61 位作者用科学名称 Canis azarae（杜鹃花属）来指3个不同的属、8个种和9个不同的亚种，或者是又用各种不同的名称来指同一种的一个变种。相反，阿根廷和巴拉圭的瓜拉尼人，则井井有条地运用由一个词、两个词或三个词组成的名称。例如，他们用这种方法把猫科动物分成大、小、中三类：地阿瓜艾特（dyagua eté）是典型的大猫，木巴拉卡地亚艾特（mbarakadya eté）则是典型的小野猫。地阿瓜（大）中的米尼（mini，小）相当于齐维（chivi）中的瓜苏（guasu，大），齐维即中型的猫类。

> 总之，瓜拉尼人的名称可以说构成了一个精心设想的系统，而且我们可以有所保留地说，它们与我们的科学术语有相似之处。这些原始印第安人并非把自然现象的命名诉诸偶然，而是召集部族会议来决定哪些用语最符合物类的性质，十分精细地把群与亚群加以分类……为本地区动物群保存固有的名称不只是出于虔敬和诚意，这简直被看成是一种科学的责任。（丹勒尔，234、244页）

在北澳洲约克角半岛的很大一部分地区内，土人用两个特殊的词素把食物分为“植物”和“动物”。居住于西海岸阿奇尔河谷和河口地区的维克门坎人把这一分类法搞得更加精细。他们在按此分类法得到的每一植物或食物的名称前冠以前缀词梅（mai），每一动物、肉食或动物食品的名称前冠以前缀敏（min）。同样，俞克（yukk）用作前缀来指一
62 切树木名称，或指棍棒、木头、木器的名称；前缀考伊（koi）表示各

种纤维和绳索；瓦克（wakk）指草类，土克（tukk）指蛇类，卡姆潘（kämpän）和万克（wank）则分别指草篮和绳篮。最后，带有阿克（ark）前缀的名词的同一种结构，使得他们对各种景物及其与某种类型的动植物的联系都能加以区别：阿克同帕（ark tomp）指海滩；阿克同帕尼潭（ark tomp nintän）指海滩后面的沙丘地带；阿克平特尔（ark pint'l）指有咸水沼泽的沿海平原；等等。

> 土著居民对每一不同的“植物联合区”（在其生态学含义上用这个词）内的各具特征的树木、灌木丛和草类都有敏锐的认识。他们能详细地、毫不犹豫地列举出每一生态联合区内的特有树木，也能记录豆筋、树脂、草类以及物质培植中所用的其他原料（这是他们从每一联合区中得到的），以及每一栖息地所特有的哺乳动物和鸟类。事实上，他们对这些地区的知识真是既详尽又准确，连边缘地区中的逐渐变化的情况都记了下来……我的情况提供者能毫不迟疑地讲出每一联合区中动物群和食物来源随季节不同而发生的变化。

在动植物方面，土著人的分类学能区别出下述动、植物的属、种和变种：梅瓦梯伊（Dioscorea transversa）——梅卡拉（栽培薯蓣变种）；俞克普他（帕普安桉树）——俞克旁特（E. tetrodonta）；土克泡尔（钻石蛇）——土克奥尹果潘（紫晶蛇）；敏潘克（agilis，袋鼠）——敏考尹皮亚（红袋鼠）——敏娄龙（大袋鼠），等等。因此可以像这位作者一样不算夸张地说，对动植物以及对由动植物中取得的食物和原料的整理分类，与一种简单的林耐氏分类法有相似处。（汤姆森，165～167页） 63

鉴于这种准确性和细分的特点，人们开始惋惜每位人种学家不能既是矿物学家，又是动植物学家，甚至是天文学家……因为雷查德对那伐鹤人的评论不仅适用于澳大利亚人和苏丹人，而且也适用于一切或几乎一切土著。

> 由于他们把宇宙间万事万物都看作与福祉相关，自然物的分类就成了一个重要的宗教性的问题，它要求特别侧重分类学。我们英国人除英文术语外还需要一套科学的（拉丁文的）术语，那伐鹤人需要一切植物、动物（特别是鸟类、啮齿动物、昆虫和蠕虫），以及一些矿物、岩石、贝壳和星星的名称……（雷查德 1，7 页）

事实上，越来越清楚的是，如果不能准确地辨识出那些被提到的或其躯体部位和干茎枝叶被直接利用的动植物的话，就不能正确地解释神话和仪式，哪怕是用结构观点来解释（不要与单纯形式的分析混淆），让我们马上来看两个例子，一个取自动物学，另一个取自植物学。

在整个或几乎整个北美洲，一种叫做“艾草”或“艾灌丛”（“sage”，“sage-brush”）的植物在各式各样的仪式中，都起着重要作
64 用，不论是单独使用，还是同时与作为其对立物的其他植物共同地使用：像一枝黄花属、Chrysothamnus、Gutierrezia 等。如果不研究美洲“艾草”的确切性质——它不是唇形科的而是菊科的植物——这一切就不过是细枝末节的问题而无道理可言了。北美艾草的俗名实际上包含着蒿属植物（艾属植物）的几个变种（在土著术语中都仔细地作了区别，每一变种在仪式中都有不同的功用）。在研究了民间药典之后就可以识别上述变种，并表明，在北美就像在古代世界一样，艾属植物有女性、月亮、黑夜等含义，主要用于治疗痛经和难产。[1] 有关其他植物群的研究表明，艾属植物或者是由相同的变种组成的，只是名称不同；或者是由土著认为相似的变种组成的，这些变种都开黄花，并被用作染料或医药（治疗尿道疾病，即男性生殖器官疾病）。这样我们就看到与第一类正相反的一类，它具有男性、太阳、白天的含义。这首先是因为，神圣的性质属于具有意指作用的一对植物，而不单属于一种或一类植物。

① 艾属植物在古代墨西哥似乎也有女性的含义，因为妇女在月亮节时佩饰着艾草跳舞，向灰克斯托休特尔（Huixtociratl）女神致敬（雷柯，39、75 页；安德森和迪布尔，88～89 页）。有关纳瓦特尔族的人种植物学的情况，参见帕索-特隆柯索。

另一方面，在某些仪式研究中对这一系统有所说明，如希达查人的猎鹰仪式（多亏研究者威尔逊的卓识我们才得以了解，参见 G. L. 威尔逊，150～151 页），而且它还可以扩大到其他尚未明了的情况：例如合皮印 66
第安人把 Gutierrezia euthamiae 和冷蒿（图 1）的茎干配以构成其主要成分的鸟羽，做成“祈求签条”用；这同一族合皮人还用艾属植物和 Chrysothamnus 来表示四个方向标（例如，参见渥兹 I，各章节；2，75 页以下；5，130 页）。

这一切都开始让人们想起一种表述，有时甚至是解决种种迄今被忽略了的问题的方法，例如，那伐鹤人用 Chrysothamnus（然而在主要对立偶中为阳性）和钓钟柳属即一种玄参科植物做“阴轴”（维斯塔尔），它的二分法可用图形表示如下：

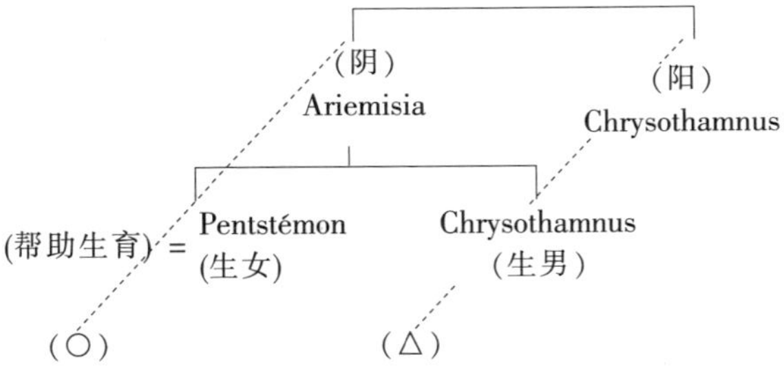

尽管地理上相距遥远和语言文化各不相同，几个种族中某些共同的仪式特征的意义也是一目了然的。在整个大陆上可以看到一种粗略的系统。最后，为了比较研究，将新旧世界中艾属植物的地位加以类比则开辟了新的研究和思考的领域，其重要性绝不亚于在新世界中由一枝黄花（图 2），或换言之，由一束“金枝”所起的作用。

第二个例子是关于前面已提到过的那一仪式：希达查人的猎鹰仪式，他们像许多其他美洲种族一样，把这一仪式视为一种神圣的活动。希达查人说，猎鹰是由最早发明了这一技巧和程序的超自然的生物教给人的。神话把这种超自然生物含糊地叫作“熊”。

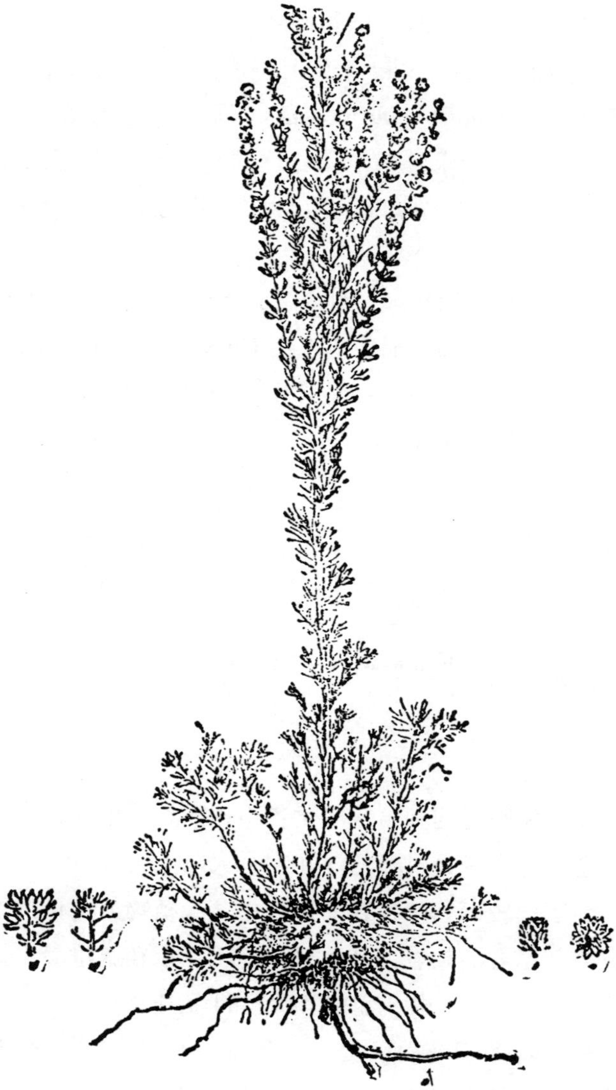

图 1　冷蒿

65　录自 C. 勒得布尔：《植物图谱》，伦敦—巴黎，1834，国立博物馆藏。

67

图 2　一枝黄花

录自《托雷植物学会会刊》，兰开斯特，1893 年 5 月，第XX卷，第 5 期。国立自然史博物馆藏。

情况提供者似乎在小黑熊和叫作狼獾、貂熊或卡卡九（美洲狼獾）的那种动物之间犹豫不定：像威尔逊、丹斯摩尔、包尔斯和贝克维兹那些研究希达查人的专家们，不是不了解这一问题，但不认为这个问题有多么重要，因为它毕竟只是神话中的动物，而神话动物的识别似乎是没有意义的，如果不是不可能的话。可是实际情况是，这一仪式的整个解释都取决于这种辨识。就猎鹰仪式的解释来说，熊是无以为助的，但是 68
貂熊或卡卡九——由这个印第安词衍义来的加拿大词的意思是“坏脾气”——是另一回事了，因为它们在民俗学中有很特殊的意义。在东北阿尔冈金人的神话中，貂熊是一种狡黠的野兽，哈得逊湾爱斯基摩人和西阿塔帕斯坎人，以及阿拉斯加和英属哥伦比亚的海岸部族的人，都既恨又怕它。如果把这些部族人的情况汇集起来的话，就会得出这样的说明，它与一位现代地理学家从捕猎者那里独立获得的解释相同：“狼獾几乎是鼬鼠族中唯一不能捕猎的动物。它们不仅以偷走被捕获的猎物，而且也以偷走猎人的罗网来取乐。摆脱它们的唯一办法是射死它们。”（布鲁伊特，155 页）现在希达查人躲在陷阱里猎鹰，鹰被放在顶处的诱饵吸引，当它落下来抓诱饵时，猎人赤手活捉住它。于是这种技术就表现出一种矛盾：人是捕具，但为了完成任务他必须下到陷阱中去，即占据被捕获的动物的地位，他同时既是猎者又是猎物。卡卡九是一切动物中唯一知道怎样去对付这种矛盾情境的动物：它不仅毫不畏惧为它张设的捕具，而且实际上用偷走猎人的诱饵，有时甚至偷走他的捕具的办法来和猎人斗争。

结果，如果我开始做出的解释是正确的话，希达查人的猎鹰仪式的重要性，至少部分地，是由于使用陷阱，即由于这样的设想：由位置特别低的（在直接的意思上以及，如我们刚才讲过的，在譬喻的意思上）
69 猎者来捕获处于**最高**位置上的猎物，所谓**最高**既是在客观的意思上（鹰在高空飞翔），也是在神话的意义上（鹰居于神话中鸟类等级的顶位）。

猎鹰仪式的分析表明，它在种种细节上都与这样的假定相符，即在天上的猎物与地上的猎人之间存在着一种二元对立，它同时在狩猎活动中引起可能的高低的强烈对比。在猎鹰之前、之中、之后所举行的各种极其复杂的仪式，对应着猎鹰活动在神话类型学中占据着的特殊位置，在神话系统中它是猎人与其猎物之间**相距极远**（écart maximum）的具体表示。

这一仪式中的某些模糊不清之点同时也得到阐明，特别是在出猎时讲的神话所具有的意义和重要性，它们指能够被变成箭和用弓箭狩猎的能手的文化英雄，因而由于装成野猫和浣熊就更加与猎鹰中诱饵的作用不相称。实际上用弓箭狩猎与靠近地面的区域或空间有关，也就是与大气层天空或中天有关：猎人与其猎物相会于中间区域。然而，猎鹰活动把他们分开，使他们各居对立的位置：猎人在地下，猎物近苍天。

猎鹰活动另一显著特征是，妇女在经期中会起有益的作用，这与狩猎民族几乎普遍持有的信念相反，包括在猎鹰活动以外的希达查人自
70 己。刚才所谈的也可说明这一细节，我们记得，在被想成是缩短猎人与猎物之间鸿沟的猎鹰活动中，从技术角度看调解是借助于诱饵（一块肉或一小块野味、将要迅速腐烂的血迹斑斑的兽尸等）办到的。（为获得诱饵的）初猎制约着第二次狩猎；第一次要流血（用弓箭），第二次则否（鹰无需出血就被扼杀）；使猎人与猎物紧密结合的第一次狩猎，提

供了在人与鹰之间实现结合的媒介物，人与鹰之间的距离如此之远，以至初看起来分离不可能弥合，除非恰恰是通过流血的办法。

在这一活动系统中妇女的经期从三种观点看都有积极的意义。

从严格形式的观点来看，一次狩猎同时也是另一次狩猎的反面，因而赋予月经的作用也同样是相反的：在一种情况下它是有害的（因为两种形式流血的相似性太明显），在另一种情况下则是有益的（此时狩猎不仅具有隐喻意义而且具有换喻意义：它使人想起由流血与腐坏机体所形成的诱饵，而诱饵又是这一系统中的一部分）。

从技术观点看，沾血的兽尸很快便成了腐肉，它在几个小时，甚至几天之内接近活的猎人，它是完成捕获的手段，而且有意义的是，土著人用同一个词来指爱人的拥抱和鸟攫诱饵。

最后，在语义的层次上，至少北美印第安人认为，遗精是由于想保持各自纯净状态的两性之间的联系过于紧密的缘故。在近处狩猎时，女人经期总有引起过度性交之虞，由于性交过于频繁，它会导致原始关系的饱和和精力的耗损。而在远处狩猎，情况正相反：这时性交是欠缺的，弥补的唯一办法是允许遗精。遗精表现为相继轴上的周期性或同时 71
轴上的腐坏。

其中一个轴对应着有关农业的神话，另一个轴对应着有关狩猎的神话，因而这一解释使我们能获得一个普遍的参照系统，借助它即可揭示各主题之间的同态关系，这些主题所具有的复杂形式初看起来似乎没有任何联系。然而这个结论对于猎鹰活动的例子来说是非常重要的，因为在几乎整个美洲大陆和不同文化（有些是狩猎的，有些是种植的）的人中间都可以看到不同形式的（虽然总是大量穿插着仪式的）同类事例。因而希达查人、曼达人、泡尼人赋予遗精以较小但积极的作用（其形式的变异可用各部族社会组织的不同来解释），可被看成是某种更普遍的事物系列中的一个特例，而普埃布罗族关于男人和鹰女订婚的神话可以解释为另一个特殊的例子：普埃布罗人把这个神话与关于“尸女”和“鬼妻”的神话联在一起，这时遗精具有较强的作用（尸妻代替了行经期女人），但却是否定的（引起猎人的死亡，而不是猎人的成功），因为这些神话告诉人们，按普埃布罗人看法，仪式狩猎的主要对象兔子一定不能流血，而对于希达查人来说，它则必须流血，这样它才可用作重要的仪式狩猎的手段：猎鹰，鹰是不应流血的。普埃布罗人当然捕鹰和育鹰，但他们不杀鹰，有些部落甚至根本不养鹰，因为他们担心会忘记喂食，以至于把它们饿死。

再来看一下希达查人。另外一些问题与狼獾的有改变的神话作用有关，这类动物出没在最北部的大片的边缘地区。①我提出这一点来是要
72 强调，不论是历史和地理的问题，还是语义和结构的问题，都与准确地辨识这样一种动物有关，这种动物起着美洲狼獾的神话作用。辨识这种动物对于解释那些远离狼獾出没地区的诸种族中的神话极有关系，如普埃布罗人，甚至是处于热带美洲腹地的巴西中部的谢仑特人，他们也有关于鬼妻的神话。然而我们不是暗示说，所有这些神话都是千里迢迢地从北部地区文化中传来的：只有对于希达查人来说，我们可以提出这样的问题，在他们的神话中狼獾的出现最明显。对于其他情况我们至多可以说，类似的逻辑结构可以借助不同的词源建立起来。经常不变的不是成分本身，而只是诸成分之间的关系。

73 上面最后这一看法促使我们必须考虑另外一个困难。准确的辨识神话和仪式中提到的每种动植物、石头、天体或自然现象这样复杂的工作，远非人种志学者力所能及。我们还必须知道每一文化在其自己的指意系统中赋予每种东西什么作用。说明土著人观察的丰富和准确，描述他们的下列观察方法，当然很有用：长期不断的注意，勤于运用一切感官和聪明敏慧，即他们不轻视有条有理的分析动物粪便的工作，以便发

① 希达查人似乎自古就散居于北达科他州。至于狼獾：“它是一种极圈区动物，属于两大陆北部森林地区。在北美，以前它从林区北缘向南伸展到新英格兰和纽约州，并沿落基山脉达到科罗拉多州。再沿内华达山达到加利福尼亚州的惠特尼山。”（尼尔森，428页）“从北冰洋和巴芬湾向北，从太平洋到大西洋，达到美国最东北部：威斯康星、密歇根、明尼苏达、北达科他，再沿落基山脉进入犹他和科罗拉多”（安瑟尼，111页以下），都可看到狼獾。据报道，在加利福尼亚山区和北达科他的尤尼恩堡地区都有似乎与狼獾相类似的动物。

现它们的饮食习惯，等等。然而在数世纪间耐心积累起来的、一代一代忠实地延传下来的这些万千琐细的知识中，只有一部分被用来赋予动植物以该系统中的某种指意作用。所以必须知道是哪一部分知识，因为就同一种类的动植物而言，其意义在不同的社会中是不同的。

南婆罗洲的伊班人或沿海达雅克人通过解释几种鸟类的鸟鸣和飞行情况来占卜吉凶。有冠樫鸟（Platylophus galericulatus Cuvier）的快速鸣叫使人联想起炭火燃烧时的劈啪声，人们因而预言，烧草肥田的工作会顺利成功；特罗公（Harpactes diardi Temminck）的惊叫像是动物被杀时嘶哑的喘气声，这预示着狩猎会满载而归。而 Sasia abnormis Temminck 的惊叫则被认为是摆脱了烦扰农作物的恶鬼，因为这种声音与砍刀的声音相像。另外一种特罗公（Harpactes duvauceli Temminck） 74
却是用“笑声”预示商队出征的好兆头，通过它光洁的红胸脯，使人想起远征取胜后的声威。

很显然，相同的特性可能被赋予不同的意义，而同一种鸟类也可以选用其不同的特征。占卜系统只选择某些特征，赋予它们任意的意义，并且只限于七种鸟类，这类选择毫无意义，令人十分惊异。从词项的平面上看，系统是任意的，只有在被看成一个完整的系列时它才是条理一贯的：其中所用的唯一的鸟类，是它们的习性便于拟人化象征表示的鸟类，以及借助那些可共同构成更复杂信息的特征使彼此易于区别的鸟类（弗雷曼）。然而考虑到材料的丰富和多样化，系统中大量可能的成分中只有某些被加以利用，我们可以肯定，大量的同一类型的其他系统也会是条理一贯的，而其中没有一个是预定要为一切社会和一切文明所选用。系统中的各个项绝无任何固有的意义，其意义只是“位置”性的——一种一方面为历史与文化环境，另一方面为各项必定出现于其中的系统的结构的作用。

词汇已经表明了这种选择性。在那伐鹤人看来，野火鸡是“啄食”的鸟，而啄木鸟则是“锤敲”的鸟。蠕虫、蛆和昆虫被归到一个种名之下，意思指群集、喷出、骚动和生气勃勃。于是昆虫是按其幼虫状态而非按其成蛹或成虫状态来看待的。云雀的名字与其伸出的后爪有关，而

英文的“有角云雀”（“horned-lark”）则源于其头部隆起的羽毛。（雷查德 1，10～11 页）

75 康克林开始研究菲律宾哈努诺人的色彩分类方式时，最初曾因其明显的混乱和不一致而不知所措。然而当他要求情况提供者把各种事例加以联系和对比，而不是把它们孤立地加以描述时，这些混乱和不一致的情况就不存在了。他们确有一个首尾一贯的系统，但不能根据建立在双轴上的我们自己的系统来理解，我们系统的这两根轴是：明暗轴和色彩轴。一旦明白了哈努诺人的系统也有两根轴，只不过是规定不同时，一切含混不明之处都烟消云散了：一方面，他们把色彩分成相对淡的和相对深的两种；另一方面，分成那些新鲜和多汁植物上通常有的颜色和那些干燥和枯萎植物上通常有的颜色。土著人把新砍下的竹子的亮闪闪的棕色当成偏绿色，而我们却会把它看成近于红色，如果我们必须根据哈努诺人的红绿直接对立来进行分类的话。（康克林 2）

同样，种类非常接近的动物可能常常出现在民间传说中，尽管它们各有不同的意义。啄木鸟及其同一种属的其他鸟类就是其例。罗德克里夫-布朗（2）指出过，澳大利亚人对旋木雀甚有兴趣，这是由于它栖于树穴中。而北美大草原的印第安人却注意非常不同的细节：他们相信红顶啄木鸟可免于猛禽的袭击，因为从来也找不到它们的尸身（斯库克拉夫特）。再往南一些的上密苏里河流域的泡尼人（与古罗马人很相像）把啄木鸟和暴风雨联系起来（弗莱彻 2），而奥撒格人则把这种鸟与太阳和星星联系起来（拉·福莱施）。前面提到过的婆罗洲的伊班人使某种啄木
76 鸟（Blythipicus rubiginosus Swainson）具有一种象征作用，因为他们认为这种鸟的叫声含有一种“胜利”感和庄严的告诫声调。在所有这些例子中谈到的鸟类当然不都是正好相同的，但这些例子有助于我们理解，不同的种族怎样能在其象征方式中使用同一种动物，却又采用这种动物的一些互不相干的特性：栖息处、气象联想、鸣叫声等等；活的或死的动物。此外，每种细节特性都可以用不同的方式来解释。美国西南部印第安人是以务农为生的，他们把乌鸦主要看成是田地里的掠夺者，而太平洋西北岸的完全靠渔猎为生的印第安人则把它看成是吞食腐肉因而也是

吞食粪便的鸟类。乌鸦的语义内涵在植物和动物这两种情况下是不同的；当其行为与人相类似时就是人的竞争对手，反之就是人的敌人。

蜜蜂在非洲和澳洲都是图腾动物。但是对于尼尔人来说，蜜蜂是与巨蟒有联系的次要的图腾，因为这两种动物有着特征类似的体形。把巨蟒当作图腾的人也不杀死蜜蜂或吃蜂蜜。在红蚂蚁和眼镜蛇之间也有同一种类型的联系，因为眼镜蛇字面的意思就是"棕色虫"。(耶万斯-普里查德 2，68 页)

对于澳洲金伯利地区各个部族来说，蜜蜂的语义位置更要复杂得多，他们的语言包含有名词类。于是恩加里宁人承认有三种相继的二分法：首先是可动的与不可动的东西；然后，能动物分为理性的和非理性的；最后，理性物又分为阳与阴。在有六个词类的语言中，制造物的类既包括蜂蜜又包括独木舟，因为蜂蜜是由蜜蜂"制造"的，正如独木舟是由人制造的一样。这样我们就可以理解，在缺乏某些词类的语言中，动物和制造物结果会归于一类。(开培尔) 77

有一些情况可以使我们对分类的逻辑性做些或许是正确的假设，这些假设也许可看成是与土著人的解释相符。埃若契欧斯诸部落组成了诸氏族，其数目和名称彼此明显不同。然而人们不难得出一份以一种基本的氏族三分法为依据的"总图式"。这三个氏族是：水族（龟、河狸、鳗、鹬、苍鹭)、陆族（狼、鹿、熊）和空族（鹰、×球)。但即便如此，水鸟类的情况也是任意决定的，因为它们作为鸟类可以不在水中而在空中，而且我们也不能说，对经济生活、技艺、神话形象和仪式活动的研究会提供丰富得足以解决这一难点的人种志的背景资料。

中部阿尔冈金人和邻近的维尼巴果人的人种志资料提出一种包括有五个类的分类法，它们各自对应着陆地、水、水下世界、天空和最高空。[①] 当他们打算给每一氏族分配一个位置时，困难就出现了。

美诺米尼人有 50 个氏族，它们似乎可分为旱路四足动物（狼、狗、

---

① "在维尼巴果族、许多其他苏人族和中部阿尔冈金诸部落间有五项分类：陆地动物、天空动物、高空动物、水中动物和水下动物。对于维尼巴果人来说，雷鸟属于高空类；鹰、隼、鸽属于天空类；熊和狼为陆地类；鱼是水类；水妖为水下类。"(洛丁 1，186 页)

78 鹿），沼泽地四足动物（麋、驼鹿、貂、河狸、食鱼貂），“陆栖”鸟（鹰、隼、渡鸦、乌鸦），水鸟（鹤、苍鹭、鸭、大鹬），最后还有地下动物。但是最后一类特别难处理，因为它所包含的许多动物（熊、龟、豪猪）也可纳入其他类。对于其他各类来说，困难甚至更大。

澳大利亚也有类似的问题。迪尔凯姆和毛斯继弗雷泽之后研究了像沃乔巴鲁克这类部落的全部分类，他们在掩埋死者时，将死者面朝向特属于该氏族的方向（见下图）：

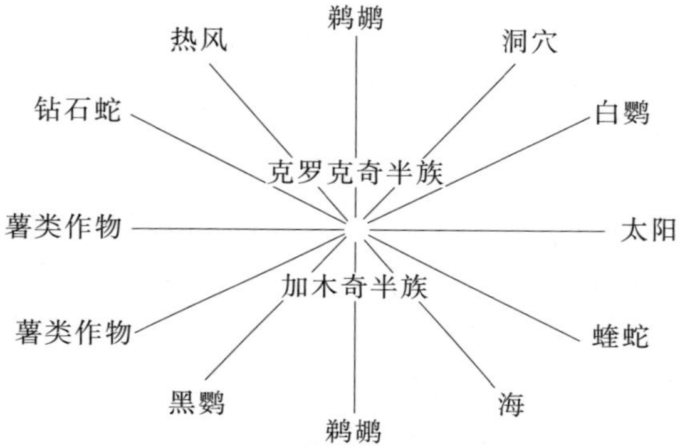

他们所得到的资料当然是不完全的，人们只能勾画出一些粗略的组织图表。另外，这组织图表只是对于观察者才显示出这一特点，因为几
79 乎完全没有为解释它们所必需的人种志的资料根据：白鹦是“白天的”，它紧挨着太阳；几乎正相反的黑鹦紧挨着作为“地下的”植物的薯类块茎，而且和也是“地下的”洞穴正在同一轴上。蛇类在一个轴上，而“海洋”物——鹈鹕、海、热风——也似乎是按轴归类的。但这种风属于陆地还是属于海洋的呢？我们不知道，因而当植物学家、动物学家或地质学家解答不了的时候，我们往往不得不去找地理学家、气象学家来回答人种志的问题。

实际情况是，分类的基本原则绝不可能预先假定：它只能事后通过人种志的研究，即通过经验，来发现。① 作为南苏人族分支的奥撒格人

① 此处我插入为《亚历山大·柯伊勒文集》准备的论文中的几页。

的例子是有启发性的，因为他们的分类显示出系统的特征，至少在表面上是如此。奥撒格人把活动物和不活动物分为三类。它们分别与天空（太阳、星星、鹤、天体、夜、昴宿星团等等）、水（贻贝、龟类、宽叶香蒲〔一种灯心草〕、雾、鱼等等）和旱陆（黑熊、白熊、美洲狮、豪猪、鹿、鹰等等）相联系。如果我们不知道按照奥撒格人的思想脉络，鹰与闪电联系、闪电与火联系、火与煤联系、煤与土地联系，就不会理解鹰的位置。于是鹰就是“煤主人”之一，因而成了一种陆地动物。同样事先无可依循的是，鹈鹕由于长寿，金属由于坚硬而各有其象征作用。有锯齿尾的海龟，一种无实际用处的动物，往往在仪式中使用。其重要性的原因只有当我们知道“13”这个数对于奥撒格人具有一种神秘意义时才可理解。初升旭日射出 13 道光线，它们被分为 6 道线和 7 道 80
线两组，分别对应于右边和左边、陆地和天空、夏天和冬天。这类海龟的尾巴被说成有时有 6 个锯齿，有时有 7 个锯齿。因而它的胸脯就代表天穹，胸脯上的灰线则代表银河。同样也将很难预测麋的泛象征作用，它的身体是名副其实的**世界缩影**（imagomundi）：它的毛皮代表草，腿代表山丘，胁部代表平原，脊椎骨代表地形起伏，脖颈代表河谷，鹿角代表整个水路网道……（拉·福莱施，见该书有关的几处）

于是我们就可以重新说明奥撒格人的一些解释了，因为可用的资料是很多的，这些资料是由拉·福莱施收集的，他本人是奥马哈酋长的儿子，特别了解和尊重土人思想的错综复杂性。但是对于像克里克这样的几乎灭种的部族来说，困难几乎是难以克服的。从前，克里克人分成五十多个母系图腾氏族，这些氏族主要是根据动物命名的，但有一些也根据植物或气象现象（露水、风）、地质现象（盐），或解剖学现象（阴毛）命名。诸氏族组成胞族集团，诸村落也分成分别对应着陆地动物和空中动物的两个集团，虽然像“言语不同的人”和“白种人”，或“红种人”和“白种人”等称谓并未表示出这些意思来。但是人们会问，为什么图腾分成“叔”和“侄”（同样，合皮人把图腾分为“母亲的兄弟”

一方和“父”、“母”或“祖母”的另一方)[①]；而且更特殊的是，按这
81 种区分，为什么有时较不“重要的”动物反而占据较高的位置？如狼是美国南部称作“豹”的大猫科动物熊和野猫的“叔叔”。此外，为什么短吻鳄族要和火鸡族（或许除非因为二者都下蛋），浣熊族要和土豆族联系在一起呢？克里克人认为，“白种人”一边是和平的，但实地考察者所得到的解释却是极其含混不清的：风（一个“白种人”氏族的名称）带来好的，即和平的天气；熊和狼是极其警觉的动物，因而它们对于维护和平是有用的，等等。(斯万顿 1)

这些例子表明的困难有外在的与内在的两类。外在的困难是由于我们缺少（实际的或想象的）观察资料和论据，或分类法所依据的原则。特林吉特印第安人说，钻木虫是“干净的”和“狡猾的”，陆獭“讨厌人粪气味”（拉古纳，177、188 页）。合皮人相信猫头鹰对桃树有好的作用（斯蒂芬，78、91、109 页；渥兹 1，37 页注）。如果在把这些动物分类时考虑这些属性的话，我们就要不断地搜索答案，直到碰巧我们掌握了这些琐细而珍贵的线索。帕里群岛的奥吉布瓦印第安人把鹰和松
82 鼠列为他们的“图腾”。幸好有一篇土著人的歌词解释说，这些动物是作为它们各自栖息的树木的象征而被纳入的：铁杉树（Tsuga canadensis）和雪松（Thuja occidentalis）（詹尼斯 2）。因而奥吉布瓦人对松鼠的兴趣实际上是对某种树木的兴趣。这与新几内亚的艾斯马特人由于不同理由而对松鼠产生的浓厚兴趣并无联系：

> 鹦鹉和松鼠都是大量吃水果的动物……族人出发去削头征战时，觉得与这些动物有亲属关系，并称它们为自己的兄弟……〔这是由于〕躯体与树木、人头与树上的果实有类似之处。(齐格瓦特，1 034 页)

加蓬的芳族人由于不同的思想而禁止松鼠接触孕妇。松鼠住在树穴

---

① 对于一个非洲部族中类似的区别我们看到如下一种解释：“神是空气中较大精灵之父，而较小的精灵被说成是神子和神的后代的孩子。图腾精灵往往被说成是神女的孩子，也就是说，它们不是神的子嗣，尼尔人就是这样把它们排在精灵等级中的较低的位置上。”（耶万斯-普里查德 2，119 页）

中，孕妇如吃了松鼠肉将有使胎儿变成松鼠模样并不肯离开子宫的危险。[①] 同样的道理或许也会适用于鼬鼠和獾，它们都住在地洞里。但合皮人的想法相反：他们认为这类动物的肉有益于孕妇，因为它们都有掘地 83 而行的习性，并在被追逐进一个洞里后又从其他地方“钻出”，因而它们会帮助胎儿“快些出来”；因此它们也被请来求雨。（渥兹 1，34 页注）

奥撒格人的一种仪式咒语使一种花（矮百合〔Lacinaria Pycnostachya〕）、一种食用植物（玉米）和一种哺乳动物（骙犎）之间建立起令人不解的联系（拉·福莱施 2，279 页）。如果不是一种独立的资料来源说明了与奥撒格人关系密切的奥马哈人在夏天猎骙犎直到大平原上矮百合花盛开，我们就不可能理解为什么把这些动植物联系在一起；于是他们知道玉米成熟了，就回村准备收割。（弗尔琴 1，18～19 页）

内在的困难则是另一种性质。不是由于我们欠缺可用于在土人思想中建立起两项或多项事物间联系的客观特性的知识，而是由于同时要求几种不同形式类型的联系的逻辑多值性。北罗得西亚的卢亚帕拉人对这一特性作了很好的说明。他们的诸氏族有动物、植物或制造品的名字，而且它们不是在通常的意义上是“图腾的”；而是像本巴人和安伯人那样由玩笑性的关系把它们联成一对一对的逻辑组合。按我们的观点看，这样做的道理是出于同样的关心。如我在较早的一本书中指出而且在本书中继续所主张的，所谓图腾制实际上只是一般分类问题的一种特殊情况，是在进行社会分类时往往赋予特定项目的作用的一个例子。

下列卢亚帕拉人的氏族彼此具有玩笑性的关系：豹族和山羊族，因为豹吃山羊；蘑菇族和蚁蛭族，因为蘑菇长在蚁蛭上；糊糊族和山羊 84 族，因为人喜欢糊糊状的山羊肉；象族和泥族，因为以前妇女不烧制罐子，而是常常从地上挖出象足印凹坑，用其自然的形状当作器皿；蚁蛭族与蛇族或草族联在一起，因为草丛长于蚁蛭之上，而蛇藏于其间；铁

---

① 而且不只是松鼠：“威胁孕妇的最严重的危险来自住在或捕于任何洞内（地洞或树穴）的动物。可以肯定地说，这是一种空旷恐惧感。如果孕妇吃了这样一头动物，胎儿也会想呆在洞内，即‘在肚内’，结果会发生难产。同样，在此期间父母不应采取建于树穴内的鸟巢。我雇的一个人曾使一个女人怀孕，他坚决不肯为我取一块木薯标本，理由是，它必定是空心的。”（太斯曼，71 页）

与所有有“动物”名字的氏族有玩笑性的关系，因为铁能杀死动物。这种推理方式使人们能够确定一种氏族的等级系统：豹族高于山羊族，铁族高于各动物族，而雨族高于铁族，因为雨能使铁生锈。此外，雨族高于一切其他氏族，因为动物无雨就会因饥渴而丧生；没有雨就不能制成糊糊（一种氏族名字），没有雨也不可能有黏土器皿（一种氏族名字），等等。（卡尼森）

那伐鹤人对他们赋予药用植物及其使用方式的效力给予许多不同的解释：该植物长于一株更重要的药用植物附近；该植物机体的一部分与人体的某部位相像；该植物的气味（或触感、或味觉）是“正的”；该植物使水的颜色变“正”；该植物与一种动物有联系（作为它的食物，或在其栖息处，或由于接触）；这一知识是由神启示的；其用途是由某人传授的；该植物是在被雷击过的一株树旁采集的；它曾对身体某部位上的某种疾病，或某种具有类似特征的疾病有疗效，诸如此类（维斯塔尔，58页）。哈努诺人区分植物时使用的项目有以下诸类：叶形、颜色、产地、大小、性别、生长习性、植物寄主（hôte habituel）、生长期、味觉、气味。（康克林1，131页）

85 这些例子加上前面所举的例子表明了，这类逻辑系统同时在几个轴上发挥作用。它们在诸项之间建立的关系绝大多数情况下都或者依据邻近性（卢亚帕拉人，还有印度南部的托里亚人的蛇和蚁蛭）[①]，或者依据类似性（尼尔人认为，红蚁和眼镜蛇在“颜色”上彼此相像）。在这一点上，它们与其他分类法，甚至与现代分类学，并没有什么明确的不同，现代分类学中邻近性和相似性始终起着基本的作用：邻近性用于发现那些“在结构上和功能上都属于……同一系统”的诸事物；而相似性不要求诸事物都属于同一系统，而只需诸事物具有一种或几种共同的特征，如“都是黄色的或滑润的，或都具有翅膀，或都是十英尺高”（森姆帕逊，3～4页）。

---

① “蛇氏族的成员结婚时礼拜蚁蛭……因为蚁蛭是蛇的住地。”（瑟斯顿，第七卷，176页）新几内亚也有类似情况：“某些类型的植物以及寄生于这些植物上的动植物，被认为是属于同一类神话和图腾。”（维尔兹，第Ⅱ卷，21页）

但是在我们刚才讨论过的例子中也涉及其他类型的关系。实际上关系或者可以建立于感性层次上（蜂和巨蟒的外形特征），或者可以建立于理智层次上（蜂与木匠具有相同的构造职能）：同一种动物蜜蜂似乎在不同抽象层次上的两种文化内起作用。再者，这类关系同样可以或近或远，或是同时性的或是历时性的（例如松鼠和雪松之间的关系为前一种，陶器和象足印之间的关系为后一种），或是静态的（糊糊和山羊）或是动态的（火杀死动物，雨“杀死”火；植物开花意味着到了回村的时候了），诸如此类。

情况或许是这样，在各种文化内，这些逻辑轴的数目、性质和“品质”并不相同，各种文化又可分为较丰富类和较贫乏类两种，各依它们在建立其分类结构时所依据的参照系统的形式属性而定。然而即使那些 86
在这一方面最欠缺的文化也运用着几种逻辑，列举、分析和解释这些逻辑，也需要大量人种志的和一般性的知识，而这样的知识往往是我们所不具备的。

到现在为止我们已经谈到了“图腾的”逻辑所特有的两类困难。第一类是，我们通常并不准确地知道所讨论的是哪些动植物；我们已经看到，实际上仅仅有一种模糊的辨识是不够的，因为土著人的观察是如此精密，如此细致入微，以至于每种成分在系统中的位置往往取决于形态学的细节资料或行为方式，它们又只能根据诸变种或诸亚变种来确定。多塞特的爱斯基摩人用象牙刻出的动物雕像不过火柴头那么大，可是雕工精细绝伦，动物学家们在用显微镜察看时竟能分辨出同一个种的诸变种来，如一般潜鸟和红颈潜鸟。（卡品特尔）

所谈过的第二类困难是，每个种、变种或亚变种都可在象征系统中适当地起着大量的不同作用，可是实际上我们只能找出它们所起的一部分作用。我们不了解各种可能性的整个范围，而为了做出选择，我们不仅需要参考全部人种志的资料，还需要有其他学科的资料——如动物学、植物学、地理学等。当资料充分时（难得如此），人们证实，各种 87

文化，甚至邻近的文化，以表面相同的或非常近似的成分建立起完全不同的系统。如果北美各种族在某些情况下可以把太阳看成“父亲”和恩人，而在其他情况下又看成贪食人的血肉的怪兽，那么当所研究的是某一植物或鸟类的亚变种这类特定的对象时，可以想象，其意义的可能的解释将是多种多样的。

对罗得西亚的卢瓦勒人和南澳洲东北部的一些澳大利亚部落中的颜色象征作用的比较，提供了这样一种情况的例子，其中同一种很简单的对立结构重复出现着，可是其语义内涵却相反。在南方省东北部的某些澳大利亚部落中，死者母方一支的成员用红赭石涂身并靠近尸体，而父方一支的成员则用白泥涂身，并与尸体保持距离。卢瓦勒人也使用红、白土，但他们用白土和白色饭食来祭奉祖先亡灵；而在举行发身仪式时则换用红土，因为红色是生命和繁殖的色彩（C. M. N. 怀特 1，46～47 页）。[①] 白色在两种情况下都表示“无标志的”（“nonmarquée”）情境，而红色——色谱的对极——在一种情况下与死亡联系，在另一种情况下与生命相联系。在澳大利亚弗雷斯特河地区，死者同辈人的成员涂成黑白色，离开尸体，而非同辈人成员则不涂身，并靠近尸体。“红——白”
88 对立于是由“黑＋白——无色”对立所替换，而并无任何语义的改变。不是像前例中一样使红色与白色的意义颠倒，白色的意义（此处与非色谱色黑色相联系）保持不变，而是对极的内容颠倒了，从“高级色”红色变成完全无色。最后，另一个澳大利亚部落巴尔德人用“黑——红”对立来建立象征表示。黑色对于隔辈人（祖父、本人、孙子）是丧祭的颜色，对于邻辈人（父、子）来说，红色是丧祭的颜色，也就是适用于那些不包含在死者一辈人中的那些人（艾尔金 4，298～299 页）。其标志（marqués）程度不同的两项之间的对立——卢瓦勒人的生与死，澳大利亚的“别人的”死与“我的”死——就是由取自同一象征链上的成对成分来表示：无色、黑色、白色、黑白色、红色（作为级别最高的颜色），等等。

---

① 像中国人一样，白是丧事的颜色，红是婚事的颜色。

在弗克思族中可以发现同样的基本对立，但是这种对立由颜色领域转变为声音领域。在葬仪进行中，“那些掩埋死者的人彼此说话，但其他人互相不说话”（米奇尔森 1，411 页）。言语和沉默之间的对立、噪声与无声之间的对立，恰好对应于有色与无色或两种不同程度的色差之间的对立。这些观察似乎使我们能驳斥所有那些援引“原型”（“archétypes”）或“集体无意识”（“inconscient collectif”）概念的理论。相同的只能是形式而不会是内容。如果有共同的内容的话，那就必须在某些自然物或人工物的客观属性中，或在这些属性的传播和转借过程中去寻找原因，换句话说，在这两种情况下，原因都在精神之外。

另一种困难是由于具体性逻辑的天然的复杂性，对于这种逻辑来说，某些联系的事实比联系的性质更为根本。在形式平面上，我们可以说，他们会利用手边的任何东西。因而，当我们仅仅掌握了互相联系的两项时，我们永远不能假定这一联系的形式上的性质。因为诸项和诸项 *89*
之间的关系，就如诸项本身一样，必须间接地和似乎是通过迂回的方式来加以研究。在目前结构语言学中也可以看到同样的困难，虽然这是一个不同的领域，因为它也是以定性逻辑（logique qualitative）为依据的：结构语言学鉴别由音素构成的各对立偶，但每一对立的实质一般来说仍然是假定性的。在初级阶段确定它们时很难避免某种印象主义式的办法，对同一问题的几种可能的解答会长期并存下去。结构语言学至今仍然未能完全予以克服的最大的困难之一在于这样的事实，它借助双项对立（opposition binaire）概念所实行的简化必定会受到自然界多样性状态的抵消，这种多样性被暗中重新建立起来，以供每一组对立之用：在一个平面上考虑的方面减少，则导致在其他平面上考虑的方面增加。然而情况或许是，我们此处所遇到的并非是方法上的困难，而是某些理智操作性质中所固有的限制，其弱点以及优点都在于既具有逻辑性的能力而又深陷入定性化之中。

最后一种困难必须单独考虑，它特别与广义的所谓“图腾的”分类，即那些不仅是被思考的而且是被体验的分类有关。每当社会集团被命名之后，由这些名称构成的概念系统似乎就会受到人口变化的任意性
90 之累，后者有它自己的规律，它与该系统的联系是偶然的。实际上系统是同时性地建立的，而人口变化则是历时性地发生的。换言之，有两种决定作用，每一种都是独立运行，与另一种互无关系。

在语言平面上也可以看到同时性与历时性之间的冲突：一种语言的结构特征或许会改变，如果使用这一语言的人曾经很多但已在逐渐变少的话。而且一目了然的是，一种语言将随着说这种语言的人而一同消失。然而同时性与历时性之间的联系不是固定不变的，因为，首先，一切说这种语言的人整个来看是彼此同等的（虽然考虑到特殊情况就不再如此）；其次，而且更重要的是，语言的结构在某种程度上受其实际功用所保护，语言通信即由于此功用而得以维持，因而语言只在某种程度上，并就其功能不受损害的限度内，才受人口演变的影响。但是我们此处研究的概念系统不是（或主要不是）通信的手段。它们是思维的手段，这种活动受到远不那么严格的条件所支配。人在使自己被人理解或不被人理解，但他多多少少总能很好地去思想。思想可以有程度的区别，而一种思想方式会不知不觉地退化成一种记忆的方式。这可以说明为什么所谓图腾系统的同时性结构会如此易于受到历时性效果的影响：一种记忆程序不像一种思索程序那样难于运用，后者反过来又不如一种通信程序那样精确。

这一点可以举一个只是多多少少想象中的例子来说明。假定一个部落曾被分成三个氏族，每个氏族都有一个象征某种自然现象的动物名字（见下图）：

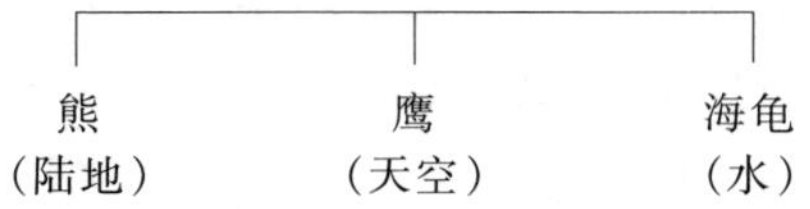

91 再假定，人口的变化导致熊氏族的消亡和海龟氏族人口的增加，而且，其结果是，海龟氏族分成两个亚氏族，其中每一个随后又获得氏族的地位。旧的结构将完全消失而被下面这样类型的结构所取代（见下

图）：

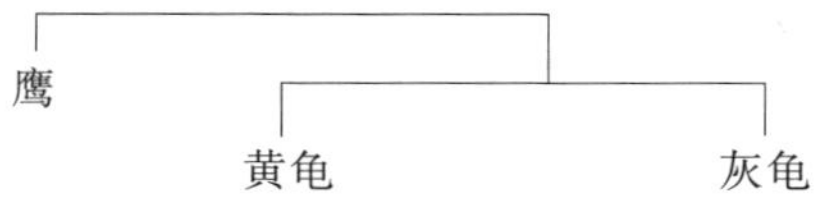

如果没有其他资料就没有办法发现这一新结构背后的原来的图式。情况甚至可能是这样，任何这类图式，不管意识到没有，都将从土著人思想中完全消失，而且在此大变故之后，这三个氏族名称可能作为传统上接受的、无宇宙论含意的称号而延存下来。这一结果或许很普通，并说明了为什么有时可能在理论上提出某种潜在的系统，即使在事实上不可能把它重建起来。但情况也往往会变成另一种样子。

按第一个假定，最初的系统将能够以天空与水之间二项对立的残缺不全的形式延续下去。另外一种解决或许会来自这样的情况：最初有三个项目，而项目数最后仍不变。最初的三项表示一种不可化简的三分法，而最终的三项则是两个相继的二分法的结果，先在天空与水之间，然后在黄与灰之间。如果赋予颜色的对立以象征的意义，例如指白天与黑夜，那么就会有两个而不是一个二项对立：天空——水和白天——黑夜，这就是一个四项系统了。

因而我们看到，人口演变能够动摇结构，但是如果结构的方向在 92
冲击之后保持下来，在每次变故后它将有几种办法来重建一个系统，这个系统或许与先前的系统不一样，但至少在形式上是同一类型的。还不只如此，到现在为止我们只考虑了系统的一个方面，实际上有几个方面，它们并不是都同样地易受人口变化的影响。让我们再回过来谈开头的这个例子，当我们这个理论上的社会处于三种自然现象的阶段时，这种三分法并不只在氏族名称平面上显示作用：这个系统依据于有关创生和起源的神话，而且它渗入了整个仪式。即使它的人口学基础瓦解了，这一变故将并不在一切平面上引起直接的反应。神话和仪式将改变，但有一段时间间隔，而且好像它们都含有某种剩余的力量可在一个时期内保持住全部的或部分的原始的方向。因而它们的原始方向将通过神话和仪式间接地继续下去，以便按照与先前的结构近乎同样的路线来维持新的结构的安排。如果我们为了便于论证而假定一个初始点（其概念完全是理论上的），一组系统在这一点上都协调一致，那么这个系统网将对任何影响其某一部分的一切变化作出反应，就像一种有“反馈”（“feed-back”）装置的机械一样：受其先前协调状态所伺服（asservie）（在这个词的双重意义上），它将使失调机制趋于一种平衡，这种平衡无论如何将是旧状态与外界引起的紊乱之间的一种妥协的结果。

不论是否与历史事实相符，奥撒格人的传说表明，土著人思想本身可能清楚地想到了这种以历史演变的结构调节的假设为依据的解释。奥93 撒格人的传说认为，当他们的祖先从地心中冒出后，他们就被分成两组：一组是爱好和平的和食素的，与左边相联系；另一组则是酷爱争战的和食肉的，与右边相联系。这两组人各自分解，以便再重新联合，并交换各自的食物。在他们迁徙时遇到了第三组人，这组人十分凶狠并靠腐肉为生，最后他们大家统一起来。这三组人中的每一组最初都由 7 个氏族组成，总共 21 个氏族。尽管这种氏族的三分法是对称的，这个系统却是不平衡的，因为新来者也属于好战者一边，因而一边有 14 个氏族，另一边只有 7 个氏族。为了弥补这一缺点并保持战争一边与和平一边之间的平衡，一个好战组的氏族数减到五个，另外一个好战组减至两个。从此以后，奥撒格的入口朝东的环形营地由七个和平氏族组成，他们占据着入口左面的北半部，七个好战氏族则占据入口右面的南半部（J. O. 多尔塞 1，2）。因此这个传说告诉我们两个相关的发展过程：一个是纯结构式的，从一个二项系统过渡到三项系统，然后又返回先前的二项制；另一个既是结构的又是历史的，它消除着由于原初结构的瓦解所产生的结果，这种瓦解是由历史性事件或被看作是历史性事件的迁徙、战争、联盟等所造成的。现在，有如我们在 19 世纪能够看到的，奥撒格的社会组织实际上把两个方面结合了起来：虽然他们每一个都有同样数目的氏族组成，和平氏族一边与好战氏族一边却是不平衡的，因为一边只是“天空”，而另一边虽然也指“大地”，却包含了分别与旱地和水有联系的两组氏族。因此这个系统同时既是历史的又是结构的，既是二项的又是三项的，既是对称的又是不对称的，既是稳定的又是头重脚轻的……

现在，我们现代人对同样困难的反应却是很不同的。例如让我们看看最近一次会议记录中的分歧就可证明： 94

> B·德·儒维奈尔："普里欧雷特先生，您想总结一下吗？"
>
> M. 普里欧雷特："我似乎觉得我们面对着两种截然相反的理论。"
>
> 雷蒙·阿隆同意安德列·塞格弗雷得的观点，认为法国有两种基本的政治态度。这个国家有时是波拿巴派的，有时是奥尔良派的。波拿巴主义接受甚至渴望个人权力，奥尔良主义把公共事物的行政管理委诸代议制。面临像 1871 年战败或阿尔及尔旷日持久的战争这类危机时，法国改变了态度，就是说，在 1871 年从波拿巴主义转变为奥尔良主义或在 1958 年 5 月 13 日从奥尔良主义转变为波拿巴主义。
>
> 反之，我认为，实际的改变虽然不能完全离开法国政治脾性中这些恒定的因素，它却是与工业化带给社会的变革有联系。我想起了另一个历史的类比。1851 年 12 月 2 日的政变与第一次工业革命相当，1958 年 5 月 13 日的政变与第二次工业革命相当。换句话说，历史表明，生产与消费条件的变革似乎与议会政府不相容，并把国家引向适合其脾性的专权的形式，即个人权力。（经济、工业、社会研究与文献收集学会，20 页）

奥撒格人或许会运用这两种对立类型（一种为同时性，另一种为历时性）作为出发点；他们不在二者之间进行选择，而是在同一基础上都加以接受，并且会设法想出一个单一的图式以便把结构的观点和事件的观点结合起来。 95

同样的考虑无疑能对易洛魁五个部落的社会结构所特有的差异与类似的奇妙的混合，以及在较大的历史和地理的范围内，对美国东部阿尔冈金人所表现的区别和相似的奇妙的混合，给予理智上令人满意的说明。在单侧亲缘的和族外婚的氏族社会中，氏族名称的系统几乎总是处于秩序与混乱的中间状态。而这种情况似乎只能这样来解释，即由于两种倾向的联合作用：一种是人口学根源的，它把系统推向解体；另一种是思索性根源的，它把系统尽可能地按照先前状态重新加以组织。

普埃布罗印第安人的例子有力地说明了这一现象，他们的村庄提供了围绕着一个主题的相当多的社会学变调，人们揣想这个主题似乎对它们全体都是一样的。克鲁伯在收集有关合皮人、祖尼人、克累思人和塔诺安人的资料时，曾经一度相信，他能够表明，“一个单一的、精确的图式，支配着全体普埃布罗人的社会组织”，即使每一村庄只提供一幅部分的和变形的图式说明。这个图式将由一个具有 12 对氏族的结构所组成：

响尾蛇——豹；

鹿——羚羊；

南瓜——鹤；

云——玉米；

蜥蜴——土；

兔子——烟草；

“野芥末”（Stanleya）——丛林公鸡；

卡奇纳（katchina）（渡鸦——鹦鹉；松树——杨树）；

木柴——郊狼；

四个氏族的一组（箭——太阳；鹰——火鸡）；

獾——熊；

绿松——贝壳或珊瑚。（克鲁伯 1，137～140 页）

96 这种绘制一幅“总图”的巧妙用意曾受到艾根的批评，他所根据的材料比克鲁伯在 1915—1916 年从事研究时所掌握的材料要更加充分和清楚。然而也可以首先提出另一种论证来反对克鲁伯：一幅总图怎么能在每个村庄发生了各自不同的人口变化之后仍然保持不变。让我们用克鲁伯自己的材料比较一下祖尼人的氏族的人口分布（1915 年是 1 650 人）和一号方山的两个合皮人村庄的人口分布，其居民的数量克鲁伯乘以 5（结果为 1 610 人）以便于比较（见下表）：

	祖尼人	合皮人 （瓦尔皮人与西屈莫维人）
太阳、鹰、火鸡	520	90
山茱萸	430	55
玉米、蛙	195	225
獾、熊	195	160
鹤	100	0
郊狼	75	80
芥末，丛林公鸡	60	255
烟草	45	185
鹿、羚羊	20	295
响尾蛇	0	120
蜥蜴、土	0	145
（未知分支）	10	0
总计	1 650	1 610

如果找出一条曲线，它可显示祖尼人氏族的人口分布是递减的，并与一条一号方山合皮人氏族的人口分布曲线相叠加，那就明显地看到，在两种情况下人口的变化是不同的，而且在理论上二者的比较不能构成一个共同的图式（图 3）。

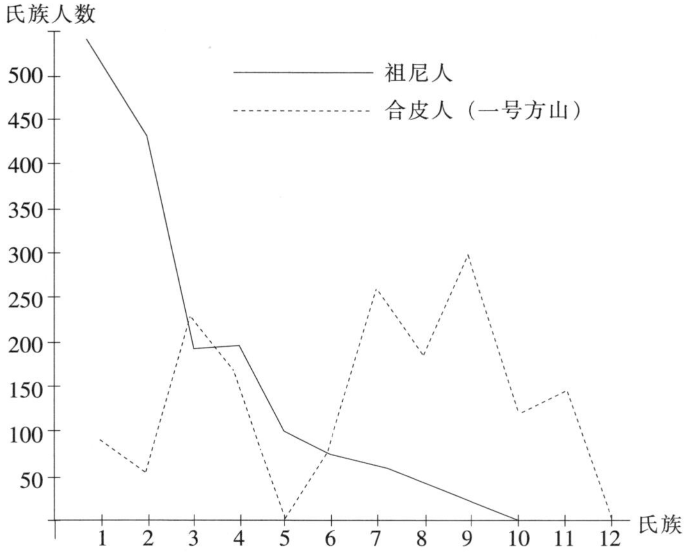

图 3　祖尼人和一号方山合皮人按氏族统计的人口分布图

在这些情况下，而且即使我们承认克鲁伯的绘制在某几点上歪曲了
97 事实，仍然引人注目的是，在不同的地方组织中持续存在着这样多的共同成分和条理井然的关系，这一点在理论方面表明了区分与差异现象的严格性、顽固性和精确性，而在实践方面，一位植物学家则又收集到同样令人信服的证据：

> 98 在墨西哥我差不多只同欧洲或部分欧洲血统的农民一道工作。甚至那些具有明显的印第安特征的人也大部分说西班牙语，而且不把自己看成是印第安人。在危地马拉我发现了这样的人，但在那里我也和印第安人一道工作，后者保存着他们的古老语言和传统作物。我惊异地发现，他们在种植玉米时比说拉丁系语言的他们的邻人更严格地选择品种类型。他们的田地正像进行大规模玉米竞争时代的美国的玉米田一样合乎标准品种、类型，当时美国农民非常精心地保持着品种的整齐一致，这对于竞争来说是非常重要的。这一事实令人惊异，因为危地马拉的玉米从全体来看是极其多种多样的，而且玉米极易杂交：田地之间飘移的一些花粉会产生杂交的种质。在这种条件下只有最精心地选择种穗和拔除不合标准的植物才能保持一种纯变种。然而对于墨西哥、危地马拉和我们自己的西南地区来说，这种情况则更为明显：凡是古老的印第安人作物完好地延存下来的地方，玉米的变种就是非常整齐的。
>
> 很久以后，我又在甚至更原始的种族，即阿萨姆的纳加人那里种植一批玉米，某些人种学家认为纳加人就其日常生活而言还过着石器时代的日子。每一部落都种植几种彼此判然有别的变
> 99 种；但在某变种之内，各株植物之间几乎毫无区别。此外，某些其中最具特点的变种，不只由不同的家庭，而且由不同地区的不同部落种植。只有固守某种理想类型的狂热态度才能把这些变种保持得如此纯粹，因为它们在家庭和家庭，部落和部落之间是进行交换的。人们常常说最原始的种族有最多变的变种，这显然是不正确的。事实则正好相反。倒是旅游者最常见的在现代公路两边和大城市附近居住的那些土著人使人有这样的印象，即原始种族是

粗心的庄稼种植者，因为他们的古代作物已经大部分被毁坏了。（E. 安德森，218～219 页）

安德森在这里对区分性差异表现了突出的关切，这种区分性差异遍及我们称作原始性的经验活动与理论活动。它的形式特性和它对各种内容的“控制”说明，土著人的制度，即使它存在于时间之流中，何以会设法在历史的偶然性和模式的不变性之间保持着恒定的距离，而且，如果可以这样说的话，航行于可理解性之流中。永远在两难之间保持着合理的距离：历时性和同时性、事件和结构、美学性和逻辑性的对极中保持着合理的距离。因而那些企图只根据其中一个方面来描述它们的人就必然不能理解其性质。在弗雷泽把原始人的习俗与信仰看作荒谬乖戾和马林诺夫斯基根据所谓的常识性赋予它们以似是而非的正当性这两种看法之间，存在着可由一整套科学和一整套哲学来发挥其作用的余地。

第 3 章　转换系统

100 我们刚才已看到，支配所谓原始社会的生活和思想的实践—理论逻辑，是由于坚持区分性差异（écarts différentiels）作用而形成的。区分性差异的原则在作为图腾制基础的神话中已经显然可见了（列维-斯特劳斯 6，27～28 页和 36～37 页）；而且也可以在技术活动的平面上看到，技术活动主要关心具有持久性和非连续性特点的结果。现在在理论的和实践的平面上，区分性差异特征的存在一事比起它的内容来说要远为重要。显然，一旦它们形成了一个系统，这个系统可被当作某种参照系用以译解一段文本（texte），其最初的不可理解性（inintelligibilité）使其表现为一种不易加以区分的流动现象。正是这个参照系使人们有可能引入切分（coupures）和对比（contrastes）运作，换言之，即意指信息（message signifiant）所必需的形式条件。前一章讨论过的理论的例子表明，任何一个区分性差异系统，只要它具有系统的特征，都能把社会学领域中的内容组织起来，这些内容是由历史的和人口的演变所形成的，而且这个系统是由一个理论上无限的、不同内容的系列所组成。

逻辑原则永远应当**能够使**诸项目之间**发生对立**，尽管经验的整个领
101 域最初在内容上是贫乏的，它还是足以使人们能够把各个项目看成是有

区别的。怎样去对立，相对于前一个要求来说，虽然重要，但却是第二位的问题。换言之，通常称作图腾的命名和分类系统的运用价值产生于它们的形式特性：它们是一些信码，这些信码适宜于传递那些可转输到其他信码中去的信息，同时也适宜于在自己的系统中表达那些通过其他不同的信码渠道所接受的信息。古典人种学家的错误在于他们试图使这一形式具体化，并使其结合于确定的内容，虽然实际上它对于研究者来说只是一种吸收任何一种内容的方法。图腾制度或这一类东西绝不是由其固有特征来规定的某种自主机制，它相当于从某一形式系统中任意抽离出来的一些程式，其功用在于保证社会现实内不同层次间的观念的可转换性。正像迪尔凯姆有时似乎领悟到的那样，社会学的基础是那种称作"社会逻辑"的东西。（列维-斯特劳斯 4，36 页；6，137 页）

弗雷泽在其《图腾制和族外婚》一书第二卷中特别注意柯德林顿和瑞沃斯在美拉尼西亚观察到的图腾信仰的简单形式。他相信，他在这些信仰的简单形式中发现了原始的形式，这些形式是澳大利亚图腾概念系统的起源，他认为一切其他图腾形式都是由此产生的。在新赫布里底群岛（奥罗拉人）和海岸群岛（莫塔人）中有些人认为，他们的生命与动植物的生命，以及与海岸群岛人称作阿太（atai）或塔马纽（tamaniu）和奥罗拉人称作奴奴（nunu）的东西的生命是相互联系的。奴奴的意义，或许还有阿太的意义，大致相当于灵魂。

按照柯德林顿的看法，莫塔土著人通过一种幻术或占卜术发现他的塔马纽。但在奥罗拉，孕妇相信，椰子果、面包树果或一些其他东西与 102
胎儿之间有一种神秘的联系，胎儿将是它们的一种复制物。瑞沃斯发现了莫塔人有同样的信仰，他们遵守食物禁忌，因为他们认为自己是一种动物或水果，由他们的母亲在怀孕期间找到或看到的。在这种情况下，女人把植物、水果或动物带回村庄并询问这件事的含义。她被告知说，她将生出一个孩子，这个孩子与这件东西相像，或实际上就是这件东西。于是她把它放回原处，并且，如果它是一头动物，还用石头给它搭一个窝。她每天都去看它和给它喂食。当这头动物不见了时，就认为是它钻进了她的身体，它将从那里以孩子的形式重新出现。

这个孩子不能再吃与自己身份相同的这类动植物，以免病痛和死去。如果它是不能吃的果子，那么甚至不能去碰结这种果子的树。人们把吞食或碰触这类禁食物看成是一种同类相食，人与这个东西之间的关系如此亲近，以至于使这个人也具有了他与之同化了的那个东西的特点。例如，如果找到的是鳝鱼或海蛇，孩子将和它们一样柔软和怠惰。如果是一只寄居蟹，孩子就是暴性子的。另外，如果是蜥蜴，孩子就是温柔可爱的；如果是老鼠，孩子就是漫不经心、毛毛躁躁和毫无节制的；如果找到的东西是一个野生苹果，孩子就像苹果的形状一样有一个大肚子。在莫特拉夫（马鞍岛的一个地名，瑞沃斯，462 页）也能发现这类把人与动植物相比拟的现象。人与动植物或与东西双方之间的联系不是普遍性的，它只影响某些人。它不是遗传性的，而且也不牵扯到禁止男女之间的族外婚，如果他们碰巧与同一种类的东西有联系的话。（弗雷泽，第 2 卷，81～83 页，89～91 页〔引用瑞沃斯〕，第 4 卷，286～287 页）

104 弗雷泽认为这些信仰就是在洛亚蒂群岛的利富人和所罗门群岛的乌拉瓦人和马莱塔人那里发现的那些信仰的起源和原因。在利富人那里，有时一个男人在死前会用手指着一个他将化成其形状的动物、鸟或蝴蝶。于是他的所有子孙此后都禁止吃或射杀这种动物。他们说，“它是我们的祖先”，并为它上供。同样，柯德林顿观察到，在所罗门群岛（乌拉瓦人）当地居民拒绝种植香蕉树或吃香蕉，因为一个重要的人物在死前曾予以禁止，这样死者就可以托生为香蕉树了。[①] 因而在美拉尼西亚中部，食物禁忌的起源应该从某些祖先的怪诞的想象中去寻找。弗雷泽认为，它们是孕妇通常怀有的幻念和病态想象的间接结果和遥远的回响。他认为，这些他把它们提高到自然的和普遍的现象的地位的心理特质，是一切图腾信仰和习俗的最终根源。（弗雷泽，第 2 卷，106～107 页及其他各处）

弗雷泽时代在他所属的社会阶层中的妇女在怀孕时曾体验到这种幻

① 伊文思（269～270 页）曾证实过这一事实，他提出的解释却多少有些不同。然而他引证了由一位祖先托生而来的其他禁律。参见 272、468 页及其他各处。也可参见 C. E. 福克思有关圣克里斯托瓦尔岛同一类型的信仰的论述。

念，而澳大利亚和美拉尼西亚的土著妇女也有同样的体验，这种情况足以使弗雷泽相信这一现象具有普遍性和自然的根源。否则他就会使这一现象不与自然发生联系，并把它归于文化，因而承认，从某些方面说，在 19 世纪晚期欧洲社会和食人种族社会之间可能存在着直接的、令人惊异的类似性。然而，并无证据说明世界各地孕妇都怀有这种幻念，而 105
且其发生率在欧洲过去的 50 年中已大大减低，在某些社会阶层中甚至完全消失了。这类现象当然存在于澳大利亚和美拉尼西亚，但又表现为一种什么样的形式呢？它表现为一种维持制度的手段的形式，用以预测个人或集团的社会地位的某些特点。而在欧洲本身，孕妇的幻念似乎不会在造成幻念的这类信仰消失后还继续存在——以与其相关为理由——以便确断（不是预断）孩子出生之后（不是之前）发现的某些物理的和心理的特点。即使孕妇的幻念真有自然的基础，这一自然基础也不能说明这些信仰和习俗，它们远远说不上普遍，而且在不同社会中具有不同的形式。

此外，我们也不清楚弗雷泽为什么认为孕妇的幻念的重要性会超过老人弥留之际的幻象，或许这只是因为人们在能够去死之前必须先诞生。但是按照这一推理，一切社会制度的建立都应当会在单独一代人期间完成。最后，如果说乌拉瓦人、马莱塔人、利富人的系统是来自莫特拉夫人、莫塔人和奥罗拉人的系统的话，后者的遗迹或残存物就会在前者之中发现。然而惹人注目的是，这两个系统彼此正好是相对物。没有任何证据暗示说在时序上一个在另一个之先：它们之间的关系不是原本形式和派生形式之间的关系，而是两种正相反的形式之间的关系，好像每一系统表示同一个群的一个变换一样。

我们不去辨别二者孰优孰劣，而是在集团的水平上去考虑，并设法确定其特性。我们可以把这些特性归纳为一种三重对立：一方面是在诞生与死亡之间的对立，而另一方面是在有关确断或禁律的个人性与集体 106
性之间的对立。然而值得研究的是，禁律来自预断：任何人吃了禁食的水果或动物都要死亡。

在莫特拉夫-莫塔-奥罗拉系统中，第一组对立中的相关项是诞生，在利富-乌拉瓦-马莱塔系统中则是死亡。在其他对立中所有各项同样是相反的。在涉及孩子诞生这类事务时，确断是集体做出的，而禁律（或预断）则适用于个人：一位孕妇或即将怀孕的女人在地上或在缠腰布里发现一个动物或一个水果，就回到村子里去问亲友。该社会集团集体地（或通过有资格的代表之口）来确断即将出生的这个人的特殊地位，他将必须服从一种适用于个人的禁律。

在利富族、乌拉瓦族和马莱塔族，整个系统正相反。有关的事项是死亡，因而确断是个人性的，因为它是由垂死的人做出的，而禁律则是集体性的：实际上同一祖先的一切后代，有时，像在乌拉瓦族，全体族人都必须遵守。

因而这两个系统在同一集团之内处于正相反的地位，这可以从下表中看出，其中“＋”与“－”号分别表示每组对立的第一项和第二项：

意义对立：		莫特拉夫-莫塔-奥罗拉	利富-乌拉瓦-马莱塔
诞生/死亡……		＋	－
个人性/集体性	确断：	－	＋
	禁律：	＋	－

107 最后，这些情况使我们能抽出各个集团的共同特征，并可使其作为一个集团区别于同一集合体中的其他一切集团：这就是分类系统的集合体，它假定在自然性差别与文化性差别（这个词比“图腾制度”要好）之间存在着同态关系（homologic）。刚才讨论的这两个系统的共同特征就是它们的统计性和非普遍性。没有一件东西无区别地适用于社会全体成员：只有某些孩子是由于一种动物或一种植物的作用而被怀胎的；只有某些临死的人会托身为自然物。因而每一系统所支配的领域是由抽样组成的，它的选择，至少在理论上，依于偶然。由于这双重理由，这些系统都直接属于弗雷泽见到的阿兰达型的澳大利亚系统，虽然弗雷泽误解了这种关系的性质，它是逻辑的而不是发生学的，它既把各系统联系起来同时又尊重每一系统的特性。事实上，阿兰达系统也是统计性的，但其应用规则是普遍适用的，因为其支配的领域遍及整个社会。

当斯宾塞和吉林横越澳大利亚时，他们已注意到这一情况，即位于从大澳洲湾到卡彭塔里亚湾南北轴线上的种族的制度似乎构成了一个统一的系统。

> 阿龙塔人和瓦拉门加人的〔社会-宗教的〕情况正相反，但是就像在其他问题上一样，我们在凯梯施人那里发现了一种中间状态。（斯宾塞和吉林，164 页）

南方的阿拉巴纳人承认两个族外婚半族（moitiés）和一些族外婚的图腾氏族，它们都是母系制的。斯宾塞和吉林指出，母兄或父姐的女儿在婚姻中具有优先权，按照艾尔金的说法，这种婚姻与阿兰达人的婚姻属于同一类型，但由于图腾限制而较为复杂一些，正如人们所知，阿兰达人是没有这类限制的。 *108*

在神话时代（乌拉罗卡，ularaka）图腾的祖先把魂灵之子（麦-奥里，mai-aurli）放在图腾的位置上。阿兰达人有同样的信仰。但是对于阿兰达人来说，魂灵照例回到初始的位置以待新的托生，而阿拉巴纳人的魂灵在每次托身以后都要改变性别、所属的半族和图腾，因而每个魂灵照例要通过生物性地位和社会宗教性地位的整个的轮回。（斯宾塞和吉林，146 页以后）

如果这种描述恰好符合事实，它将表现出一个与阿兰达人的系统正相反的系统。阿兰达人的传续是父系的（不是母系的）；图腾的归属不由传续规则决定，而由女人意识到自己怀孕时所正好经过的地方来决定。换句话说，按照阿拉巴纳人的规则，图腾是统计地加以分配的，而对阿兰达人来说则依于偶然。在一种情况下，阿拉巴纳人的图腾团体是实行严格的族外婚制的，但是在另一种情况下，图腾团体在阿兰达人的婚姻规则中则不起作用。阿兰达人的婚姻是由八个亚族（sous-sections）（不再只是两个半族）的系统调节的，与支配婚配的图腾依属系统没有关系，它是按照一种循环方式来进行的，可表示如图 4。[①]

① 感谢我的同事 G. Th. 格维尔包得把此表制成环形图式。

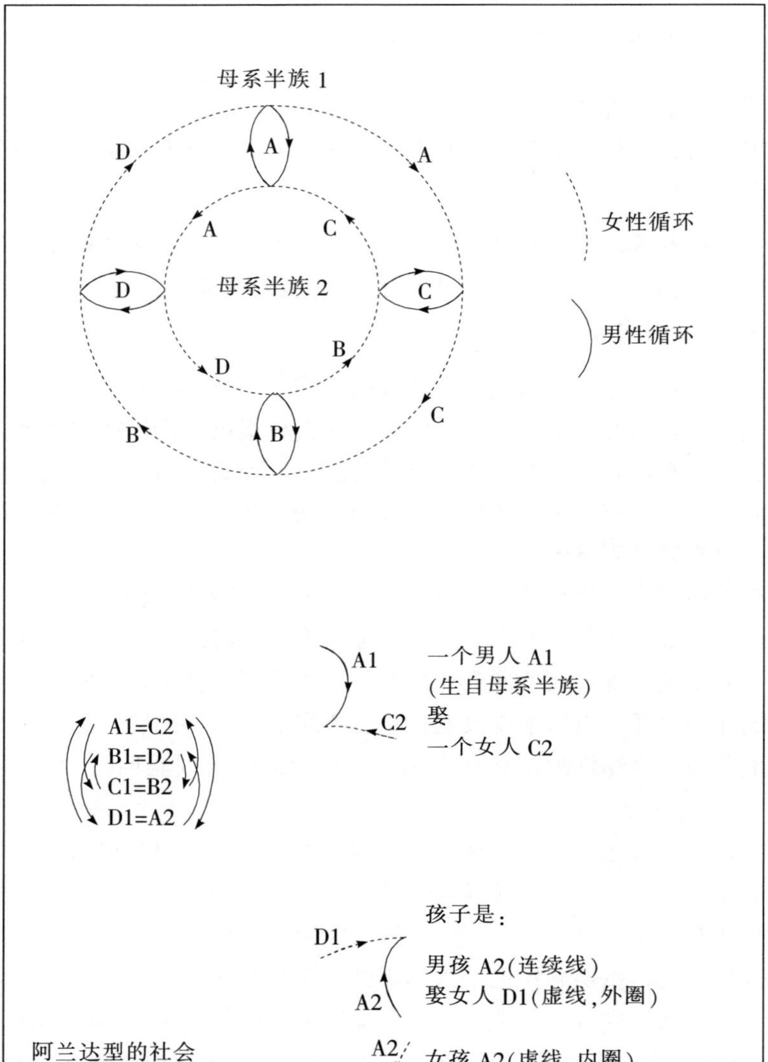

图 4　阿兰达型的社会结构和婚姻规则（高等研究院绘图室）

经过大量简化和使研究暂时只限于较早的资料以后或许可以说，阿 110
兰达人的活人的人事情况与阿拉巴纳人的魂灵的事态情况是相同的。事实上，对于每一代人来说，魂灵都改变其性别和半族依属关系（我们暂不考虑图腾团体，因为在阿兰达人的系统中图腾归属的关系不大，而是用部族亚族的改变来代替它，亚族的改变在此是有关系的）；变换成阿兰达系统中的项目以后，这两个要求可用如下的循环表示：

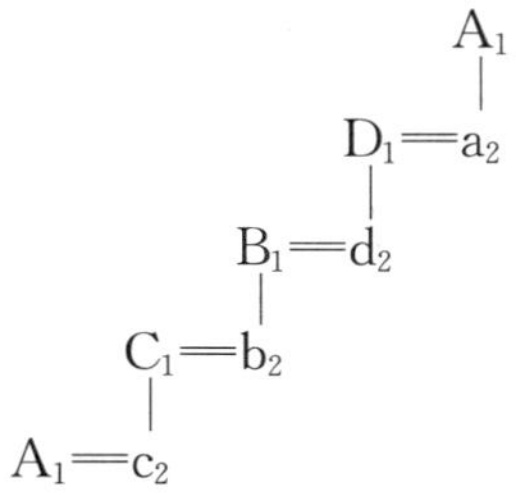

其中大写字母和小写字母分别表示男人与女人。这个循环与阿兰达社会的实际结构并不相符，在该社会中专门男性的循环与专门女性的循环是区分的，但它符合该系统的诸项中所隐含的程序，按照这一程序这些分散项目似乎就可以**连缀**起来了。

然而我们也应当考虑艾尔金对他的前驱的描述所做的批评。艾尔金怀疑斯宾塞和吉林只发现了阿兰达族中的一种图腾形式（艾尔金 4，138～139 页），实际上却有两种形式，正如他本人在阿拉巴纳族中证实的：一种是父系的和文化的，另一种是母系的和社会的，因而也是族外 111
婚的：

> 父系图腾崇拜团体的成员的确实行增殖仪式，由其“姐妹的儿子”协助，而且他们在仪式中的确把此崇拜图腾传给后者（再由后者传给别人）来吃，但是他们本身此后并不奉行该图腾的饮食禁律。另一方面……他们却严格地遵守有关吃他们的麻肚（madu）或社会性图腾的禁戒，虽然麻肚并不是一种崇拜的对象。（艾尔金 2a，180 页）

艾尔金对斯宾塞和吉林的描述所持的不同意见是，那种认为图腾魂灵通过了一个完全的循环的假设是前后矛盾的，因为它把两种图腾形式混在一起了。艾尔金认为，二者是不能混同的。人们至多可以承认的是，父系的崇拜图腾，交替于某一男性血系内的两个半族之间。

我无意进行裁决，只不过重新提一下我在别处对艾尔金的详细分析所做的原则性的反驳。还应当指出的是，斯宾塞和吉林是在阿拉巴纳文化还算完整的时候去认识它的，而艾尔金自己承认，他只是在这一文化已处于晚期的解体状态时才看到它。即使艾尔金的限制条件应当接受，情况也许仍然是这样的：对阿兰达人来说“参与轮回”（“cyclent”）的是活人，而对他们的南面的邻人来说“参与轮回”的是死人。换句话说，阿兰达人认为是系统的东西，在阿拉巴纳人中则被二分为一种配方（recette）和一种理论：因为艾尔金描写的以图腾互不相容性的调查为根据的婚姻规则是一种纯经验性的程序，而魂灵的循环显然只依赖于理
112 论性思考。此外在两个团体之间的这一区别，相当于真正的逆转换（inversions），而且可在一切平面上表现出来：母系的——父系的；两个半族——八个亚族；机械性的图腾制——统计性的图腾制；以及族外婚图腾制——非族外婚图腾制，假定期宾塞和吉林的分析是足够充分的话。我们也会看到，阿兰达的亚族有很大的功能上的效用，因为它们是传递性的 X=y 婚姻生的孩子是 Z、z，他们属于和双亲不同的（社会）团体；相反，阿拉巴纳（图腾）团体（其社会学功能也是调节婚姻）的功能效用是薄弱的，因为它们是非传递性的：X=y 婚姻生的孩子是 Y、y，只是再次增殖他们母亲的团体。传递性（完全的或部分的，视接受斯宾塞和吉林的论述还是接受艾尔金的论述而定）只出现于阿拉巴纳人的魂灵世界中，在这里复现了与阿兰达人的活人社会相类似的社会景象。

最后，在每个部族中领地所起的作用里也可以看到同样的逆转换：阿兰达人把它作为真实的和绝对的价值来对待。在他们的系统中这是唯一有充分意义的内容，因为自古以来每块地方就专门而且永久地属于一个图腾种属。对于阿拉巴纳人来说其价值是相对的和形式的，因为部分

内容大大失去了（由于魂灵能循环变动）其意指能力。图腾地区不再是祖传家园，而是相当于停靠港了。

现在我们来比较一下阿兰达族的社会结构与瓦拉门加族的社会结构，后者是一个更靠北的父系制的种族。瓦拉门加族的图腾与各半族相联系，也就是说，其图腾的功能与阿兰达族图腾的功能相反，而与阿拉 113
巴纳族图腾的功能相类似（虽然方式不同）。而且他们的地理位置与阿兰达族的位置正相反，阿兰达族是他们的北邻，而阿拉巴纳族是他们的南邻。瓦拉门加族与阿拉巴纳族一样有父系和母系两种图腾，但是与阿拉巴纳族的情况不同的是，绝对禁食的是父系图腾，而母系图腾由于对立半族的作用而被允许食用（另一方面，对于阿拉巴纳人来说，由于属于同一半族的图腾崇拜团体的作用，父系图腾对于对立半族是允许食用的）。

对立半族所起的作用可加以转换分析。在阿兰达族举行增殖仪式时，在两个半族之间没有互易性：每一图腾崇拜团体都随意地为了其他团体而举行仪式，这些团体可自由食用由主祭团体提供的丰富食物。另一方面，在瓦拉门加族，吃食物的半族积极参与使另一半族举行他们可从中获益的仪式。

这一区别又产生了其他有关的区别：在一种情况下，增殖仪式是个人的事，在另一种情况下则是团体的事。对于阿兰达人来说，举行增殖仪式是由那些仪式就是其个人财产的人倡始的，它是统计性质的：每人随意进行司仪祈愿，无需他人赞助。相反，瓦拉门加人有一份仪式日历，各种仪式按预定次序相继举行。于是我们再次发现，在仪式平面上
存在着我们早先注意到的（阿兰达人和阿拉巴纳人的情况）周期性和非 114
周期性结构之间的对立，这种对立似乎是活人社会和死人社会所特有的。在以阿兰达人为一方与以瓦拉门加人和阿拉巴纳人为另一方之间存在着同样的形式的对立，但是这一对立显示在不同的平面上。我们在大大简化以后可以说，在这两种关系上，瓦拉门加人的情况与阿拉巴纳人的情况是互相对称的，区别是：一方的传续制度是父系的，另一方则是

母系的。而阿兰达人与瓦拉门加人一样，是父系的。阿兰达人同其南、北邻的对立是由于阿兰达人的仪式举行具有统计性质，而后者的仪式举行具有周期性质，二者形成了对照。[①]

此外，阿拉巴纳人和瓦拉门加人都把他们的图腾祖先设想成是单个的人，这些单个的人虽然一半是人一半是兽，却具有十足的人性。按这种观点，阿兰达人喜欢有众多的祖先（对于每一个图腾团体来说），但他们都并非是完全的人类。斯宾塞和吉林指出，位于阿兰达人和阿拉巴纳人之间的团体凯梯施人和翁马杰拉人提供了这方面的一个中间型的例子，因为他们的祖先在神话中被表现成不完全的人类和十足的人类的一种混合物。一般来说，在南北轴向上，信仰和习俗的分布情况，有时表明从一种极端的类型向其相反的形式的逐渐变化，有时又表明同一形式
115 重复出现于两极，但在这种情况下表现于相反的环境中：父系的或母系的。于是结构的转换出现于中心，这就是说，出现于阿兰达人中间（见下表）。

	南			北
	阿拉巴纳	阿兰达	凯梯施，翁马杰拉	瓦拉门加
图腾祖先	完全的人 半人半兽 单个	不完全的人类 多个	不完全的人类 ＋十足成形 的人类 多个	完全的人 半人半兽 单个
社会组织	族外婚图腾制	图腾与两半族 不相合 非族外婚图腾制		图腾与两半族相合 族外婚图腾制
仪　　式		两半族相互排斥	图腾团体倡 始＋对立半 族辅助	两半族相互交流： 对立半族倡始
图腾庆典		个人所有		集体所有
举　　行		非定期		定期

① 阿兰达人“没有固定的次序……每次仪式都为某一特殊个人所有”，但对于瓦拉门加人，“与某一图腾相联系的诸仪式是按规则的次序举行的：A. B. C. D”。（斯宾塞和吉林，193页）

因而我们看到，从阿兰达族走到瓦门拉加族，就是从一个具有集体性神话（众多祖先）及个别性仪式的系统过渡到一个具有个别性神话及集体性仪式的相反系统。同样，阿兰达人的土地财产是宗教性的（按其 116 图腾规定），而在瓦拉门加人那里则是社会性的（土地在两半族之间分配）。最后，从南到北，圣物屈林加（churinga）渐渐消失，从前面的研究中差不多就可以预计到这种情况，因为对于阿兰达人来说，屈林加起着一种多重性统一体的作用：它代表一位祖先的肉身，并由一系列相互承续的个人持有，以证明他们的血缘系谱，屈林加成了个人在历时关系中保持连续性的物证，而阿兰达人的神话时间形象似乎排除了这种连续性的可能性。[①]

我们可以系统地列出所有这些转换。卡拉杰里人中间由一个男人来梦见他未来的孩子被接纳为图腾成员，这个例子与阿兰达人中由女人来看见它正好相反。在澳大利亚北部越往北越严格的图腾禁律提供了与由一个具有八个族外婚亚族的系统所加予的婚姻限制相类似的“饮食的”限制。于是有些种族不仅禁止人们吃自己的图腾，也禁止（有条件地或绝对地）吃他们父、母、祖父（或外祖父）的图腾。在约克角半岛北边诸岛的考拉莱格人中，土人们不但有自己的图腾，而且还把他们的奶奶、外祖父、外祖母的图腾都看成是与己有关的图腾，而在这四个相应的氏族间也禁止联姻（沙尔波，66 页）。前面谈过，饮食禁律是由于相信祖先已化为某种动物或植物。在梅尔维尔岛和巴瑟斯特岛可看到同样类型的结构，但这次是在语言平面上：与死者名字同音的一切词，他的 117 子嗣都避而不说，即使这些词都是常用的，并且与死者的名字只有较远的语音类似性。[②] 被禁止的是词而不是香蕉。在所研究的这些集团中，同样的模式有时出现，有时消失；有时相同，有时又由于消费水平的差

① 参见本书 315 页。

② 正如在各印第安部落中，由禁止说岳父母的名字扩大到禁止说组成这些名字的一切词。

别而不同；有时与女人有关，有时与食物有关，有时又与言语中的字词有关。

或许因为斯宾塞和吉林研究的材料与数目比较有限的澳大利亚部落有关（而对于每个部落来说材料又是相当充分的），他们就比自己的后继者更敏锐地认识到各不同类型间的系统性关系。后来专门研究者的视野就限于他们自己所研究的窄小范围；材料的数量，加之他们自己的谨小慎微态度，甚至阻碍了那些未抛弃综合性思想的人去寻找法则。我们的知识越广大，全面的图式就越模糊。有关的维度增多了，参照轴数超过了一定点就使直观的方法无能为力了：当一个系统的表现需要一个不只三或四维的连续体时，就不可能直观地想象这个系统了。但是或许有朝一日我们可以把有关澳大利亚部落的一切所获得的资料都转输到穿孔卡片上去，借助计算机把他们整个的技术经济结构、社会结构和宗教结构都显示为一个庞大的转换组合。

这种想法之所以富有吸引力，是因为我们至少能想象为什么澳大利
118 亚会是进行这类实验的特别适宜的地区，比任何其他地区更明显。此地各社群尽管与也存在与其外部世界的接触和交流，却是在孤立中发展起来的，这种特点似乎比其他地区更明显。此外，这个发展不是消极进行的：它是意愿和构想的产物，因为很少有什么文明在其博学、沉思和有时显得像是理智上的精雅风致等趣味上可以和澳大利亚人相比，尽管这样来形容只有如此粗简的物质生活水平的种族不免显得奇怪。可是不要对此有所误解：这些毛发蓬松的肥胖的野蛮人，外表上很像帝国脑满肠肥的官吏和老兵，他们裸露的身体显得很不匀称，这些娴于此道的老手的所作所为在我们看来就像是儿童的变态把戏——触摸摆弄生殖器，自残，大量使用自己的血、排泄物和分泌物（有如我们自己漫不经心和不假思索地用唾液贴邮票的习惯）——但他们在各个方面都是十足的假斯文（snobs）：有一位生长在他们中间并说他们语言的专家曾使用过这个词（T. G. H. 斯特莱罗，82 页）。当我们根据这种观点加以考虑时，对下面这种情况就不会那么惊异了。他们在学习了这类风雅的技艺后就

颇以能绘制一幅像是出自一位老处女手笔的、单调而做作的水彩画而自傲（插图Ⅷ）。

假定澳大利亚千百年来都闭关自守[①]，假定理论活动和讨论在这个封闭的世界里一直盛行，最后，假定社会风气会到处蔓延其影响，那么人们就会理解，一种共同的哲学与社会学风格的形成并不排除种种精巧的变异现象，甚至其中最细微的表现也会被提到，并给予肯定的或否定的评论。每一个团体无疑都由只是表面上显得矛盾的动机因素所引导，如效仿他人所为，和别人做得一样好，比别人更好并不效法他人：也就是不断地改进主题，而传统和习俗只是确定这些主题的一般轮廓。简单地说，在社会组织和宗教思想领域中，澳大利亚社会在穿着打扮上很像 18 世纪末和 19 世纪初的欧洲农村社会。绝无疑义的是，每个社会都有自己的装束，而且男女装束都由大致相同的成分组成：人们都想方设法以华丽或细部的精巧来有别于，甚至超过邻村。所有女人都戴帽子，但各地区样式不同；此外，在法国实行内婚制的婚姻规则是根据帽子的语言来表示的（“人们只按女帽结婚”），正像澳大利亚的族外婚制的规则是根据亚族或图腾的语言来表示的一样。在这个问题上，正像在其他的问题上一样，澳洲土著和我们自己的农村社会一样，普遍的一致性（这是封闭世界的一个特征）与教区的特殊性的结合会导致人类文化按照音乐程式中的“主题和变调”之间的关系来活动。 119

我们可以设想，我们简要叙述过的那些有利的历史和地理条件使澳大利亚文化处于彼此转换的关系中，这种转换可能比世界其他地区更完全、更系统。但是这种外部关系不应当使我们忽略内部关系，后者更普遍地存在于单一文化的不同层次之间。我已经指出过，“图腾”类型的观念和信仰特别值得注意，因为对于建立或接受这些观念和信仰的社 120

① 北部地区当然例外；这里与大陆以外不是没有接触的。因此这只是近似的说法。

会，观念和信仰就构成了信码，这些信码使人们有可能按概念系统的形式来保证属于每一层次的信息的可转换性，甚至是那些彼此除了在表面上都属于一个文化或社会之外别无共同之处的层次，也就是，一方面与人们彼此之间的关系有关，另一方面与一种技术或经济秩序的层次有关，这类秩序似乎只关心人与自然的关系。这种自然与文化之间的调节作用是图腾算子（opérateur）特有的功能之一，它使我们能从迪尔凯姆和马林诺夫斯基所说明的片面的和歪曲的东西中筛出正确的东西来，他们两位都倾向于把图腾限制在两个领域中的这一个或那一个之内，然而实际上它是超越二者之间的对立的工具（或希望）。

这一点 L. 瓦尔奈尔在对阿纳姆地的孟金人的研究中已经清楚地说明过。这些北部澳大利亚人用一个神话说明事物的起源，这个神话也是他们的仪式的一个重要部分的基础。在万物之始，瓦维拉克姐妹动身向
121 海边走去，一边走一边给土地、动物和植物命名。姐妹中一人怀着身孕，另一个带着孩子。在动身之前她们两人肯定与本半族中男子们有过乱伦关系。

妹妹的孩子生出以后，她们继续趱程，一天在巨蛇玉尔龙古尔盘踞的水池附近停了下来，这头巨蛇是姐妹俩所属的杜亚半族的图腾。姐姐用月经血弄污了池水，被惹怒的巨蛇冒出水面，制造出一场倾盆大雨和水灾，并吞食了女人和她们的孩子。巨蛇站起身来，水淹没整个大地和植物。巨蛇再躺倒时，洪水就退去了。

瓦尔奈尔解释说，孟金人自觉地使蛇与造成每年洪水的雨季联系起来。正如一位地理学家指出的，在这一地区季节变化都很规则，几乎可以逐日加以预测。两三个月内的降雨量往往高达 150 厘米。它从 10 月份的 5 厘米增高到 12 月的 25 厘米左右和 1 月份的 40 厘米；干燥季节到来得同样快。在达尔文港记录下来的 46 年的降雨量图可能是一幅巨蛇玉尔龙古尔把头从水池伸向天空并使大地洪水泛滥的图景（图 5）。

122

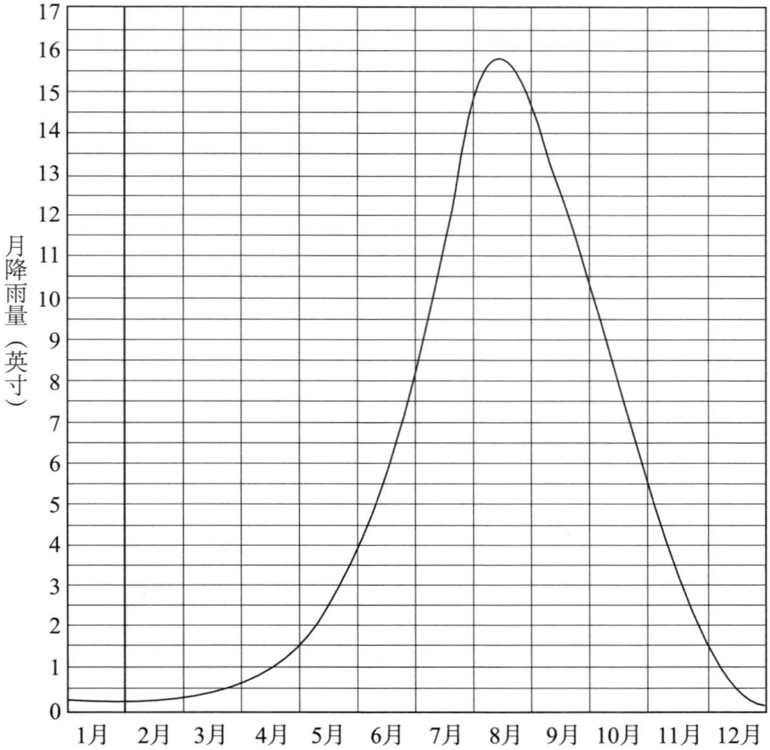

图 5　46 年期间达尔文港地区平均降雨表

（录自瓦尔奈尔绘制的图表，11 册，380 页）

把一年分为两个对立的季节：一个是7个月，异常干燥；另一个是5个月，豪雨滂沱，潮水淹没数十里滨海平原。这种划分方式深刻影响了土著的思想和活动。雨季迫使孟金人分散开来，结成小股躲到未被淹没的地区去。他们受到饥馑和洪水的威胁，惶惶不可终日。洪水退去后，几天之间植物又碧绿一新，动物也四处出没，集体的生活又开始恢复，丰腴重临大地。然而如果洪水不淹没和肥沃了平原，这一切也都是不可能的。

正像季节和风向按两半族划分（雨季和西风、西北风属杜亚半族；而旱季和东南风属伊里梯亚半族）一样，宏伟的神话戏剧中的角色蛇与瓦维拉克姐妹，也分别与雨季和旱季相联系：前者代表男性和入族者，
123 后者代表女性和未入族者。他们必须合作，如果要有生命的话：有如神话所说明的，如果瓦维拉克姐妹不犯乱伦和弄污玉尔龙古尔的水池，大地之上就既无生命又无死亡；既无性交又无生殖；也不会有一年之中的季节往复。

神话系统和它所运用的表现方式有助于在自然条件和社会条件之间建立同态关系，或更准确些说，它使我们能够在不同平面上的诸有意义的对比关系之间确立等价法则，这些平面是：地理的、气象的、动物学的、植物学的、技术的、经济的、社会的、仪式的、宗教的和哲学的等等平面。等价关系大致如下表：

纯，神圣：	男	较　高	施肥　（雨）	坏季节
不纯，凡俗：	女	较　低	受肥　（土地）	好季节

我们立即看出，这张列出土著逻辑规则的表格显露了一种矛盾。实际上，男人高于女人，入族者高于未入族者，神圣高于凡俗。但是，上面一行所有的词项都被当成是和雨季同类的，这是一个饥馑、隔离和危险的季节。而下面一行的词项与旱季同类，在这个季节里百物茂盛，圣祭频频举行：

> 男人的年龄等级是蛇和纯化成分，而社会学意义上的女人群是
> 124 不洁的。男性蛇群吞食不洁的人群，也就把新入族者“吞入”（也

就是使其通过）仪式中纯洁的男性群，同时，整个仪式使整个集团或部落纯化了。

按照孟金人的象征表示法，蛇是自然界施予教化的本源；这说明它何以等同于男性社会而不等同于女性社会。否则人们就会认为，孟金人把与肯定性的较高社会价值相等同的男性力量和旱季相联系，旱季是一年中具有较高社会价值的时期。（瓦尔奈尔，387 页）

于是基础结构的优先地位在某种意义上得到了肯定，因为地理和气候，加上它们对生物平面的影响，提供给土著人的思想一种矛盾的状态：有两个季节，正如有两个性别、两个社群、两级文化（“高级的”，即入族者一级的，和“低级的”；关于这类区分的问题，参见斯坦纳 1，77 页）一样。然而在自然平面上，好的季节低于坏的季节，而在社会平面上，对应词项间的关系颠倒了过来。因而必须判定怎样解释这个矛盾。如果好的季节被说成是男性的，其根据是，它比坏的季节高，以及男人和入族者高于女人和未入族者（女人也属于这个类），那么不仅力量和效力，而且连贫瘠不育也必须归于世俗的和女性的因素，这就极其荒谬了，因为社会性力量属于男人，自然繁殖力属于女人。另外一种划分也是矛盾的，但其不一致性至少可由某种双重二分法遮掩一下，这就 125
是把整个社群分为男女两类（仪式的区分，不再只是自然的区分）和把男人群分为老和少、入族者和未入族者两类，根据的原则是，在男人社群中未入族者与入族者的关系与社群全体中女人与男人的关系相同。但是结果男人不再体现生活的幸福一面，因为他们不能既支配它又体现它。由于不可避免地要承担忧郁的幸福所有者的角色，而这种幸福只有通过中间者才能获得，他们就仿照圣者和老人塑造了本身的形象。而且引人注意的是，女人和男性老人这两类人，分别作为幸福的手段和主人，组成了澳大利亚社群的两极，而且青年男子为达到十足的男性，必须暂时放弃前者和永久地服从后者。

老年男子享有的性特权，他们对秘传的文化的控制，以及凶残神秘的入族仪式，都是澳大利亚各社群的一般特征，而且我们也可以在世界其他地区发现类似的例子。我并不想说这些现象可归因于显然是局部地区的自然条件。为避免误解，尤其是为避免复活旧的地理决定论的指责，我们对此须作一些说明。

先要说明，自然条件不只是被动地被接受的。此外，自然条件不是独立存在的，因为它们与人的技能和生活方式有关，正是人使它们按特定方向发展，为它们规定了意义。自然界本身是无矛盾的；它之所以成为矛盾的，只是由于某种特殊的人类活动介入的结果。而且按照某种活
126 动所采取的历史的与技术的形式，环境的特征就具有不同的意义。另一方面，即使当环境被提高到唯一使环境能被理解的人的水平时，人与其自然环境的关系仍然是人类思维的对象：人从不被动地感知环境；人把环境分解，然后再把它们归结为诸概念，以便达到一个绝不能预先决定的系统。同样的情境，总能以种种方式被系统化。曼哈特和自然主义学派的错误在于，他们认为自然现象是神话企图加以解释的**什么东西**；而实际上它们不过是**媒介**，神话**借助此媒介**试图解释其本身不是自然秩序而是逻辑秩序的现实。

基础结构之所以是首要的原因就在于此。首先，人像玩牌者一样，他在桌旁就座，手里拿着的不是由他发明的纸牌，因为牌戏是历史与文明的一种**所与物**（donné）。其次，每一局都是纸牌一次偶然分派的结果，不为当时的玩牌者所知。他必须接受这些**所与物**，但是每个社会像每个玩牌者一样，都依据几个系统来进行解释，这些系统对全体参加者可能是共同的或特殊的：游戏规则或策略规则。而且我们都清楚，不同的玩牌者不会用同一副牌总玩同一局牌戏，尽管由于规则的限制，他们也能用任何某一副牌玩出任何一局可能的牌戏来。

为说明我们何以经常见到那些并不能归于特殊客观条件的社会学解释，应当注意形式而不是注意内容。矛盾的内容远不如矛盾本身的存在
127 这一事实重要，如果社会秩序与自然秩序和谐的综合可一下子达到，这将是极大的巧合。但是，矛盾的形式比起它们的经验内容来变化要少得多。宗教思想的贫乏是怎么估计也不会过分的；它说明了这样一个事实：人们常常依赖于同样的手段来解决问题，这些问题的具体成分可能

很不同，但它们都具有属于“矛盾结构”的共同特性。

我们再来看孟金族，我们可以清楚地看到，图腾符号系统如何能使人们完成诸异质性语义领域的统一，所付的代价就是矛盾，仪式的作用正在于通过“表演”这些矛盾以克服之：雨季实际上吞没了旱季，就像男人“占有”女人，而已入族的“吞下”未入族的，就像饥馑摧毁丰饶，等等。然而孟金族的例子不是独一无二的。在世界其他地方也有用图腾词项把自然状况“编码”的各种暗示迹象。一位研究奥吉布瓦人的专家探讨了北美相当流行的用鸟来象征雷的方式，他报道说：

> 按照气象观察，有雷日子的平均数在4月从1开始，到了仲夏（7月中）增加到总数5，然后到10月又下降到1。如果查鸟历，结果是，到南方过冬的鸟类开始在4月出现，大批在10月以前又消失了……雷鸟的“鸟类”特性在某种程度上可参照自然现象及其观察加以合理的说明。（哈罗维尔，32页）

必须像瓦尔奈尔在澳大利亚查证气象日期时所做的那样，来正确地 128
说明夏威夷众神中常见的自然现象的拟人化。众神有坎海克里（小雨形式的男神）、卡泼哈卡（男性，＝天，可推动岩石）——他与奎拉内马克哈（男性，＝天，急驰电光）相同——等等；如果不具备相应的知识就无法区分这些神和准确地为它们定出名分：

> 一月末和二三月到来的倾盆大雨，气势雄浑，频繁而猛烈，最后变成如下的气象景观：大海与高地上空黑云低垂，大气凝滞，沉压的感觉日重一日；“旱”雷近则震耳恐怖，远如炮声隆隆；紧接着是霏霏细雨，不久又转成瓢泼大雨；云雨包绕着的高地上，惊雷滚滚，回声四起，逐渐滑过山脊或绕过山腹，往往逼向海面，此时雷声转为沉闷，并可能沿着与山脊相反的方向折回，这是由于小型旋风和对流所致。（韩迪和普奎，118页，注17）

如果图腾的表现相当于信码（code），这就有可能从一个系统转到另

129 一个系统，而不管它是由自然物或文化现象的项目来表示。于是或许就可以问为什么这些项目的表面会伴随有行为规则：至少初看起来，图腾，或这一类东西，不只是一种语言，它并不只是在记号间建立相容性与不相容性规则，它还是规定或禁止一些行为方式的某种道德的基础。或者这至少似乎是由于图腾表现方式与饮食禁律和族外婚规则之间具有十分普遍的联系。

我们将首先回答这种假定的联系是某种预期理由的结果。如果我们认为图腾现象应由动植物名称系统、适用于相应的动植物种的禁律，以及享有同一名称并遵守同一禁律的人之间的禁婚等现象的同时存在来规定，那么有关这些习俗之间相互联系的问题显然就会被提出来。然而长久以来人们就已知道，这些特征中的任何一种没有其他几种也能被发现，而且其中任何两个特征没有第三个也能够存在。

这种情况在饮食禁律中特别明显，饮食禁律形成一个广泛复杂的系列，所谓图腾禁律（这是由部族与自然界物种，或与自然现象或物体的等级之间具有某种集体的亲缘性而产生的）只说明一种特殊情况。恩登布族男巫首先是一个占卜者，他不能吃羚羊肉，因为这种羊有一身乱斑皮；如果吃了的话，占卜就会迷离要点。由于同样的理由也禁止吃斑马，禁食有黑皮的动物（它会投以阴影，遮蔽住他的千里目），禁食有尖刺的鱼类（因为骨刺会刺伤占卜者的占卜器官肝脏），并禁食有黏滑叶子的几种菠菜，因为这些叶子会使他的占卜能力滑走。（V. W. 特纳尔 2，47～48 页）

130 卢瓦勒族男孩在他入族期间只能对着下列树木的树干小便：Pseudolachnostylis deckendti，Hymenocardia mollis，Afrormosia angolensis，Vangueriopsis lanciflora，Swartzia madagascariensis。这些硬木，象征勃起时的生殖器，它们的果实令人联想起丰腴和生命。他还被禁止吃种种动物的肉：如罗非鱼，一种血色红肚鱼；肉齿菌种和狗脂鲤种，这两种鱼有利齿，象征割礼后的余痛；胡子鲇种，它的黏滑的皮象征治疗创伤的困难；香猫，它的斑皮象征麻风病；有利齿的野兔和“热”辣椒，它们象征着疼痛的治疗，等等。女性新入族者也须接受类似的禁律。

（C. M. N. 怀特 1，2）

我们详述这些禁律，因为它们规定得很具体，解释得很精细，可以很容易地把它们和在一般饮食禁律范畴内的图腾禁律加以区分和对比。但是太斯曼编制的含有加蓬芳族大量禁律的清单，既包括了极端类型也包括了中间类型的例子，这就说明了为什么有关芳族是不是图腾部落的问题甚至引起那些相信图腾概念的人们的热烈争辩。

芳族人用一个一般的词“贝奇”（beki）来称呼的各种禁律，既适用于男人又适用于女人，既适用于受入族礼者又适用于未受入族礼者，既适用于少年又适用于成年，既适用于想生孩子的家庭又适用于不想生孩子的家庭。因此，这些禁律取决于各式各样的语义环境。不能吃象牙的内壁，因为它是又软又苦的东西；不能吃大象的躯干，以免使四肢瘫软；不能吃绵羊和山羊，免得它们把喘吁毛病传染给人；孕妇不能吃松鼠，因为松鼠会使分娩困难（参见前面第 82 页）；女孩子特别禁食老 131
鼠，因为木薯在洗的时候会被老鼠无耻地偷走，这样女孩也会同样冒“被偷走”的危险；然而老鼠还因更一般性的原因被禁食，因为它们住在家舍附近，被看成家庭的一员……人们避免吃某些鸟，或者是由于难听的叫声，或者是由于它们的形状。儿童不许吃蜻蜓的幼虫，因为幼虫会使孩子控制不住小便。

费舍尔最近在研究波纳佩族土著人时采取了太斯曼考虑过的一种饮食实验计划，该地土著人认为，违犯食物禁忌将引起很像是过敏性的生理疾病。费舍尔提出，甚至在白人中过敏症也往往有身心关系方面的根源：很多病人犯这种病是由于违反了心理性或道德性的禁忌。于是，这种表面上是自然性的症状就与一种文化性的诊断有关。

我只随便从太斯曼的详尽的一览表中介绍几种芳族人的禁律，这些禁律不妨说是由宗教性的类比产生的：使人联想到月亮的带角兽；猩猩、猪、蟒等，由于它们在某种祭祀中有象征作用。祭礼中新入祭者禁止吃几内亚鸡，而男性崇拜物祭礼中的规则正相反：新入祭者可吃受祭动物，未入祭者则不许吃，这一事实清楚表明，禁律不是产生于有关牺牲的内在特性，而是产生于它们在一种或几种意义系统中被赋予的地

位。(太斯曼，58～71页)

132 因而可以把食物禁律组织进图腾外的或超图腾的系统中去。相反，很多传统上被看作是图腾的系统也包含着与食物无关的禁律。在巴西保罗罗族中记录下来的唯一的食物禁律与一种非图腾圣餐物鹿肉有关。但是充做氏族和亚氏族名祖（éponymes）的动植物似乎不是特殊禁律的对象。与氏族有联系的特宠物与禁律出现于另一平面上：技巧、原料和装饰品的平面，因为每个氏族都用某种羽毛、珍珠母和其他装饰品来和其他氏族相区别，特别的节日期间更是这样，不仅这些装饰品的内容，就连它们的形式和制作方法每个氏族都作了严格规定。(列维-斯特劳斯2，第二十二章)

住在阿拉斯加海岸的特林吉特人也谨慎小心地保存着氏族的头饰和纹章。但是他们对绘制或在巫术中呼唤的动物，只是以一种可笑的方式来禁止：狼族不可以养狼，乌鸦族不可以养乌鸦，蛙族成员据说都怕青蛙。(麦克里兰)

中部阿尔冈金人没有适用于其氏族动物名祖的食物禁物。氏族主要是以他们文身的方式、特殊的衣着和特殊祭餐的习俗来彼此区分的。弗克思人的禁律对象从来不是或几乎从不是吃的东西，这些禁物五花八门无所不有：雷族人不许倚靠树干的西侧画画，也不许裸身沐浴；鱼族人不许建堤；熊族人不许爬树。野牛族人不许剥任何有分趾蹄的野兽的
133 皮，也不许看将死时的这类动物；狼族成员绝不能掩埋任何属于该族的动物，也不能打狗；鸟族人绝不能伤害任何鸟类；鹰族成员禁止在头上戴羽饰。“头人”氏族的成员永远不许说人的坏话；海狸族成员不应游水渡河；而白狼族成员则不应喊叫。(米奇尔森2)

甚至在饮食禁律证据充分的地区，引人注目的是，禁律的分布情况也是极不均匀的。在澳大利亚北部约克角半岛地区，人们曾对十几个相邻的文化圈（由一百来个部落组成）加以描述和分析。那里的半族、亚族、氏族或崇拜集团都有一种或数种形式的图腾制，其中只有一些与饮食禁律有联系：父系考拉莱格族的氏族图腾制包括饮食禁律。同样也是父系的雅太可诺族则相反，他们只禁止按母系传继的受祭图腾。可可亚

奥人有按父系传继并允许食用的半族图腾，和按母系传继并禁止食用的受祭图腾。琼坎吉人只有父系氏族图腾，而且不受任何禁止。奥凯尔克拉人分为东西两部，其中一个有饮食禁律，另一个则没有。麦太库地人则不食母系的氏族图腾；莱尔地拉人有相同的规则，虽然他们是父系的部族（沙尔波）。 134

正如沙尔波所说：

> 对可食图腾的食用和射杀的禁律总是与母方崇拜和母系社会图腾制相联系。对父系崇拜的图腾制，禁律更多种多样，半族图腾比 135
> 氏族图腾的禁律更常见。（沙尔波，70 页）

特殊地区内的调查结果证实，在饮食禁律与母系制度间存在着普遍关系，艾尔金主张，这种关系存在于整个大陆。由于社会制度是男人的成果——一般来说是如此，澳大利亚尤其如此——，这种主张就相当于说，在男性与消费者之间以及在女性与消费品之间存在着联系。后面我还要来谈这个问题。

最后，有些例子表明，饮食禁律的观念，我们似乎可以说，像一只手套似的翻了过来，禁律变成了义务；而且它不适用于自身而是适用于别人；同时它也不再与设想为食物的图腾动物有关，而是与食物本身有关。这种显著的转化可以在某些齐佩瓦印第安人中间看到，人们可以杀死和吃图腾，但不能加以凌辱。如果一个土人嘲笑或污辱另一个土人的动物名祖，后者就要向氏族报告。这个氏族举办盛宴，就以图腾动物的食物为食品，例如像浆果和野坚果，如果所说的这个动物是熊的话。污辱者受正式邀请，并令其饱餐，直到他，如情况报告者所说，“快要胀破肚皮”并准备承认图腾的威力为止。（雷琴哈勒）

从这些事实可得出两个结论。首先，某些生物禁止吃而另一些生物允许吃的现象不能归因于某种信念，即前者具有伤害人的某种内在的肉体特性或神秘特性，而可归因于一种愿望，即在“有标志的”（“marquée”）和“无标志的”（“non-marquée”）生物之间加以区别（按 136
语言学家的意义理解）。禁食某些生物，只是强调它们是有意义的几种方式之一，于是实际的规则可以看成是某种逻辑内的指示意义的算子，这种逻辑是定性性质的，它能借助行为及形象来运演。根据这种看法，某些较早的报道似乎比通常设想的更值得注意：澳大利亚东部昆士兰的瓦克尔布拉人的社会组织据说由四个阶层组成，它们都是严格族外婚的，但又可以说是“族内饮食的”。迪尔凯姆已经怀疑过这个特征，艾尔金又指出，它的证明只来自个别的、不太可靠的来源。然而艾尔金也说，阿兰达神话中描述过类似的情况：图腾集团的祖先只靠自己特殊的食物为生。而今天情况正相反：每一图腾集团都靠其他集团的图腾为生，而禁食自己的图腾。

艾尔金的评论是重要的，因为它清楚表明，只要把假定的瓦克尔布拉人的组织的一切项目逆转过来，就能把它变为阿兰达的制度。对阿兰达人来说，图腾与婚姻无关而与饮食有关：图腾族内婚可允许，族内饮食则不行。对瓦克尔布拉人来说，族内饮食是必需的，而图腾族内婚似乎受到特别严格的禁止。这个部族当然早已不存在了，关于它的资料都是相互矛盾的（比较弗雷泽，第 1 卷，423 页的报道，和迪尔凯姆，215 页注 2 的报道）。然而值得注意的是，不管采取哪种报道，它和阿
137 兰达制度的对称性都是存在的；唯一的区别是，对于一种报道来说，婚姻规则与饮食规则之间的关系或者是补充性的，或者是互补性的。现在，女性或男性的芳族崇拜物的例子表明，借助形式相同而内容相反的规则可以“表示同样的事物”。而对澳大利亚诸社群来说，当“有标志的”食物很少，或往往甚至像出现的情况那样只有一种时，就为他们的禁食提供了最有效的区分方法。但如果“有标志的”食物种类增加（这种情况是常见的，我们在 116 页已经看到，北部诸部族既尊敬自己的图腾，又尊敬母亲的、父亲的和外祖母的图腾），十分明显，无需制度的精神有任何改变，这种区分性的强调方式就会逆转，而且就像照片一样，“正片”会比“负片”更清楚，虽然两者都传递着同样的信息内容。

于是，饮食禁律和义务在一个其成分的全部或部分是由可食生物组成的逻辑系统中，似乎是理论上等价的“指示意义”的手段。然而这些系统本身可能属于不同类型，这就导致第二个结论。南非布须曼人中间

没有图腾制存在的迹象，尽管他们有复杂严格的食物禁律。这是因为他们的系统是在不同的平面上起作用的。

所有用弓箭射杀的猎物在头人吃过一块肉以前都禁止食用，这叫做索克萨（soxa）。这个禁律不适用于猎人当场吃掉的肝脏，但肝脏在任何情况下对于女人来说都是索克萨。除了这些一般规则以外还有适用于某些功能范畴和社会范畴的永久性的索克萨。例如，猎人的妻子只能吃肉皮、后腿脂肪、内脏及脚蹄。这些部分是专留给妇女儿童的。青少年 138
有权吃腹壁、腰子、生殖器和乳房的肉，而猎人有权吃肋骨和一侧的肩胛骨。属头人的部分有腿部和脊骨两侧的厚肉、两肋上割下的肉片。（福里）

初看起来似乎没有一个系统不像一个“图腾”禁律的系统。然而一种很简单的转换就能使一个系统过渡到另一个系统：我们只需用人种解剖学来置换人种动物学。图腾制度要求在自然生物的社会与社会群体的社会之间有一种逻辑等价关系。布须曼人假定有同样的形式的等价关系，这种关系存在于构成个别机体的部分与构成社会的功能类之间，这就是说，社会本身被看成是一个机体。在每一种情况下，自然划分与社会划分都是同态的，而在一种秩序中选择一种划分就意味着在别一秩序中采取与之对应的划分，至少是作为一种优先的形式。①

下一章将以同样的方式，即将其看作某团体内转换的结果，来专门 139
解释在族内婚与族外婚之间的可观察的经验关系。我只想在此指出在这个问题与刚讨论过的那个问题之间存在的联系。

首先，在婚姻规则与饮食禁律之间有着事实上的联系。在大洋洲的梯可皮亚人和非洲的尼尔人中，丈夫都避免吃不许妻子吃的动植物。其理由是：摄取的食物有助于精液的形成，因而丈夫怕在性交时把禁止的

---

① 所谓“图腾”社会也实行解剖的分解，但它们以此来进行第二级区分：在群体的亚群与属于该群体的个人之间的区分。因而在两种群体间并非互不相容；宁可说，只有它们在逻辑等级系统中各自的位置才被看成是有意义的。后面我还要谈这个问题，参见本书 231 页。

G. 迪特林指出，如果多贡人把图腾和受献祭的祖先的身体某部分联系起来，那是通过运用在部落间适用的某种分类系统来进行的。因此每一部落内与身体诸部分相对应的图腾团体，实际上已经是第二级单位。

食物导入妻子体内（弗茨 1，319～320 页；耶万斯-普里查德 2，86 页）。按照前面的研究我们看到，有趣的是芳族人的道理正好相反：有关适用于象牙内壁的禁律的许多理由之一是，阴茎会像厚皮动物的牙床那样软绵绵（表面上很像）。出于为丈夫考虑，妻子也遵守这一禁律，以免性交时使丈夫软弱无力。（太斯曼，70～71 页）

这些比较只是世界各处的人们似乎在性交和饮食之间发现的极其深刻的类比的某些特例，在相当多的语言中，二者甚至以同样的词语表示。[①] 在约卢巴人中，“吃”和“结婚”用一个动词来表示，其一般意义是“赢得、获得”；法文中相应的动词“消费”（“consommer”）既用于婚姻又用于饮食。在约克角半岛的可可亚奥人的语言中，库塔库塔（kuta kuta）既指乱伦又指同类相食，这是性交与饮食消费的最极端形
140 式。基于同样的理由，波纳佩人用同样的方式来表示吃图腾和乱伦；在非洲的马绍纳人和马塔贝勒人中，“图腾”这个词也表示“姐妹的阴门”，这也间接地证实了饮食与性交之间的等价性。

如果吃图腾类似于同类相食，我们就可以理解，对实在的或象征性的同类相食的处罚也应施于那些故意或非故意地违反禁律的人：萨摩亚人象征性地把触犯者放进炉里烘烤即是一例。澳大利亚沃乔巴鲁克人的类似习俗，也可证实同样的情况：如果一个男人违反族外婚法去诱拐女人，他就会被该图腾团体真的吃掉。我们可以引德尔图良和圣约翰·克里索斯托的名言为证而无需离题太远或牵扯其他异国礼俗。前者说过：“饕餮为淫乱之门。”（《论斋戒》，第 1 卷）后者则说：“节食为贞洁之始。”（《“帖撒罗尼迦后书”教谕》，第 1 卷）

这一类把饮食与性相互比较的例子是不胜枚举的。上面我举出的例子表明，要想在饮食禁律与族外婚规则之间建立孰先孰后的关系是徒劳的。二者之间的联系不是因果性的，而是譬喻性的。甚至在今日，性关系与饮食关系也是相似的：例如俗语：“faire frire”（炸一下，诱奸），“passer à la casserole”（放进锅，诱奸）等等。但应该怎样去解释这一

---

① 参见享利，146 页中一个南美的令人惊异的例子。

事实及其普遍性呢？在这里逻辑的水平又是通过语义的贫弱化达到的，如两性结合和食者与被食者的结合这二者之间的最大公分母是：它们都通过互补性实现了结合。

> 缺少运动者是富于运动者之食物；无尖齿者是有尖齿者之食物；无手者是有手者之食物；胆小者是胆大者之食物。（《马努法规》，卷 30） 141

把男人比作食者，把女人比作被食者，这对我们来说更为熟悉，当然也是世界上较流行的观念，但也不能忘记在神话学的层次上常常会看到相反的说法，如在牙状阴道（vagina dentata）的故事主题中。非常重要的是，这个故事是用饮食，也就是用直接的方式，来“编码”的（于是证实了这样一个神话思想的法同，即隐喻的转换是在换喻中完成的）。同样的情况是，牙状阴道主题不再是颠倒地而是直接地对应着远东地区性的哲学中的一种观点。梵・古里克（1，2）的研究确认，对于男人来说房中术主要在于避免被女人吸干精力并能化险为利。

相似与对比的这种逻辑依属关系，在某些所谓图腾种族对待动物名祖身体诸部分的复杂态度中得到清楚的阐明。上索里摩斯地区的梯库纳人实行“超图腾的”族外婚制（鹦鹉族成员彼此之间不能通婚，也不能与任何以鸟名命名的氏族的成员通婚，等等），可以自由地吃动物名祖，但敬重的保存动物躯体的神圣部分，而且使用其他部分作为区别性的装饰品（阿尔维阿诺）。因而图腾动物被分解为可食的部分、应受敬重的部分和象征的部分。新几内亚南部的埃莱玛人对于吃他们的图腾遵守着极严格的禁律。然而每一氏族都保留有把其动物的嘴、羽毛、尾等部分用于装饰目的的专有特权（弗雷泽，卷Ⅱ，41 页）。因此在两种情况下，在可食部分与不可食部分之间都存在着对立，这种对立和食物范畴 142
与象征范畴之间的对立是同态的。对埃莱玛人来说，这种对立是通过一种双重排他性来表现的，这种排他性或者是否定的，或者是肯定的：对于图腾生物，每一氏族都戒食其肉，但保有表现该生物特征的那些部分。梯库纳人也是专门着重动物的各区别性部分的，但他们对于动物肉则采取共同的态度（据此，动物在种属上不同，但其可食性彼此相似）。各种态度的分类可用下图表示：

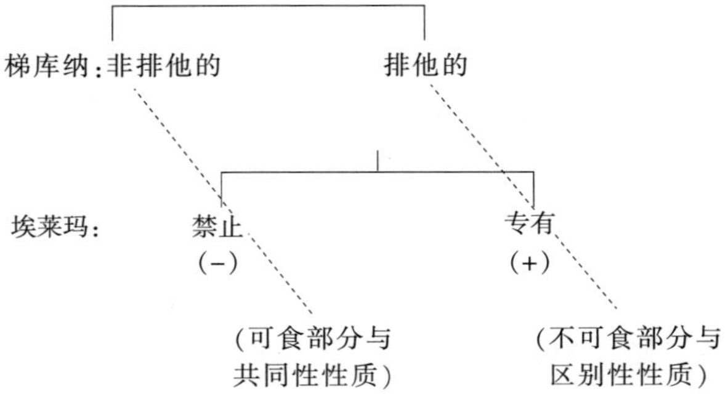

皮、羽毛、嘴、齿可以是**我的**，因为它们是我可借以与动物名祖相区别的东西：人们把这种区别当作一种象征，并以这种区别与该动物保持象征关系；但那些可食的并因此可予以同化的部分，是真正同体性的标记，这种同体性，与人们可能设想的相反，它正是饮食禁律的真实目的要加以否定的。人种学家们错误地只考虑到这第二个方面，这就导致
143 他们认为人与动物的关系是单一性的：同一性，亲缘性或互渗。实际上问题要复杂得多：在文化与自然之间存在着文化与自然之间类似性与区别性的交换，这种交换有时在动物之间，有时在人之间，有时又在动物与人之间。

人可以从自然中抽取出动物之间的区别并将其转移到文化中去（或者借助对立与对比描述这些区别，从而使其概念化，或取用具体的、不可消失的部分：羽毛、嘴、齿——它们都可构成一种“抽象”），这些区别可被一些人的团体当作象征，用以去掉他们自己之间的类似性。而且，同一团体的人拒绝把同样的动物当作食物，换句话说，由他人能同化动物肉而产生的二者之间的类似性被否定了，除非认识到相反的过程意味着人承认他们的共同性。因而任何一种动物的肉必定不被任何人的团体所同化。

显然，作为一种可能的但非必然的结果，第二种方法来自第一种方法：饮食禁律并不总是伴随着图腾分类，但前者在逻辑上从属于后者。

因此它并不提出一种独立的问题。如果通过饮食禁律，人们否认人性中的一种真正的动物性，这是因为他们必须假定存在着象征的特性，借此可以区分不同的动物（而且这提供给他们一种进行区分的自然模型），以便在动物中间创造区别。

第4章　图腾和等级制度

144 女人交换和食物交换都是保障和表现社会集团彼此结合的手段。因此我们可以看到为什么两种现象既可以连带出现，也可以分别出现。二者都是同一类型的程序（而且一般被看作同一程序的两个方面）。根据不同情况，它们或者能同时出现，从而彼此叠加其功效（二者都在实在的平面，或只有一个在实在的平面上，而另一个在象征的平面上），或者两种程序交替出现，它们独自承担着全部功能，当两种程序都不存在，其功能以其他方式来完成时就是这种情况，这一功能就只能被象征地表现：

> 如果……一个种族把族外婚制与图腾制相结合，这是因为这个种族想加强已由图腾制建立起来的社会结合力，在图腾制上叠加另一个系统，这个系统是由于关系到血缘的和社会的亲属关系而与第一个系统结合起来，并由于它消除了与宇宙亲属性的联系而与其有别，虽然并不与其对立。族外婚制在那些建立于非图腾制基础上的
> 145 社会类型中可以起同样的作用。而且两种制度的地理分布只在世界的某些地区相重合。（梵·杰奈普，351～352页）

然而我们知道，族外婚制不会总是完全不存在的，因为，团体的延

续必然只能通过女人的作用来实现。婚姻交换是永远有实在内容与其相符的独一无二的现象，即使每个社会去组织婚姻交换和形成其机制的特殊方式可以不同程度地引入某种象征内容。食物交换的情况则不同：阿兰达族女人真的生儿育女，但是阿兰达族男人只是把导致图腾生物增殖的原因想象成是他们的仪式作用的结果。在前一种情况，虽然可以用通常的词来描述，这些词把本身的限制加于它之上，但所谈的问题首先是做某件事的方式；而在后一种情况，则只是谈某件事的方式。

不管怎样，这类效果叠加（cumul）的事例特别引人注意，这无疑是因为同一图式在两个不同平面上的重复出现使这些例子显得更为简明和首尾一致。主要就是这些理由导致人们用饮食禁律与族外婚规则之间的类似性来说明图腾制度，并使这两类习俗之间的相互补充性成为特别值得注意的现象。然而还存在这样的情况，即婚姻与饮食习俗的关系是互补性的（complémentaire）而不是补充性的（supplémentaire），因而它们彼此处于辩证的关系中。这种形式显然也属于同一团体。正是在团体的水平上而不是在任意抽离出来的某种转换作用的水平上，才能找到适于人文科学处理的主题。

在前面一章中我引证了一位植物学家有关所谓原始种族，特别是危地马拉印第安人的农业中，具有极纯的种子类型的证言。另外，我们也 *146*
知道这一地区极其害怕农业交换：一株移植的秧苗可能会带走该植物的魂灵，结果它从原产地消失了。于是人们可以交换女人，却拒绝交换种子。美拉尼西亚的情况也是这样。

新几内亚东南边的多布岛的居民，被分为几个叫作素素（susu）的母系血族。丈夫和妻子必然分属不同的素素，各自带来自己的甘薯种，分种在不同的园子里，从不混在一起。一个没有自己种子的人是倒霉的：一个女人没有种子也结不成婚，并会降格为渔婆、贼或乞丐。另外，不是来自该素素的种子也不会生长，因为只有运用由舅舅传下来的巫术才能种植：这是一种使甘薯肥大的仪式。

这类谨慎和顾虑是出于这样的信仰，即甘薯是人，“它们像女人一样生孩子……”它们夜间外出，人们在收割前等着它们回来。甘薯不能一大早挖出的规则就是来源于这种信仰：它们可能还没回来。这也是另一种信念的根源，即幸运的种植者是一巫术师，他懂得如何诱导邻人的甘薯移动，并使其在自己的园子里安家。收成好的人被看作一个幸运的贼。（弗尔琴 2）

同类的信仰直到最近还可以在法国看到：中世纪时“对于糟蹋和损害麦子的女巫可判处死刑；对于默念圣诗《麦穗行》来弄空别人庄稼地
147 以充实自己麦仓的女巫也可判处死刑”。不久前在佩里谷得的库伯雅克有一种巫术咒语，人们相信可用它来增产萝卜：“愿邻人的萝卜小如小米种，愿亲戚的萝卜小如麦粒，愿我们自己的萝卜大如野牛头！”（罗卡尔，164～165 页）我们可以用拉丁文说：excantare fruges（用魔法收获果实）。

除少数具有不同程度严格性的族外婚外，欧洲农民社会曾实行严格的本地族内婚制。重要的是，在多布地区极端的族内种植制（endo-agriculture）可以对血族和村落的族外婚制起一种象征性的补偿作用，这种族外婚制是以厌恶，甚至恐惧的心情来实行的：尽管本地区（由 4 至 20 个相邻的村子组成）内部通婚是普遍认可的，甚至和邻村通婚都被看成是把男人交由谋杀者和巫师摆布。男人总是把自己的妻子当成法力无边的巫术师，她随时准备用其童年的朋友来蒙骗他，并置他和他的朋友于死地（弗尔琴 2）。在一个类似的例子中，族内种植制加强了潜在的族内婚制的倾向，如果它确实没有象征地表现出对不情愿实行的一种不稳固的外婚制规则的敌意的话。这种情况与澳大利亚流行的情况正好相反，在那里饮食禁律与外婚制规则互相支持，如我们在父系社会（在这类社会中饮食禁律是可伸缩的，并宁可说是按半族来表示的，即在一已经是抽象的水平上，并接受根据诸对立偶进行的二项编码）中以更富有象征性的和明显概念化的方式所看到的，以及在母系社会（在这类社会中禁律是严格的，并按氏族来表示，人们往往怀疑诸氏族会组成系统
148 化的组列，假使在其发生过程中有人口与历史因素的决定作用的话）中人们以更明确和更具体的方式所看到的。

除了这些肯定的或否定的相互类似的情况外，还有其他的情况，在

那里社会团体间的相互关系只表现在一个平面上。奥马哈族的婚姻规则与阿兰达族的婚姻规则是以非常不同的方式表述的：奥马哈族不像阿兰达族那样精细地规定配偶类别，它允许不对任何氏族的婚姻施予明确的禁律。然而在食物方面，奥马哈人有颇类似于澳大利亚因梯屈马（intichiuma）[①] 的仪式：神圣的玉米交给某些氏族保管，他们每年再把它分配给其他氏族以增加他们种子的力量（弗莱彻和拉·福莱施）。乌干达南迪人的图腾氏族不是族外婚的，但是这种在婚姻交换水平上的"非功能性"（"nonfonctionnalité"），都由在饮食平面上，以及在技术经济活动、服装和由被禁婚的配偶的个人经历中产生的某些婚姻障碍等各种平面上的种类繁多的氏族禁律所抵补（赫里斯）。从这些区别中不可能建立任何系统：在诸团体间辨识出的区别似乎宁可说是由于接受一切统计波动的倾向而产生的。在不同的形式中和不同的平面上，它也是被称作"克劳-奥马哈族"的诸系统和当代西方诸社会所运用的方法，以保证婚姻交换的全面的平衡。[②]

在巴干达族（他们靠近南迪族）这种比那些只来自外婚制规则或食物禁律，或同时来自二者的更为复杂的结合方式的出现，是极其引人注目的，因为它们似乎叠加了一切形式。巴干达人分为 40 个叫作基卡（kika）的氏族，每个基卡都有共同的图腾米吉罗（miziro），米吉罗是通过一种食物分配规则被禁止食用的：这里的每一氏族都不吃图腾食物，从而把它较多地留给其他氏族。这是澳大利亚人如下主张的一个朴素的翻版：每个氏族由于禁食其图腾而保有使图腾增殖的能力。 149

像澳大利亚一样，每个氏族都以和一片土地相联系为特征，在巴干达族一般是一座小山。除主图腾外还有副图腾卡毕罗（kabiro）。于是每个巴干达氏族都由两种图腾、食物禁律和一块土地来表示。此外还存在一些特权，如氏族成员有当酋长或获其他荣誉的资格，提供后妃、制作和照料酋长饰物和器皿的权利，向其他氏族提供某种祭祀食品的义

---

① 见本书 299 页。

② 不管对还是错，罗德克里夫-布朗（3，32～33 页）把南迪亲属系统当作奥马哈系统一样看待。

务，以及技术性的规定：例如蘑菇族制作树皮衣，而所有的铁匠都来自无尾母牛族，等等。最后我们还看到一些禁律（如某一氏族的女人不能当王室血统男孩的母亲），以及有关取名的限制等等。（罗斯柯）

在这类情况中，社会属于何种类型，不再是一清二楚的了：例如，不可能怀疑，巴干达人的图腾氏族与等级制度具有相同的功能。然而乍
150 看起来在两种制度形式间并无任何共同之处。我们已习惯于把图腾团体与最“原始的”文明相联系，而把等级制度看作高度发展的，有时甚至看作是使用文字的社会的特征。最后，一种强有力的传统把图腾制度与严格外婚制联系在一起。如果要求一位人种学家对等级制度的概念下定义，他几乎肯定一开始就会谈到内婚制规则。

因而令人惊奇的是，大约在 1830 年到 1850 年期间，澳大利亚社会最早的研究者往往称他们的婚姻等级为“等级制度”（“caste”），即使他们也模模糊糊地怀疑这些等级的作用（托马斯，34～35 页）。对仍然完整的现实，对还未被理论思辨改变过的观念保持新鲜和生动的感受，这类直观式的思想是不应加以轻视的。眼下无需深入分析就很清楚，在澳大利亚部落和等级制度社会之间从表面上看存在着某些类似：每一团体都具有对于作为整体的集合体必不可少的和对于其他团体的功能有补充作用的专门功能。

对于那些其氏族或半氏族通过某种相互关系法则联系在一起的部落情况来说，这一点特别明显。对于阿兰达人的北部邻族凯梯施人和翁马杰拉人来说，任何人在某一图腾团体土地内捡拾野生种子，而该团体是以此种子为名祖，那他在吃这些种子以前必须征得头人允许。每一图腾团体都有义务为其他团体提供自己专门负责其“生产”的动植物。于是
151 鸸鹋族的成员在单独出猎时就不能碰一头鸸鹋。但另一方面，如果他是结伴出猎，就允许接触鸸鹋并应该射杀它，然后把它交给其他氏族的狩猎者。反之，如果他是一个单个的水族人，口渴时可以饮水，而有别人在旁时，他必须从另一半族的人手中，最好从一位姐（妹）夫手中接过

水来（斯宾塞和吉林，159～160 页）。在瓦拉门加族，每一图腾团体都对某一特定动植物种的其他团体负责储备和增加食物：“一个半族的成员……负责……另一半族的庆典，该半族必须确保增加自己的食物供应”。在瓦尔帕里族和瓦拉门加族，（适用于母系图腾的）副图腾禁律可以被免除，如果这种食物是由另一半族的人帮助得到的话。更一般的情况是，对于任何图腾来说，在从不吃它的团体（因为它是自己的图腾）以及只有通过其他团体得到时才吃它的团体（如对母系图腾来说），和那些任何情况下都可自由吃它的团体之间有一种区别。同样地，在圣水池一例中，女人绝不能接近水池，未行入族礼者可接近水池但不能饮池水，而某些团体只有当水是由其他可以自由饮用的团体的成员给的时候才可以喝（斯宾塞和吉林，164 页）。这种相互的独立性可以在相互提供植物食物（女性）和动物食物（男性）的婚姻中表现出来，如罗德克里夫-布朗在澳大利亚的例子中指出的（但同样的情况也发生在其他像易洛魁人的氏族社会中）：在这种情况下，婚姻家庭有如一个具有两个等级制度的微型社会。

于是在赋予图腾团体以各种不同巫术-经济功能的某些澳大利亚部落社会与，比如说，巴西中部保罗罗族之间的差异，就比表面看起来的要小。保罗罗族也有一些专门的人担负为整个团体“解除”动植物食物生产义务的同一职能（柯尔巴奇尼）。这就导致我们怀疑在族内婚等级制度和族外婚图腾团体之间的对立是否如此彻底：在两类极端类型之间似乎存在着联系，如果我们能指出中间形式的存在，两种类型相互联系的性质是否会更明显呢？ 152

我在另一本书中（列维-斯特劳斯，6）曾提醒读者注意所谓图腾制度的特点，在我看来这个特点对于这类制度来说是基本性的：它们所表现出来的同态关系不存在于社会团体和自然物种之间，而是存在于显现于团体水平上的区别和显现于物种水平上的区别之间。因此，这类制度所根据的是两个区别系统之间同态关系的前提，一个出现于自然中，另一个出现于文化中。如用垂直线表示同态关系，那么一个“纯图腾结构”可以表示如下：

自然：物种 1 ≠物种 2 ≠物种 3 ≠……物种 n

| | |

文化：团体 1 ≠团体 2 ≠团体 3 ≠……团体 n

如果把项目本身的同态性加到它们的关系之间的同态性上，这个结构就会受到严重的改变，或者如果再进一步，整个同态系统会从关系变成项目：

自然：物种 1 ≠物种 2 ≠物种 3 ≠……物种 n

| | |

文化：团体 1 ≠团体 2 ≠ 团体 3≠……团体 n

153 在这种情况下，此结构隐含的内容就不再是氏族 1 不同于氏族 2，如鹰不同于熊，而是氏族 1 像熊，氏族 2 像鹰。换言之，就会单独涉及到氏族 1 的性质和氏族 2 的性质，而不是二者之间的形式关系。

现在，我们刚刚研究过其理论的可能性的那种转换，有时能直接地被观察到。托里斯海峡的岛民中有图腾氏族，其中在马布格岛大约有 30 个。这些族外婚的父系氏族分为两个半族，一个包含陆地动物，另一个包含水中动物。在图图岛和塞拜岛这一区分似乎对应着村内的土地划分。在 A. C. 海顿进行探险的时期这一结构已处于瓦解的晚期了。然而土著对人与其图腾间的肉体和心理上的相似性，以及对每一团体遵循适当的行为型式的相应义务，有很强的意识：食火鸡族、鳄鱼族、蛇族、鲨鱼族、锤形鱼族等都被说成是爱好争斗，而犁头鳐族、鹞鱼族、胭脂鱼族等则被说成是爱好和平。对于狗族不能作出任何断言，因为狗的性情多变。鳄鱼族成员被看成是强悍无情，而食火鸡族的成员被看成有长毛腿（弗雷泽，卷Ⅱ，3～9 页，引述海顿与瑞沃斯）。有趣的是要研究一下这些信念究竟是古老制度残留下的，还是当族外婚规则解体后发展起来的。

实际情况是，在大湖区的美诺米尼族和更北部的齐佩瓦族中观察到
154 了虽然发展程度不等但很相似的信念。在齐佩瓦族中鱼族人以长寿著名，往往头发纤细而稀疏，而一切秃顶的人都被认为是来自这个氏族。相反，熊族人的特征是有又长又粗又厚的黑发，年龄增长也永不花白，性情暴躁好斗。鹤族人有清脆响亮的声音，部落的演说家们都出自这一

氏族。（基尼茨，76～77 页）

让我们稍停一会儿来考虑一下这类想法的理论含义。当自然和文化被看作是两个区别系统，而它们之间存在着形式的类似时，占主要地位的就是每一领域的固有系统性。诸社会团体彼此不同，但它们保持着作为同一整体各部分之间必须具有的相关性，而族外婚规则提供了解决差异和统一之间对立平衡的手段。但如果社会集团较少从它们在社会生活中的相互关系的角度去考虑，而按照与社会学现实不同的另一种现实的关系孤立地去考虑，我们就会发现，差异的观念多半胜过统一的观念。每一社会集团将倾向于不再与其他社会集团，而是与被看作世袭性的区别特性形成一个系统，而这些专属于每一集团的特性将削弱它们在社会内部的相关性的联系。每一集团越是试图用取自一自然原型的形象来表示自己，它在社会平面上就越难与其他集团维持联系，特别是越难与他们交换姐妹与女儿，因为它将倾向于把他们看作是某种特殊的“物种”。两个形象，一个是社会的，另一个是自然的，而且每一个都是分别地与 155
之连接，它们将被一个单个的，但被分割的社会—自然形象所取代①：

自然：	物种 1	物种 2	物种 3	……	物种 n
文化：	团体 1	团体 2	团体 3	……	团体 n

当然这只是为了说明方便，而且因为本书的主题是有关意识形态和上层结构的问题，我们也就特别着重后者。我根本不是想暗示，意识形态的变换导致社会的变换。实际上情况正相反：人是自然与文化之间关系的概念，是与他们自己社会关系改变的方式有关的。但因为我现在的目的是概述一种上层结构的理论，方法的根据应当加以突出以便引起人们的注意，而且在这一纲要中没有涉及到的重要现象，似乎应当留在括号内，或只给予它们以次要的地位。然而我们不过是在研究洞穴壁上的影子，并未忘记，只是由于我们注意它们才使它们具有一种现实的外表。

---

① 或许有人会反对说，在前面谈到的作品（6）中我曾否认能根据人类集团和自然物种之间直接的类似性来解释图腾。但是这一批评是针对人种学家提出的一种理论，而这里所谈到的则是一种——含蓄的或明白的——朴素的理论，它确实与人种学家会拒绝承认其为图腾性的那种制度相符。

156 现在为避免误解我们可以把上面所说概括为对概念转换的一种说明，它标志着从外婚制向内婚制的过渡（反之亦然）。我们再举最后一些例子，无论如何阿尔冈金人的某些部落有某种氏族等级结构，人们也许怀疑这种结构会引起用相等词项表示的外婚制规则运用中存在的某些困难。但是在美国东南部，在摩斯科吉语族的部落里，我们可以很清楚地看到位于图腾团体和等级制度二者之间的混合型的制度形式。而且这也说明，我们目前不能确定它们究竟是外婚制的还是内婚制的。

齐卡索人在氏族水平上或许是外婚制的，而就其半族范围来说又是内婚制的。后者在任何情况下都有表现着近乎相互对立的、排他性的特征，这对于这一类型的结构来说是极不寻常的。疾病和死亡往往被看作是对立半族成员的巫术所致。每一半族都在充满妒忌气氛的、彼此隔绝的状态中举行仪式，另一半族的人如看到仪式的举行将被处死。克里克人也曾持有同样的态度，对于半族来说这种态度极其明显地令人想起阿兰达人图腾团体中流行的态度：每一半族只“在自己中间”举行仪式，虽然从仪式中获益的只是“其他人”。而且顺便应当提一下，这明显表明对内实践（endo-praxis）和对外实践（exopraxis）绝不可能分别地和绝对地来确定，诚如摩尔根在反驳麦克林南时指出的，它们只能被确定为对自身和对他者的含混关系的互为补充的两个方面。

157 两个半族在竞技中或许形成对立面，它们被认为是在性情和聚居地方面互相有别：一个爱好战争，偏爱开阔地域；而另一个性情平和，住在树林深处。半族也可以被分为等级，就如有时人们使用的一些词所暗示的：“住地较好的人”和“住地较差的人”。然而这些等级上、心理上和功能上的区别主要表现于氏族水平上或它所包括的诸村庄的水平上。在过去土著的回忆中经常出现有关每一氏族或村庄的惯用语，像是一个主旋律似的：“他们是很特别的人……他们不像其他人，……他们有自己的习俗和传统……”这些特异之处有各种各类：聚居地、经济活动、服装、食物、才能和趣味。

浣熊族人据说是靠鱼和野果为生的。美洲狮族人住在山里，他们避开他们十分害怕的水，主要靠猎物为生。野猫族人白天睡觉，夜间行猎，因为他们目光锐利，他们不稀罕女人。鸟族成员天亮前起床，“他们像真正的鸟一样，不愿打搅任何人……每个人都有不同的心灵，正如有不同种类的鸟一样”。据说他们生活得很好，多配偶，不喜欢干活，生育力强。

红狐族人都是惯窃，独来独往，住在树林深处。“游荡的伊斯卡人”游牧为生，得过且过，然而身体结实，“因为他们从不让自己累着”。他们随意漂泊，认为自己可以永生，男人和女人很少留意自己的服装或外 158
表，他们是懒惰的叫花子。“弯栎木柱”村的人住在林中，他们性情多变，萎靡不振，酷爱舞蹈，成天忧心忡忡。他们是早起者，但很笨拙。高玉米仓村的人尽管傲慢但受到尊重，他们都是出色的园丁，十分勤劳，但不善狩猎，他们用玉米去交换野味。据说他们忠实可信，顽强不屈，而且长于预报天气。至于红臭鼬窝棚村的人全部住在地洞里……（斯万顿 2，190～213 页）

这些材料是在传统制度已不复存在时收集的，它们只是由年老的情况提供者凭记忆提供的，而且显然材料中有一部分是老婆婆编的故事。没有哪个社会会让自己“扮演自然”到这个程度，要不然它就会分裂为一群群各不相干、互相敌对的帮伙，彼此都不承认对方是人。斯万顿收集的材料中包括社会学神话和相当于或低于社会学神话的人种志资料。然而它们的丰富性、彼此之间的类似性、基本图式的统一性、邻近集团的类似材料的存在等等，这一切都暗示出，即使真实制度远非如此，从这些材料里我们至少获得了齐卡索社会中的一种概念模式，它具有极令人感兴趣的特征，使人想起了一个具有等级制度的社会，即使这种等级制度的性质及其彼此之间的关系是根据生物物种，即按照图腾团体的方式来编码的。此外，在氏族和其名祖之间存在的关系，类似于在古典式“图腾的”社会中发现的关系：氏族是动物的后裔，或氏族的一个人类祖先在神话时代曾与动物缔结婚姻。现在这些社会至少被看成是由“自 159
然的”等级制度所组成——或者换句话说，这些社会中的文化被看作是作为自然的投影或反映——它们是这样两种社会之间的联结纽带：一种是古典作家用以阐明其图腾概念（平原部落和西南部落）的社会，另一种是纳切斯族一类社会，后者提供了一个在北美洲非常少见的真正等级制度的例证。

于是我们证实了，在所谓图腾制的两个典型的地区中，参照这种错误的观念所定义的制度，或者可以按其功能的观点来说明，如澳洲的例子，或者如美洲一样，仍按图腾团体模式所设想的形式来说明，虽然它们的实际情况更像等级制度。

现在让我们转谈印度，这也是一个典型的、不过是与等级制度有关的地区。我将说明，由于等级制度的影响，传统上认为是图腾性的制度经历了一种变换，它正好与美洲的变换相反；我们在这里看到的不是按自然模式形成的等级制度，而是按文化模式形成的图腾团体。

孟加拉地区某些部落中看到的多数图腾名字都取自动植物。乔塔纳格普尔地区奥昂族所记录的 67 种图腾都是如此，唯一例外是铁，因为规定如何食用它是毫无意义的，他们禁止用舌或唇触铁，于是这种禁律的表述仍然近似于一种饮食禁律。同一地区蒙达族所记录的 340 个外婚制氏族中大多数都有禁止食用的动植物图腾。然而其他种类的图腾也已发现：满月、月光、彩虹、月份、一周日子、铜镯、屋廊、伞、编筐者和擎炬者那类人的职业和等级（雷恩莱，卷Ⅱ和附录）。再往西，比尔族的 43 个
160 姓氏被分为 19 种植物名、17 种动物名，另外 7 种是物品名：匕首、破罐、村庄、带刺枝条、手镯、脚环、面包块。（考波尔斯，143～144 页）

往南方向，在有关生物物种、物品或制品的关系的叙述中，相反的情况变得很突出。马德拉斯地区一个织工等级德万加人的诸氏族中很少出现植物名，几乎没有任何动物名。相反，人们可以看到下列名称：乳脂奶、牛栏、钱币、水堤、房屋、洗眼药、刀子、剪子、船、灯、衣服、女衣、吊绳、旧犁、寺院、火葬柴堆、瓦片。在迈素尔地区库鲁巴部落中记录有 67 种实行外婚制的氏族。它们除有动植物名称外还有下列名称：大车、杯子、银子、打火石、毛线团、手镯、金子、金戒指、鹤嘴镐、彩色花边、棍子、毯子、尺子、唇髭、织机、竹筒等等。（瑟

斯顿，卷Ⅱ，160 页起；卷Ⅳ，141 页）

可能这种现象不是发生于南方而是发生于周围一带，因为在这里我们会想起某些东南亚部落赋予人工制品的神话作用，像军刀、刀子、长矛、针、柱子、绳子等等。即便如此，在印度，用作氏族名称的人工制品受到类似于图腾动植物的特殊敬重：或者它们是婚礼中的膜拜对象，或者它们受到的敬重有一种奇异特别的形式，例如比尔人中的破罐族必须收集某种类型的陶器的碎片，并为它们施以葬礼。似乎有时也可看到某种新鲜的发明：卡鲁巴人的亚利桑那戈特拉姆族（Arisana gotram）
取姜黄属植物的名字。但是由于认为取消了这样重要的调味品很不方 161
便，就改换可拉（korra）米作为禁食食物。

在世界其他地区也有千奇百怪的氏族名字。特别在澳大利亚北部最易受外来影响的地区尤其（并更意义深长的是）具有这类现象。像剃刀或钱币这类个人的图腾在非洲的记载：

> 当我问（丁卡人）我应该祈求的我的氏族的神明是谁时，他们半开玩笑地说，我应当祈求打字机、纸张和卡车，因为难道不正是这类东西总在帮助我的种族，并且它们不正是由祖先传给欧洲人的吗？（林哈特，110 页）

但是我们注意到，印度的图腾种类五花八门，无奇不有。在印度用人工物，即用功能性活动的产品或象征，作为图腾名字的比例很高。由于图腾在一个等级制度中是极其多种多样的，也就可以用它们来表示部落或等级社会本身内诸社会集团间的区别。例如在美洲，等级制度的基础受到图腾分类的影响，而在印度，图腾团体的残迹可用技术或职业的象征来说明。如果考虑到存在一种比上述方式更直接简便的方式，它能
把澳大利亚制度转换成等级制度语言，这些交叉现象大概就不会那么令 162
人惊异了。

我说过，既然每一图腾团体都为了其他团体的利益而负责管理某种动植物，从某种观点说，这些职能的详细规定就类似于职业等级集团所担负的职能，因为后者也从事为整个集团的生存福利所必不可少的某种

特殊活动。不过，陶工等级确定制作陶器，洗工等级确定洗涤衣服，剃头匠等级确定为人修面，而澳洲图腾团体的巫术力量却只是想象性的，在这里区别是明显的，即使假定的受益者和确信自己掌握魔力的人都相信巫术的效力。另一方面，在巫师和生物物种之间的联系不能按照工匠与其制品之间的那种逻辑模式来认识，因为只有神话时代图腾动物才真的由祖先的肉体产生。而现在人们知道，袋鼠是由袋鼠来生产的，而巫师只不过是从旁协助罢了。

如果从更广泛的观点来考虑澳大利亚（和其他）制度，就能区分出一个与等级社会极其类似的领域：我们只需注意社会组织，而不必考虑宗教信仰和习俗。因为澳大利亚社会的早期研究者用等级社会的名称表示婚姻类别时，从某种意义上说这是正确的：某一澳大利亚集团为其他集团生产女人，其方式正如某一职业等级为其他等级生产物品和劳务一样，后者只有通过前者的经营才能得到这些物品和劳务……因而简单化地按外婚制与内婚制的关系就把二者看作对立那将是一种肤浅的看法。
163 事实上，职业等级与图腾团体确实都是“对外实行的”（“exo-pratiques”），前者是在交换商品和劳务的平面上，后者是在婚姻交换的平面上。

然而在任何一种情况下总能发现出“对内实践”（“endo-praxis”）的协同因素。等级社会除一定的婚姻限制外显然是内婚制的，如我在另一本书中所指出的（1，第 25 章），这种限制趋向于增加以提供补偿。澳大利亚集团是外婚制的，但其外婚制通常采取有限制的交换的形式，这是在外婚制内部对内婚制的模仿，因为在有限制的交换中诸团体认为自己对外部是封闭的，它们的内部交换可以在彼此之间进行，因而可以把它与一般化的交换加以对照，后者对外界更为开放，并容许接纳新团体而不致改变结构。这些关系可表示如下：

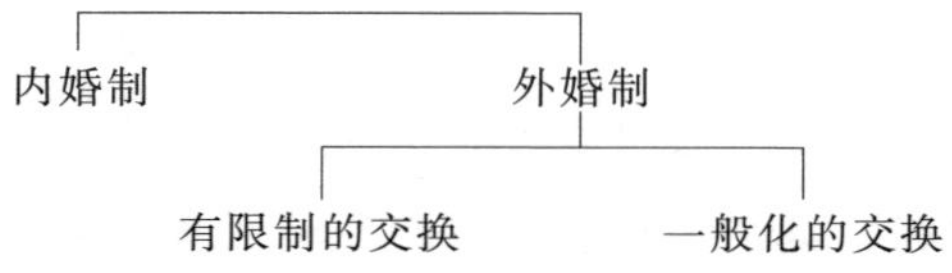

我们将会看到，有限制的交换，这种“封闭”形式的外婚制，比作为“开放”形式的一般化的交换在逻辑上更接近内婚制。

不仅如此，在被交换的女人与同样被交换的商品、劳务之间，存在
着一种根本的区别：一方面女人是生物个体，也就是说，由其他生物个
体自然繁殖的自然产物；另一方面，商品、劳务是制作物（或用技术和
制作物进行的活动），也就是说，由技术活动者在文化平面上制作的社 164
会性产品。职业等级和图腾团体之间的对称是一种逆对称。对它们进行
区分的原则，一个是来自文化，另一个是来自自然。

然而这种对称只出现于一种意识形态的平面上，它不具有具体的基础。就文化而言，职业专长确实不同而又相辅相成。就自然而言，外婚制集团在生产不同种类的女人时的专业化就不是这种情况了。因为即便承认各种职业的确组成了不同的“社会品类”，这也未曾改变不同集团或子集团的女人都属于同一自然品类的事实。

这是现实为想象设置的圈套，人们试图通过在自然秩序中寻找真正
的差别来逃避它，这是（如果他们不注意劳动分工和职业专门化）他们
为建立彼此之间互补与合作关系所能依赖的唯一客观模式。换句话说，
人们依据他们对生物物种间关系的（以及同时对他们自己社会关系的）
概念的模式，来设想这类关系。实际上只存在着两种真正的具体差异性
的模式：一个是在自然平面上，即生物物种差异性平面上，而另一个在
由诸功能差异性形式的文化平面上。由婚姻交换表明的模式居于这两种
真实模式之间，它的性质是含混的和模棱两可的，因为从自然方面来看
女人都是一样的，只有从文化角度来看她们才彼此不同。但如果第一种
观点占优势（当被选择的差异性模式为自然模式时），相似就压过差异：
女人既然被判定是不同的，她们当然必须被交换。但是这种交换假定， 165
她们基本上是相似的。反之，当采取另一种观点，并且接受一种文化的
差异性模式时，对应于文化方面的区别压过了相似：女人只在她们各自
社会集团的界限内被看成是相同的，因而从一个等级集团到另一个等级
集团之间不能交换。诸等级集团认为女人在自然上是各自相异的，图腾
团体判定她们在文化上是各自相异的。而两个系统之间的这一区别背后

还有一个理由，这就是：等级集团认真地利用文化的差异性，而图腾团体只是创造着利用自然的差异性的幻想。

这一切都可以用另一种方式表示。根据文化模式来确定的等级集团，实际上交换着文化的对象。但他们不得不为他们所假定的自然与文化间的对称付出代价，即这些等级集团是由生物个体组成的，他们应当按照一个自然模式来设想其自然产物：这种自然产物是由妇女组成的，而生物个体既由妇女所产生又产生了妇女。结果，按照自然物种的模式，女人被当成不同的了：她们不再能被交换，正如物种彼此不能杂交一样。图腾团体付出的代价正相反。它们是根据自然模式确定的，并在它们之间交换着自然对象——女人：它们生产着女人，又自然地被女人所生产。在这种情况下，在自然和文化之间所假定的对称就导致自然物种向文化平面的同化。就自然而言是同质性的女人，从文化角度被宣称为异质性的。同样，就自然而言是异质性的自然物种，从文化角度被宣
166 称为同质性的：文化断定她们都隶属于同一信仰和习俗的类型，因为从文化角度看来她们都有这样的共同特征，即人有力量去控制和增殖她们。因此，男人用文化手段交换女人，而女人用自然手段延续这同一类男人，而且他们都声称在文化平面上延续物种，并把它们作为自然物种加以交换：按彼此可替换的食物产品的形式，因为它们都是食物，并且因为一个男人，女人亦然，能用某些食物满足自己，而拒食另一些食物，因为任何女人或任何食物都同样适宜于达到生殖和生存的目的。

于是我们就获得了共同的性质，对此职业等级和图腾团体分别从相反方面提供了说明。诸社会等级在功能上是异质的，因而能在结构上是同质的：既然功能的差异性是实在的，互补性在此水平上已经建立起来，而在同一些社会单位之间进行婚姻交换的功能性具有一种叠加的性质（前面〔参见 144 页〕曾指出为什么这一点并没有实际价值）。反之，图腾团体就其功能而言是同质性的，因为功能并不产生任何实际收益，只不过是对一切团体的同一幻想的一种重复。因而各团体在结构上必须是异质的，每一个都注定要生产不同社会品种的女人。

因而在图腾制中，所说的相互性是由彼此同质而简单并列的行为方式所构成：每一集团都同样地自以为自己有制御一个物种的魔力。但由 167
于这一幻想是无根据的，实际上它不过是一空的形式，并因此等同于其他形式。真正的相互性导源于两个过程的连接：通过增殖，男人和女人的女人所形成的自然过程；男人通过在社会上塑造由自然生产的女人所产生的文化过程。

在等级制度中相互性由详细规定功能来表示，而且它是在文化平面上实行的。因此同质性的帷幕被去除了；在人类集团和自然物种之间所假定的类似性，从形式的变为实质的了（如齐卡索人的例子和《马努法规》的引文〔参见 140 页〕所指出的），而另一方面由于确立了真正的相互关系，内婚制就成为可能的了。

不过，这种对称性是有限制的。图腾集团肯定表现出一种模仿具有功能作用的馈赠财礼的特点。但是除了馈赠财礼只是一种想象以外，它也不再是文化性的，因为它必须不发生在文明技艺的平面上，而是发生于虚假地剥夺自然能力的平面上，这种能力是作为一生物物种的人所欠缺的。在等级制度中当然也可看到与食物禁律相当的现象。但重要的是，它们主要表现于“内部饮食”（“endo-cuisine”）这种逆形式中。此外它们出现于食品调制水平上，而非食物生产水平上，换言之，即在文化水平上：它们是丰富精细的，但主要与烹调操作和器皿有关。

最后，女人是可以自然地相互交换的（从其解剖结构和生理功能的观点来看），而且在与此有关的方面文化发现了可供广泛的区分游戏驰 168
骋的领域（不论以肯定的或否定的方式来看待它，并因而用作外婚制或内婚制的基础）。然而食物却完全不能彼此置换。游戏在第二个领域会更快地达到其界限，因为人们更不愿把一切食物都归于图腾一类，这正如我们前面所看到的，游戏没有姜黄比没有可拉（korra）米更难进行。而且这甚至更适用于职业功能，因为职业功能实际上是不同的和相辅相成的，它们能以最真实的形式建立互易关系。相反，它们排除否定的互易关系，因而为等级制度的逻辑和谐确立了界限。所有的等级始终在部分上是“内功能性的”，因为它不可能禁止把区分作用也施予本身，因为按规定这些区分作用是不能互相替换的，这种区分作用就首先要求施予其他等级。否则，谁来为剃头匠剃头呢？

因而把（社会中）建立的差异引入一个单一的自然物种——人种，并不等同于把在动物物种和植物物种之间（自然地）存在的差异投射于社会平面。具有图腾团体和外婚制族派的社会，轻率地相信它们与诸不同的物种和诸相同的女人进行着同样的游戏。他们未注意到，既然女人是相同的，就该由社会意志来使她们不同，而物种是不同的，没有人能使它们相同，这就是说万物都产生于同一意志；人产生其他的人，他们不产生鸵鸟。

然而这样说仍然是对的：我们可以在一个比较一般性的平面上来考
169 察两个主要区分系统之间的等价关系，人们借助这两个系统使他们的社会关系概念化。简言之，诸社会等级把本身想象为自然物种，而图腾团体把自然物种想象为社会等级。但是必须更准确地说：社会等级把真实的文化错误地加以自然化了，图腾团体则把虚假的自然真实地文化化了。

按照两种观点都得承认，社会功能的系统对应着自然物种的系统，生物世界对应着物品世界。因此我们必须把自然物种的系统和制作物品的系统看作两个中介性的集列，人们用它们来克服自然与文化之间的对立，并把它们看作一个整体。但此外还存在其他的途径。

按照北美几个狩猎部落的传说，万物之初水牛是凶残的野兽，而且“浑身是骨”：它们不仅不能供人食用，而且还是吃人的。于是人曾经是动物的食物，直到后来动物才成为人的主食，但同时又是食物的反面，因为它是一种不可食的动物食物：骨头。怎样解释这样彻底的倒错现象呢？

按照这个神话故事，一头水牛曾爱上一个姑娘并想要她。这个姑娘是一个男性社会中的唯一女性成员；因为一个男人在被一株有刺的植物刺伤后怀上了这个姑娘。于是女人似乎是一个在与人敌对的自然（刺丛）和人类的反自然（怀孕的男人）之间的负结合的产物。尽管人们钟爱自己的女儿和害怕水牛，还是认为同意婚事为佳，于是他们收集起礼物，每一件都代表水牛躯体的一部分：羽盔代表脊骨，水獭皮箭袋代表胸皮，织毯代表肚子，尖的箭袋代表胃，鹿皮鞋代表肾，箭代表肋骨，等等。可以这样列举出近四十种对应物。（参见多尔塞和克鲁伯，第 81 期，有该神话的一个变化） 170

于是婚姻交换起着自然和文化之间进行调节的作用，而文化与自然最初被看作是分离的。这一联合通过用一个文化系统替换了一个超自然的原始系统而创造了由人操纵的第二自然，即一个中介化了的自然。从此之后水牛变成“浑身是肉”，而非“浑身是骨”，变成了可食的而非食人的了。

有时我们看到同一个故事顺序被颠倒过来：如那伐鹤人的一个神话以一个女人变成吃人的母熊来结尾，这正好和吃人的水牛变成一个丈夫的故事相反。这个神话变型扩展为一个散乱的型式，它符合野生物种之间区别的模式：女妖魔的阴户变成一头豪猪，她的乳房变成矮松子和橡树子，她的肚子变成其他种子（“阿尔卡利”〔“alkali”〕：沙鼠尾粟，ai-roides，Torr.），气管变成草药，肾变成蘑菇，等等。（海尔和威尔赖特，83 页）

这些神话极好地表达了这样一种方式，按照这种方式婚姻交换能为各种族提供直接用于在自然与文化间进行调解的模式，在这些种族间图腾分类和功能的详细规定只有很有限的效用，这也就证实了我前面所谈的，首先，“女人的系统”似乎是（自然的）生物系统与（制作的）物品系统之间的中项；其次，每个系统都被理解为在一个集团内部的转换。 171

生物系统只是在人之外有客观存在的三个系统中的一个，因而功能的系统是在人之内有完全的社会存在的唯一的系统。但是每一系统在一个平面上的完全性说明为什么无论哪个系统在另一个平面上都不容易处理：一般被食用的食物不能毫无一点自欺欺人之意地加以完全“图腾化”[①]；而且同样，当诸社会等级用于构造一个宏伟的互易性图式时，它们也不可能避免是内功能性的。因而在这两种情况下互易性都不是绝对的：它的周边似乎是模糊的和被变形的。从逻辑上说，婚姻交换的相互性代表着一种同样不纯的形式，因为它处于自然模式和文化模式的中间。但正是这一杂交的特点使其能很好地发挥作用。婚姻交换的相互性在不同情况下与这种或那种形式相联系，或与两种形式相联系，或独立存在，它本身就能够有普遍性。

从以上分析中得出的第一个结论是：在“原始语言”中表现得相当
172 形式化的图腾制，通过十分简单的转换，可以同样很好地表现于等级制度的语言中，后者与原始的语言正相反。这已足可表明，我们所讨论的不是一个自主自足的制度，这种制度可用其区别特征加以定义，并为世界某些地区和某些文明形式所特有，而是讨论一种运用方式（modus operandi），这种运用方式甚至可以在传统上根据与图腾相对立的方式所确定的社会结构背后辨识出来。

其次，我们更有可能来解决从下述事实中产生的困难，即所谓图腾制度不仅包含着我们选择研究的概念系统，同时也包含着行为规则。因为我们曾经指出过，食物禁律不是图腾制的区别特征：人们也可以发现它们和其他系统联在一起，食物禁律似乎被用来“标志”（“marquer”）这些系统；同时反过来，从自然界取用的名称系统并不总是伴随有食物禁律，它们可以以不同方式“被标志”（“marqués”）。

再者，外婚制和食物禁律并不是与社会性质不同的对象，这些对象应另外加以研究，或在这些对象之间可以发现因果关系。正如语言几乎处处表明的，食物禁律有助于具体表示一种**实践**（praxis）的两个方面

① 让我们看下面一段有关丁卡族“氏族神祇”的话（老一代作家会毫不犹豫地称这些神祇为图腾）：“……极少有任何饮食上的重要性，而且不管它们在哪儿，尽管对它们敬重，也允许人们吃它们。”于是长颈鹿族认为他们可以吃这种动物肉，只要他们不让它流出血来。（林哈特，114～115页）

或两种样式，这种实践作为一种社会活动可以向外或向内，而且它总有这样两个方向，即使它们在不同的平面上和借助不同的信码来表示自己。如果图腾制度和等级制度的关系可以看成是表面上类似于外婚制与内婚制间（我们已看到情况实际上更复杂）、物种与功能间以及自然模式与文化模式间的关系，这是因为，类似的图式出现于一切经验上可观察的和外表上异质的现象中，而且正是这一点为科学研究提供了真正的研究课题。在一切社会中人们都认为性关系与饮食之间存在着类似性。 173
但不管男人，还是女人，都可占据吃者和被吃者的地位，视情况和思想的层次而定。这只能意味着如下的共同要求：诸项应当彼此区别，而每一项都应当可以毫无含混地被识别。

在这里我仍然不是想说，社会生活，人与自然间的关系，是发生在心灵中的概念游戏的一种投射，或者甚至是其结果。巴尔扎克写道："观念在我们内部形成了一个完全的系统，它可与一个自然界的系统相比美，有如百花斗妍的景象可以为一位或许被当成疯子的天才画家描绘出来。"① 但是为进行这种绘事活动，需要癫狂无疑甚于需要天才。如果我们肯定，概念图式支配和规定着各种实行（les practiques），这是因为它们作为人种学家的研究对象，以各种离散的现实的形式出现，并位于时空中，具有不同的生存方式和文明形式，因而不应把各种实行与**实践**（praxis）相混淆。**实践**——至少在这个问题上我同意萨特（181页）——是构成人的科学的基本整体性。马克思主义，如果不是马克思本人的话，屡次推断说，实行似乎是直接来自**实践**的。我并不怀疑基础结构的毋庸置辩的优先性，我相信，在**实践**与实行之间永远存在着调节者，即一种概念图式，运用这种概念图式，彼此均无其独立存在的质料与形式形成为结构，即形成为既是经验的又是理智的实体。正是对马克思极少触及的这一有关上层结构的理论，我想试图有所阐发，而各种基础结构本身的研究则应当留给历史学，并辅以人口学、工艺学、历史地 174
理学和人种志等去进行。这个任务不是人种学家的主要关切所在，因为

---

① ［法］巴尔扎克：《路易・朗贝尔》，载《巴尔扎克全集》，七星丛书，第 10 卷，396 页。

人种学首先是一种心理学。

因而到此为止我认为业已阐明，上层结构的辩证法正像语言的辩证法一样，正在于建立起组成单元，为此必须毫无歧义地规定这些单元，也就是使它们在成双成对的组列中相互对比，以便人们能利用这些单元来拟制出一个系统，这个系统扮演着观念与事实之间的综合者的角色，从而把事实变成记号。于是思维就从经验的多样性过渡到概念的简单性，然后又从概念的简单性过渡到意指的综合性。

让我们用一种土著的理论来说明这一看法是最恰当不过了，这可以作为本章的适当的结论。约卢巴神话是一种未定型的真正的《图腾与禁忌》，它把命名与禁律这座繁复的大厦一块块地弄成碎片。

这个神话说明了下述规则。一个孩子生下第三天请来一个祭司，他赐给孩子“他的奥里莎（orisha）和艾瓦沃（ewaw）”。奥里莎是被崇拜的生物或东西，孩子不能和有同样奥里莎的人结婚。这个生物或东西变成这个人的主要艾瓦沃，他把它一直传给第四代后裔。其子把其父的妻子的动物艾瓦沃当作他的第二艾瓦沃。接着这个儿子的儿子接过其父的妻子的第三或植物的艾瓦沃。这个儿子的儿子的儿子接过同一亲属的第四艾瓦沃，即一老鼠、鸟或蛇。

175 按照土著的这种思想，这些复杂的规则是以最初把人划分为 6 个集团为基础的：渔民集团；“预兆”集团：鱼、蛇和鸟；猎人集团；四足动物集团；农民集团；植物集团。每一集团都包含男人和女人，因而一共有 12 类。

起初每一集团内的男女结合是乱伦式的，兄弟与姐妹通婚。约卢巴（yoruba）这同一个词用于婚姻、饭食、占有物、功绩、好处、获得物。婚配与吃喝是同一回事。用 A 和 B 代表第一组的一个兄弟和姐妹，C 和 D 代表第二组的一个兄弟和姐妹，以此类推，于是起初的乱伦的状况可表示于下表中：

1	2	3	4	5	6
AB	CD	EF	GH	IJ	KL

然而人类很快厌倦了这种单调的“饮食”，这样，配偶 AB 的儿子

就夺取了配偶 CD 的女性产物，EF 和 GH 之间亦如此，于是就有了：

ABD　CDB　EFH　GHF　IJL　KLJ

即使这样，他们还不满足，于是渔夫族向猎人族征战，猎人族向农民族征战，农民族向渔夫族征战，第一族都夺占其他族的产物。结果从那时以后渔夫族吃肉，猎人族吃土地产物，农民族吃鱼：

ABDF　CDBH　EFHJ　GHFL　IJLB　KLJD

通过报复，渔夫族索取土地产物，农民族索取肉食，猎人族索取鱼：

ABDFJ　CDBHL　EFHJB　GHFLD　LJLBF　KLJDH

事情不可能长此下去，于是召集了商议大会，各族同意，他们将在 176
婚配中把自己的女儿彼此交换；并责成祭司用如下的规则来防止混乱，即妻子在婚后继续崇拜她自己的奥里莎，但她的孩子不予继承。于是每一组合中第二个字母（即 B、D、F、H、J、L）所表示的奥里莎在下一代中将去掉，艾瓦沃的系统变为：

ADFJ　CBHL　EHJB　GFLD　ILBF　KJDH

今后每个人的艾瓦沃应由一个奥里莎、一个“预兆”、一个动物和一个植物组成。每一艾瓦沃将会在族系中延续四代，然后祭司再加以更新。因而现在 A、C、E、G、I、K 被去除了，并需要由一个男奥里莎来补全艾瓦沃：一个具有 ADFJ（第一组）代号的人可以与其艾瓦沃完全不同的第二组的一个孩子结婚。按照这一规则，A 与 C 是可交换的，同理，E 与 G，I 与 K 也是可交换的：

DFJC　BHLA　HJBG　FLDE　LBFK　JDHI

在下一代中字母 D、B、H、F、L、J 就去掉了。第一组需要鱼而取 B；第二组也需要鱼并取 D；第三组需要肉而取 F；第四组也需要肉而取 H；第五组需要植物而取 J；第六组也需要植物而取 I：

FJCB　HLAD　JBGF　LDEH　BFKJ　DHIL

现在字母 F、H、J、L、B、D 依次去除。由于欠缺肉，第一组和第二组分别与 H 和 F 结婚；由于欠缺植物食品，第三和第四组分别与 L 和 J 结婚；由于欠缺鱼，第五与第六组分别与 D 和 B 结婚：

JCBH LADF BGFL DEHJ FKJD HILB

177 J、L、B、D、F、H 去掉，男性奥里莎又出现了：

CBHL ADFJ GFLD EHJB KJDH ILBF

据说有201种奥里莎，其中半数左右为男性，还有数量相当多的“预兆”、动物和植物，它们被用于表示对婚姻的种种障碍，因此可能的组合数是很高的。(德奈特，176～180页)

当然，此处所谈的只是一种以寓言形式表示的理论。搜集者谈到了种种情况，它们即使不是与这一理论矛盾，至少也暗示出，当时的事物并非是按这种完善的规则来进行的。但是从纯理论上看约卢巴人似乎能比人种学家更好地说明制度与规则的精神，这些制度与规则在他们的社会中正如在很多其他社会中一样，显示出一种理智的和预先确定(prémédité)的性质①。当然也显现出可感觉的形象，但它们只是起象征作用：它们是一种组合游戏中的筹码(jetons)。这种游戏就是按照规则来变换它们，而又永远不忽略这样的事实：它们临时充当着经验性的能指者。

① 阿散蒂族中男孩继承其父的食物禁律，女孩继承其母的食物禁律。这个例子也表明，这类系统的实质是“逻辑性的”，而不是“谱系性的”。

第5章　类别、成分、物种、数目

在探讨神话思想性质的时候，鲍阿斯于1914年得出了下述结论，即"基本的问题"是了解为什么有关人的故事"经常喜欢联系到动物、天体及其他拟人化的自然现象"（鲍阿斯5，490页）。这个问题实际上是有关图腾的思辨式研究的最后残迹，可是他看起来像是能够解决这个问题似的。 178

我们曾经证实，随意归入图腾制名目下的千差万别的信仰和习俗，并非由一个或多个社会团体与一个或多个自然领域之间的实质性关系的观念所决定。它们与其他信仰和习俗互有关联，并直接或间接地与那种能使人们把自然与社会理解为一个有机整体的分类图式联系起来。人们在各种各样的这类图式之间可以做出的唯一区别，产生于对这种或那种分类层次的偏好，但是这些偏好从不是排他性的。

一切分类层次事实上具有共同的特征：在所研究的社会中不管先选择哪个层次都必须保证能联系到其他层次，这些其他层次与所选用的这个优先层次在形式上类似，不同的只是它们在整个参照系统内彼此的相对位置。这个系统是借助一对对比关系来发挥作用的：一个是一般与特殊的对比，另一个是自然与文化的对比。 179

图腾制度论主张者所犯的错误是任意地分离出一个分类层次，即联系到自然物种所组成的层次，并赋予它以一种制度的意义。而实际上它正像一切分类层次一样只是诸层次中的一个，没有理由把它看作比借助抽象类别（catégories）来发挥作用的层次或使用名称类的层次更为重要。重要的不是某一分类层次的存在（或不在），而是一个具有“可调节性”的分类方式的存在，它赋予采用它的团体在一切平面上进行“调节”（se mettre“au point” sur）的手段，从最抽象的到最具体的，从最文化性的到最自然性的，而并不改变其理智工具。

在上述著作中鲍阿斯曾怀疑，通常对基于自然模式的偏好是否能用“动物物种的区别性和个别化”来加以解释，“……〔区别性和个别化〕比未区分的人类成员更清楚地使动物物种成为故事的角色”（鲍阿斯 5，490 页）。然而鲍阿斯在这里的确触及到一个重要的真理。为了把握这个真理，与通常采取的立场相反，他只需去设法发现非连续性对立的图式，这一图式支配着神话“话语”背后的叙事的结构，而不是把故事或神话归结为单纯的叙事。此外，生物物种的自然的“区别性”并未给思想提供一种确定的和容易理解的模式，而宁可说是提供了一种接近其他区别性系统的手段，这些系统都对该模式给予影响。考虑到这一切，如果说动物与植物分类学比其他分类学更经常、更方便地被加以采用，其原因只能是由于它们在逻辑上与两种极端的分类形式，即类的分类与个
180 体的分类保持等距离的中间位置。在物种概念中，外延观点与内涵观点之间存在一种平衡：一个物种在孤立地加以考虑时是诸个体的一个集合；然而从与其他物种的关系上考虑时，它是一个由各种规定组成的系统。此外，每个个体的在理论上无限的集合就构成物种，这些个体中的每一个在外延上都是不可规定的，因为它形成了一个功能系统的机体。于是物种概念具有一种内在的动力学性质：物种由于是在两个系统之间维持着平衡的集合体，它就成为使从多样性统一体（l′unité d′une multiplicité）向统一体差异性（la diversité d′uneunité）的过渡得以（甚至必须）进行的算子。

我在其他地方（6，133 页起）曾指出过，柏格森觉察到物种概念

由于其逻辑结构而在图腾研究中起着重要作用。但有一切理由担心，如果他不得不更详细地进行分析，他就会把它限于人与自然界之间关系的主观的和实用的方面，有如共餐者问“今日午餐吃什么?”当听到回答是“小牛肉”时他的好奇心就完全得到了满足。实际上，物种概念的重要性与其说是应当以实践者倾向于把它按生物学和实用的观点分解为属(这相当于把这样一个格言用于人，即“吸引食草动物的是一般的草〔l'herbe en géneral〕”)[1]来说明，不如说应以其假定的客观性来说明： 181
物种的多样性为人提供了最直观的图像，并构成了人能感觉到的有关现实最终不连续性的最直接的现象。它是某种客观编码的感性表现。

令人惊异的事实是，现代生物学转而利用类似于通信理论中所运用的那类图式来说明物种的多样性。在这里我们不可能涉及人种学家能力以外的问题。但是如果生物学家的论断属实，即大约两百万个生物物种在解剖学、生理学和人种学等方面的差异可以根据染色体的变体加以分析，每个染色体变体可归因于四个不同组合在分子链上分布的周期性，那么我们或许可以领悟人们在物种概念中所见到的特殊重要性的更深刻的理由。我们应当理解这种看法如何提供了对自然中客观出现的组合加以感觉性把握的方式，而且精神活动以及社会生活本身只不过是借用它来创造新的分类学而已。这或许有助于解除物种概念总是使人着迷的表面的神秘性，人种学家对图腾现象的起因不明的迷恋，大概只是其中的一个特例而已。

自然科学长期以来认为自己关心的是“诸领域”，即独立自主的研究区域，其中每一个都可由自己的特征来定义，并充满着彼此处于特殊关系中的生物或物体。这种观点现在已过时了，但它仍然还是“常识性的”观点，这只能削弱物种概念的逻辑力量和动力。因为按照这种观点，物种似乎是毫无活力的和彼此分开的诸类别，每一类都限于各自的 182

---

① 无论对于动物还是对于人，这的确都是错误的：在非洲建立国立公园以保存濒于绝种的生物物种的设想遇到困难，即使牧场面积足够大，动物也只把它当作栖居地，它们越过专用地的界限到很远的地方去寻找其蛋白质比指定给它们的牧场的草更丰富的草地。理由很简单，这些草地是足够广阔的(格尔吉梅克，20页)。于是，吸引食草动物的不是青草而是各青草种之间的区别……

“领域”之内。那些被称作原始的社会并未具有各分类层次之间泾渭分明的概念；它们把各层次表示为一种连续性过渡中的诸阶段或诸时期。

菲律宾南部的哈努诺人把宇宙万物分为可命名的和不可命名的两大类。可命名的再被分为事物与人或兽两类。当一个哈努诺人说“植物”这个词时，他排除了他在说的东西会是岩石或一件制造品的可能性。其次，“草本植物”类排除了其他植物类，如“木本植物”等。在草本植物中“胡椒属植物”一词不同于“稻类植物”。“园植胡椒”排除“野生胡椒”，而“园植智利胡椒”排除“园植绿胡椒”。最后，“pénis-de-chat”指不属于其他五个种或类（taxa）的个体，这些种或类是土著文化在园植胡椒大类中加以区分的。（康克林，4）

这种可用一系列二分法加以表示的运用方式的特征如下：

> 尽管不应与植物学的种概念相混淆，也不应绝对等同，哈努诺人的植物类型的确表现出类似的特征：除了错误的识别以外，植物类名称彼此排斥。哈努诺人的 1 625 种植物类中的每一种[①]都有专门的全名，它至少在一种组成成分中与一切其他名称不同。植物的
183 全名是由从一个到五个字词单位组成的。最普通的形式是双名组合……
>
> 当我们接近较高层次的、更广泛的类别时，哈努诺人的分类与植物学分类之间的类似性就迅速减少了。（康克林 1，115～117 页，以及第 162 页）

实际上与林奈的类目对应的类别（胡椒植物：Capsicum sp.；园植胡椒：Capsicum annum L. 〔辣椒〕；野生胡椒：Capsicum frutescens L.）既不属于诸二分法系统的同一层次，也不属于其同一侧。首先，科学植物学的全部领域既不脱离园丁或主妇所实行的通俗植物学，也不

① 其中 500～600 种只可食用（同上书，184 页），406 种只用于医药（同上书，249 页）。这1 625种类型被土著思想分为 890 类，它们对应着科学植物学中的 650 个属和大约 1 100个种（同上书，162～163 页）。

脱离哲学家和逻辑学家的范畴。它处于二者之间，使二者可以彼此相通，并且使得借助于取自一个层次的信码来使另一层次概念化成为可能。

参见下表：

实体	(可命名物) 184
事物	(非人或动物)
植物	(非岩石，等等)
草本植物	(非木本植物，等等)
胡椒属植物 (*Capsicum sp.*)	(非稻类植物，等等)
园植胡椒属植物 (*Capsicum annuum L.*)	(非野生胡椒植物：*Capsicum frutescens L.*，等等)
园植辣椒属植物	(非园植绿胡椒植物，等等)
Pénis de chat	(非其他五种顶生类)

另一个菲律宾部落萨巴农人根据同一原则对疾病加以分类。他们首先把皮肤病和创伤加以区别，再把皮肤病细分为“炎症”、“疮”和“金钱癣”，此后，这三种形式中的每一种再以几组双项对立加以说明：单一/众多，隐蔽/暴露，严厉/温和，浅/深，周边/中心。(弗雷克)

在第 1 章和第 2 章中引证的资料与上面这些例子相符，这表明相当普遍的情况是，动物学与植物学的分类并非各属互不相干的领域，而是构成一个无所不包的动态分类系统的不可分割的组成部分，此分类系统 185
的统一性是由其结构的充分的齐一性保证的，这个结构实际上由连续的二分法所构成。这个特征带来的结果首先是，由种（espèce）过渡到目

(catégorie）是永远可能的；其次，在**系统**（显然在顶端）和**词汇**之间也没有任何矛盾，词汇的作用随着二分法的阶梯越往下越重要。**连续**和**不连续**之间关系的问题在根源处得到解决，因为宇宙被表现为由诸连续的对立所组成的一个连续体形式。

这种连续性在支配泡尼印第安人季节祭典的图式中已经很明显：举行祭典的棚屋的柱子按其方向选自涂有不同颜色的四种树木，这些颜色本身分别象征着一年四季的方向，这四个季节构成一年（见下图）：

空间	白杨树……白色……西南	南……夏	年	时间
	美洲枫树……红色……东南			
	榆林……黑色……东北	北……冬		
	柳树……黄色……西北			

美拉尼西亚人的例子可以说明从种或种群向属性或类别的系统的过渡同样是十分明显的。在托里斯海峡中的马瓦他岛上我们已经看到，带有动物名称的氏族按动物物种分为陆类与海类，好战类与和平类。基瓦伊人用两种象征物来表示西谷米族和薯蓣族之间的对立：裸女的图案和
186 响板的图案，后者也叫做“山药母亲”，它也对应着季节和风态的交替。在特洛勃里安群岛上对每一氏族来说在一种鸟、一种哺乳动物、一种鱼和一种植物之间都存在着对应关系。所罗门岛民的二元系统是借助于两种鸟（野鸡和犀鸟），或者两种昆虫（螃和螳螂），或者两位神祇来表示的，然而他们体现着相反的行为方式：聪明先生与愚笨先生。（弗雷泽，卷Ⅱ，有关各页）

于是我们能看到，根据所选择的这种信码，对立系列的逻辑严格性可能表现得各不相同，然而并不意味着任何性质的区别。苏人的分类图式提供了一个很好的例子，因为这些图式围绕一个共同的主题构成了如此多的变体，改变的只是用于意指着该系统的语义层次。

所有部落都有圆形的营地，一条想象的直径线把营地一分为二。但是对于其中的几个部落来说，这种表面的二分法掩盖了一个三分法原则，其象征内容随部落不同而异：在维尼巴果族中一个半族内的氏族数目为另一个半族内氏族数目的一倍（分别为八个和四个）。十个奥马哈

氏族平均地分布在两个半族中，但一个半族有两位酋长，另一个半族只有一位酋长。在每一个奥撒格半族内有七个氏族，但一个半族分为两个亚半族，而另一个半族则是单一性的。在所有这三种情况中，以及不管以什么样的方式实现对立，结果总是由较高的或天空的半族来标志简单的形式，由较低的或陆地的半族来标志复杂的形式。

另一方面，对于维系半族制度来说，高/低的对立，尽管是一切集团都有的特点，它却并非总是明白地表示出来的。我们可以看到它是用各种方式来表示的，这些方式既可单独出现又可同时出现：

天空/陆地，

雷/陆地，

白天/黑夜，

夏/冬，

右/左，

西/东，

男/女，

和平/战争，

治安/狩猎， 187

宗教活动/政治活动，

创造/保存，

稳定/运动，

神圣/世俗……

最后，按照集团（或在同一集团内按照情况）的不同，对于对立的方式来说，有时突出的是二项，有时突出的是三项。有些部族，像维尼巴果族，把各种对立方式组成一个四项系统，而蓬卡族则把二元结构分解为一个四边系统：陆地和海洋，火和风。

同样，在阿尔冈金族中，四五十个表面上毫无含义的众多的奥吉布瓦氏族虽然可划分为哺乳动物、鱼和鸟等族，却可归结为更清楚的莫希坎图式（莫希坎氏族分为三个胞族：一个由狼族、熊族、狗族和负鼠族组成；另一个由小龟族、大龟族、泥龟族和黄鳝族组成；第三个由火鸡族、鹤族和鸡族组成），并可归结为德拉瓦尔图式，这个图式是相当简明的，其逻辑一目了然，因为它只包括狼、龟、火鸡这三个集团，它们明显地分别与陆、海和空对应。

前面（79～80 页）我引证过的由拉·福莱施收集出版的有关奥撒格族祭礼的大量资料，提供了有关动植物这类“具本分类者”和数、方向、基本方位这类“抽象分类者”之间可互换性的丰富说明，这些说明有时就是证明。于是，例如弓和箭出现在氏族名称表中，但是在这里有关系的并不只是人工制品。按祷词和咒语可明显看出，一支箭涂成黑色，另一支涂上红色，两种颜色的对立对应着白天与黑夜的对立。在弓的颜色中也出现同样的象征表示，里侧红色，外侧黑色：用红黑色的弓
188 射出，轮流使用红箭和黑箭。这就是时间的表示，时间本身由白天与黑夜的交替来量度。（参见拉·福莱施 2，99 页；拉·福莱施 3，207、233、364～365 页）

具体分类者不仅用于传达思想，它们也可以其感性的形式表示出某一逻辑问题已被解决或某一矛盾已被克服。在奥撒格族，当供主祭者用的一双鹿皮鞋做好时，要施行一种复杂的仪式，如果材料没有揭示鹿皮鞋除了其实际用途以外还包含了什么其他东西，那么赋予一件衣物如此特殊的尊重就会令人惊异莫解了：鹿皮鞋这件文化物品是与行路人践踏的“恶”草相对的。于是它就与践踏敌人的战士相对应。按照奥撒格的社会宇宙论图式，战争职能意味着陆地的半族，青草也属于这个半族。于是鹿皮鞋的特殊的象征表示是与一般的象征表示相反的，因为对于前者，鹿皮鞋是“反陆地”的，而对于后者则是与陆地一致的。这种仪式的细节可用我们拟称作制造品的逻辑不稳定性来阐明：一种被高度仪式化了的制作技术来加以缓和的不稳定性。（参见拉·福莱施 3，61～67 页）

在奥撒格人的思想中最重要的，同时也是最简单和具有最大逻辑能量的对立，是兹竹（Tsi′-zhu：天空）和洪加（Hon′-ga）这两个半族之间的对立。洪加还可再分为洪加本身（旱地）和瓦扎之（Wa-zha′-zhe：水）。由此又借助一个对应系统发展了一种复杂的语法，这个系统具有较具体的或较抽象的领域，但在系统内起触媒作用的初始图式引起了具

有二、三、四或更多个变元的其他图式的实现。首先是基本方位，因为 189
在行入族礼的屋中，天空和陆地有如北与南的对立，而干地与水有如东与西的对立。

另外，奇数与偶数的对立产生了一种神秘的计数学。如我在第四章中指出的，数字 6 属于天空的半族，数字 7 属于陆地的半族，而二数之和 13，在宇宙论平面上对应着初升太阳（它是一个半太阳）的射线数目，在社会平面上则对应着显赫的战斗，一位优秀战士（他是一个半人，因为战争的职能是共同构成部落的两个半族中的一个所拥有的特权）可把这类战斗引为个人荣誉。[①]

> 于是这个部落的两大部分的性质和统一性可被象征化为一个人或一头兽，但洪加部分必须永远代表人或兽的右边，兹竹部分则代表左边。这种自然界的二元性和统一性的思想不只反映于部落组织中，而且在较早时期由于某些个人生活习惯而注入该族人的心灵中。例如洪加部分的成员在穿鹿皮鞋时先穿右脚，而兹竹部分先穿左脚。（拉·福莱施 3，115 页）

我想在这里稍谈一点题外话，在实际应用一种逻辑系统时，这种严格的精确性并非什么个别现象。在夏威夷，酋长之死是以浓艳的丧服来志哀的。参加丧礼的人将缠腰布绕在脖子上，而不像通常那样围在腰 190
间。这种衣着的高低颠倒伴随着（而且无疑也意味着）性纵容。在大量禁律中都表现出高低之间对立的重要性：一件食物容器不能用任何可以在上面走或坐的东西来覆盖；坐在枕头上或把枕头用作踏脚板，是被禁止的；把头靠在椅垫上，坐在任何有食物的东西上面，或用腰下部位的旧裙子做女人月经带等等，都是被禁止的：

> 当我还是一个小孩子的时候，从前的夏威夷的老一辈人常常谈到白人有时躺在一块被单正面有时躺在反面的陋俗——他们（白人）似乎不懂得属于上面（马路那〔ma luna〕）的东西应当始终在上面，属于下面（马拉罗〔ma lalo〕）的东西应当始终在下面……

① 这段解释原文中没有，由我个人负责。

> 在我表兄伊拉拉·奥勒·卡胡马努办的草裙舞学校里，一天，一个女学生漫不经心地把她的裙子披在肩上。舞蹈老师厉声斥责她说："上不为下，下不为上"（Ko luna，no luna no ia；ko lalo no ia）。（韩迪和普奎，182 页、157 页）

最近的研究（尼得海姆 3；拜得尔曼）表明，非洲肯尼亚和坦噶尼克的部族在运用这种对他们说来是基本的左与右之间对立时，办法是相当精细的（往往表现为左右手而非左右脚的对立，但我们已注意到，奥撒格人特别注重靠下的两端）。卡古鲁族的男人用其左手抚爱，女人则用右手（就是说这两侧的手分别对两性来说是不洁的）。在医治之前必
191 须付给巫医的第一次报酬是用右手付出的，最后一次是用左手，等等。尼日尔萨赫尔区游牧族颇尔人、非洲的保罗罗人，似乎像卡古鲁人一样使男人的右侧和时序中先出现者联系起来，使女人的左侧和时序中后出现者联系起来。[①] 与此对称的是，男性等级制度由南向北，女性等级制度由北向南。于是在营地，女人把葫芦按大小递减次序排列，最大的朝南，而男人把他的小牛按相反的次序拴起来。（杜皮尔）

再回过来看奥撒格人。我们已看到，数 13 首先是两社会集团之和，右与左、北与南、冬与夏之和，因而它是具体地加以规定和逻辑地加以发展的。旭日东升时，人们静观这一景象，崇敬一切生命之源（于是面朝东，实际上是把南放在其右侧，把北放在其左侧[②]），在旭日的形象中数 13 可以象征两项之和：6 和 7，天和地等。但当它与一颗星星联系在一起时，太阳的象征表示特别与天空的半族相联。所以结果出现有关
192 数 13 的其他具体的规定，在这个例子中它被留给另一半族的亚族：黑熊的 13 个脚印代表土地族的显赫战功，而 13 棵柳树表示水族的显赫战

① 有关同一地区类似的时空系统，参见戴孟德。

② 司祭被涂成红色以表示他的如下热望，即他的生活可通过太阳而丰富多彩，并可繁衍后代。当其整个身子被涂红时，从一侧面颊向前额画一条黑线，然后通到对面一侧并向下达到另一面颊的中央。这条线代表大地的幽暗的地平线，并被称作一个"陷阱"或一道围栏，一切生灵都被赶进围栏，囚禁了起来。（拉·福莱施 3，73 页）

功。（拉·福莱施 3，147 页）

于是 13 就表示一种双重的人类整体性：集体的整体性，因为部落由两个不对称的半族组成（从量上说，一个为单一的，另一个是被区分的；从质上说，一个负责和平，另一个负责战争）；和个人的整体性，但它同样也是不对称的（右边和左边）。作为一个整体，偶与奇，集体与个人，社会与有机物等等之间的这种结合，又按三元的宇宙论图式分解：存在着天空的“13”、陆地的“13”、水的“13”。最后，除了由自然现象构成的编码外，还有由物种构成的编码，其中分别由 6 种“动物”和 7 种“动物”组成的两个集团，由于对立者的出现而加了一倍，于是（如可以预见到的）使该系统的单元数目在最具体的水平上达到 26。7 种动物和它们的对立者可表示如下：

动物	对立物
山猫	有弯角的小雄鹿
灰狼	有灰角的小雄鹿
雄美洲狮	有黑角的成年雄鹿
雄黑熊	布满小虫（昆虫?）的圆丘
雄水牛	峭壁，隔墙
麋	其花永远朝阳的植物（Silphium laciniatum）
鹿①	无对立物：它的力量表现于飞奔中

由 6 种动物组成的系统就不那么明显了。这个系统包括：猫头鹰的 *193*
两个变种，它们各自分别与一个小雄浣熊和一个成熟的雄浣熊相对；金鹰，它与火鸡相对；最后，显然还有河贝（它的壳可制作象征太阳的珍珠耳环）、野牛毛（?）和小烟斗（?）。

于是一个逻辑结构——最初是简单的对立——沿两个方向成束展开：一个是抽象的，以记数系统的形式；另一个是具体的，首先是单一

① 鹿的胆怯是由于它没有胆囊。鹿有双重作用：食用，它的肉被看成是最经常的动物食物来源，按此观点可与由以下四种主要植物提供的植物食物相比：黄莲花、土圞儿属植物、宽叶慈姑、两型豆。鹿和这四种植物对于部落的生存是必不可少的，战士的首要任务是保卫它们所栖息或生存的土地（拉·福莱施 3，129～130 页）。此外，鹿还有文化功用：它的身体是筋的来源，女人用筋缝活儿，男人用筋把羽毛系在箭上（同上书，322 页）。

个体成分，然后是物种。在每一层次上语义学的“短路”（courts-circuits）都允许与最远的层次直接联系。然而我们考虑过的一切层次中最个别化的物种层次，并未构成该系统的某种限制或终止点：后者并未陷入停滞，而是通过能够在几个平面上发生的新的非整体化（détotalisations）和重整体化（retotalisations）作用继续进行。

每一氏族都拥有一个“生命象征”——图腾或神祇——象征的名称取为：美洲狮，黑熊，金鹰，幼鹿等等。于是诸氏族彼此的关系就借助区分性差异来规定。然而仪式咒文把每一种不同的选择都建立在一个由不变特征组成的系统上，这些不变特征的系统被假定为对于一切物种都是共同的：每一物种都自行肯定。例如，美洲狮独立宣称道：

> 瞧我的脚心，它是黑色的。
> 我使我脚心的皮肤成为我的泥炭。
> 当小家伙〔人〕也使我脚心的皮肤成为他们的泥炭，
> 194 他们将永远有泥炭，这泥炭将很容易渗进他们的皮肤，当他们行走于生命之路时。
> 瞧我的鼻尖，它是黑色的，等等。
> 瞧我的耳端，它是黑色的，等等。
> 瞧我的尾巴尖，它是黑色的，等等。
>
> （拉·福莱施 2，106～107 页）

每种动物都这样按照一种对应法则（兽嘴＝鸟嘴等）分解为诸部分，诸相等的部分将按照同一适当的特征，先在彼此之间，然后在全体之间重新组合。这一特征是：“被涂炭的”部分的出现，其原因是由于奥撒格族归为火及其产物炭的保护作用，以及最后作为其结果，归为黑色的保护作用。“黑的东西”炭是一种特殊仪式的对象，这种仪式是战士出征前必须举行的。如果他们忽略了把脸涂黑，他们就失去了缕述显赫战绩的权利和要求军事荣誉的权利（拉·福莱施 3，327 页以后）。因而我们已经看到了一个双轴向系统，一个与差异性有关，另一个与类似性有关，见下表：

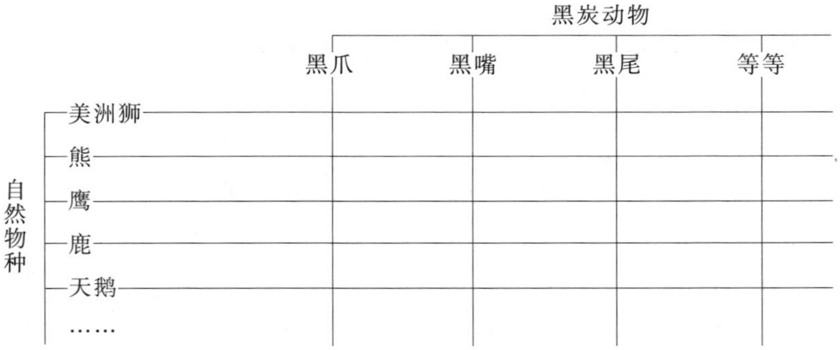

于是，使得从类别过渡到成分、从成分过渡到物种成为可能的这一 195
分析过程借助于对每一物种进行某种观念中的肢解而延长了，而每一物种又在另一平面上逐步重建起整体性。

正如在祭礼仪式上对（分别代表陆地与水的）熊和海狸的颂诗所表明的，这一非整体化与重整体化的双重运动也发生在历时性平面上。它们咏叹临近的冬日并按它们特殊的习惯（在此具有象征的意义）准备过冬，这样，春季的到来和它们精力的复苏可以表现为使人长寿的许诺：当“六个月亮过去后……〔熊〕仔细审视自己的身体，细心地察看身子的每一部分”。它列举了自己消瘦的迹象（即一个消瘦的身子，然而由于它还活着，这个身子越发证明了它的生命力：松弛的肌肉，皱缩的脚趾，有皱纹的脚踝，软绵绵的肚子，凸出的肋骨，柔软的双臂，下陷的下巴，眼角边的皱纹，光秃的前额，稀疏的毛发）。然后它留下作为象征战争行动的脚印，一侧六个，另一侧七个，“然后熊加快脚步前进，来到一块土地上，这儿的空气散发着阳光的温暖”。（拉·福莱施 3，148～164 页）

这个部落被分为三个基本集团，每个集团再分为带有图腾名字的各氏族，如我们看到的[①]，这样一个部落的同时性结构的确不过是某时间过程向同时性秩序内的一个投射，这个过程在神话中是按照连续态来描

① 参见前面 92～93 页。

196 述的：当最初的人出现在地球上时（在这个传说中来自天上；在另一传说〔多尔塞 1〕中来自地下世界），他们按到达的次序开始行进：首先是水族人，其次是陆族人，最后是天族人(拉·福莱施 2，59～60 页)；但当他们发现大地被水覆盖时，就先向水蜘蛛求援，然后向鼓虫求援，再后向白水蛭求援，最后向黑水蛭求援，希望引导他们到可居住的地方去（同上书，162～165 页）。

因而可以看到，在这些例子中没有任何动物，“图腾”或其物种可按照生物实体本身来理解：动物通过作为有机体（即系统）和属于一物种（它是一个系统中的一项）这种双重性，显示为一种概念性工具，它具有使任何领域非整体化或重整体化的多重可能性，无论它是同时性的还是历时性的，具体的还是抽象的，自然的还是文化的领域。

于是，确切地说，奥撒格人祈求的绝不是鹰。因为，按照时间和环境，有关系的只是不同种的鹰：金鹰（Aquila chrısaytos，L.）、有斑点的鹰（同种）、秃鹰（Heliaeetus leucocephalus）等等；或者是不同颜色的鹰：红的、白的、杂色的等等；或者是在其不同生命阶段的鹰：幼年、老年等等。这个三维模型是一个借助生物来表示的真正的系统，而非生物本身，它构成了思考的对象，并为人们提供了概念工具。① 如果这个形象不是如此平凡，人们或许想把这个工具比作一个由十字形金属
197 片制成的器具，它可被用来把土豆削成片或丁块：一种“预先设想的”格架被应用于一切经验情境，它与诸情境有相当多的类似性，这种类似性足以使获得的成分永远保持某些一般的性质。丁块的数量并不始终一样，每个丁块的形式也不绝对相同，但那些来自中心的始终留在中心，那些来自周边的始终留在周边……

作为居中的分类者（因此它就具有最大的效益，并最常被应用）的

① 一位奥撒格人解释说：“我们并不相信我们的祖先真的是动物、鸟等等，如传说中说的那样。这些东西只是某种更高的东西的瓦维库莎叶（wa-wi'-ku-sha'-ye）象征”。(J. O. 多尔塞 1，396 页)

物种的水平，可以向上，即按照成分、类别和数目，扩大其网；或向下，即按照专有名称的方向，收缩其网。后一种情况将在下章详细讨论。这一双向运动所产生的网络在每一层次上都是交叉的，因为这些层次及其分支层次能被意指的方式是极其不同的：专门名词、不同的服饰、文身图案、生存或行为方式、特宠物和禁律。每个系统都参照于水平的和垂直的两个轴而被规定，从某一点上说，这两个轴分别与索绪尔的组合关系与聚合关系相对应。但是“图腾”思想与话语不同，而与神话思想和诗歌思想相同，雅克布森曾断言，对于诗歌来说等价原则在两个平面上都起作用。社会集团可用不同的词汇成分把信息编码，而不对其内容作任何改变，这种对立的形式可为类别性的：高/低；或自然物象的：天/地；或物种性的：鹰/熊。同样地，它可以选择几种句法程序 198
以保证信息的传递：专有名词、象征物、行为方式、禁律等，它们或是被单独使用或是被共同使用①。

如果任务不是如此庞大，我们就可以对这些分类法本身再加以分 199

① 当按其组成部分和其各自与环境的关系来分别考虑时，一个郊区别墅和一个城堡是组合段的系列：它们的成分彼此以邻近性（contïguité）相互关联：容器和内容，原因和效果，目的和手段等等。《远大前程》中的文米克先生作为一个“修补匠”所实行和实现的东西（参见前面26页）就是在这两条链索的成分之间建立聚合关系：他可以选择别墅或城堡来意指（signifier）其住所；选择池塘或沟堑来意指水池；选择台阶或吊桥来意指入口；选择生菜或罐头食品来意指莴苣。这是怎样发生的呢？

很显然，开始的时候他的城堡是一个小型建筑，不是一个真的城堡，而是由产生象征作用的伪装物和设施所意指的城堡。他当然未曾通过这些转变而获得一个实在的城堡，但他的确失去了一个实在的别墅，因为他的幻想使他束缚于一整套的奴役：他不是过着一种布尔乔亚式的生活，他的家庭生活等于是一连串仪式活动，这些琐细的活动日复一日地被重复，目的在于形成两个同样不真实的组合链索——从未存在过的城堡链索和已被放弃的别墅链索——之间的、作为独一无二之现实的聚合关系。于是“修补术”的第一个方面是用组合链索的片段来构造一个聚合系统。

但是反过来也是正确的。他的老父的耳聋赋予文米克先生的城堡以真实的价值：一个城堡通常配有大炮，而他的父亲耳背异常，只有大炮的轰隆声才能使他惊动。最初的组合链索，即郊区别墅的链索，客观上被父亲的生理虚弱所断裂。父亲和儿子是城堡仅有的居住者，两人各行其是，在两人之间不可能建立任何关系。只要每天9点开火的大炮在别墅和城堡间建立起一种有效的通信形式，别墅就可变成城堡。于是聚合关系系统就产生出一个新的组合链索。一个实际的问题被解决了，即在别墅居住者间的通信的问题；但这是由于真实与想象两方面的彻底的重新组织而加以解决的，隐喻借此取代了换喻的作用，反之亦然。

类。诸系统或许可以按它们所运用的类别数——从两个到数十个——和按成分及层次的数目和选择加以区分。于是可以把它们分为宏观分类和微观分类，前者以采取大量的动植物物种作图腾（阿兰达族承认的不下四百种）为特点，而后者以使全部图腾似乎都列入同一物种界限内为特点，如非洲的巴尼欧罗和巴希马族就提供了一个例证，氏族按特殊类型的牛或牛的特殊部位来命名：条纹牛、棕色牛、丰乳牛等；以及牛舌、牛肚、牛心、牛肾等。系统也可以按其层次的数量区分：某些是纯动物，某些是纯植物，有些借助制作品，而另一些把可变数量的层次并置在一起。它们可以是单一的（每族一名或一图腾），或复合的，如美拉尼西亚族的情况，他们以许多图腾来规定每一氏族：鸟、树、哺乳动物和鱼。最后，诸系统可以是齐一性的，如卡维龙多族的系统，他们的图腾名单由同一类型的成分组成：鳄鱼、鬣狗、豹、狒狒、秃鹫、乌鸦、大蟒、獴、蛙等等。它们也可以是异质性的，如巴特索族的图腾名单表明的：羊、甘蔗、煮肉骨、蘑菇、羚羊（几个氏族所共同的）、被禁羚羊的眼睛、剃光的脑壳等等。或者是某些澳大利亚东北部的部落图腾：性激情、青春期、各种疾病、有名称的地方、游泳、性交、长矛的制
200 造、呕吐、各种颜色、各种心理状态、热、冷、死尸、鬼、各种祭礼的饰物、各种制作品、睡眠、腹泻、痢疾等等。①

这样一种对诸分类法本身所进行的分类是完全可以设想的，但人们必须阅读许多文献，而且为完成这一工作必须考虑如此变化多端的方面，因而即使我们只限于研究那些材料足够丰富、准确和彼此可加比较的社会，不借助机器也是办不到的。因此让我们暂且只满足于提提这个研究纲领，它要留待下一世纪的人种学去实现了。现在，我们再来看一看我为了方便而称作图腾算子（l'opérateur totémique）的这种东西的最简单的性质。我们借助一个图表来说明，并只考虑基本单元的一个小的部分，就足以使读者明了其复杂性，因为我们是从物种水平开始的，并随意地

---

① “一个图腾似乎可以是物理环境或心理环境中的任何持久的成分，或者是独一无二的概念实体，或者更经常地是事物、活动、状态或性质的类或种，它们经常反复出现，因而被看作是永久性的”。(沙尔波，69页)

把物种数目限制为 3 个，把身体部位的数目也限制为 3 个（图 6）。

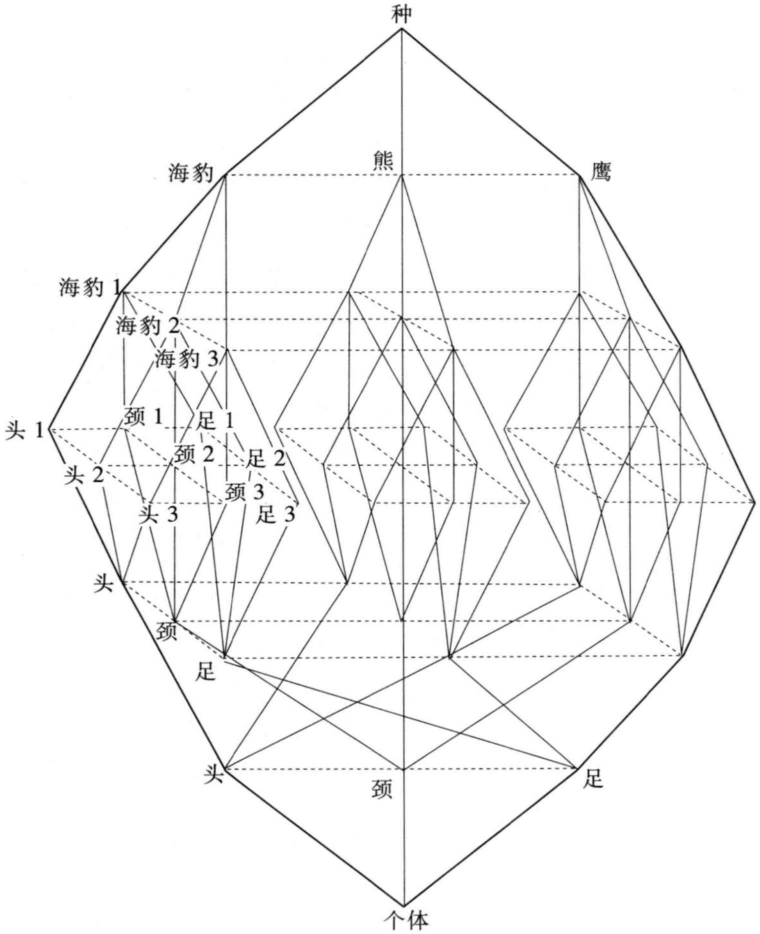

图 6　图腾算子（高等研究院绘图室）

可以看到，物种首先取经验性的形式：海豹种、熊种、鹰种。每一种包括一系列个体（在图式中也限于 3 个）：海豹、熊、鹰。每一动物可分解为诸部位：头、颈、足等。它们首先可以在每一物种中加以重组（海豹头、海豹颈、海豹足），然后按各种部位结合起来：一切头，一切颈……最后的重组过程在个体重新获得的全体性中恢复了该个体的模型。

202 于是整个图式构成了一种概念性工具，它通过多重性透滤出统一性，又通过统一性透滤出多重性；通过同一性透滤出差异性，又通过差异性透滤出同一性。它在其中央层次上具有理论上无限的幅度，于是在它的两个顶角上收缩（或伸展）为纯粹的概念内涵（compréhension），但以彼此正相反的形式，而且并非不遭受某种扭曲（torsion）。

我在这里使用的说明模式，显然只代表理想模式的一个很小的部分，因为自然物种的数目是二百万级的，有可能的个体数目是无穷无尽的，而被区分和命名的身体的部分或器官在某些土著语汇中几乎达到四百种（马尔施和劳林）。而且，看来任何人类社会都有一份相当广泛的动、植物学环境的目录表，并以专门名词加以描述。是否有可能估计出一个数量级或限度呢？在整理人种动物学著作和人种植物学著作时我们注意到，所记录的物种和变种似乎在几百数量级，大概在 300 到 600 之间，极少有例外。然而这种工作不可能充分彻底，它受到收集材料所花费的时间、情况报告者的数量和能力，以及实地工作者本身的能力、知识广度和兴趣范围等各种因素的限制。因而尽可以把实际的数字推算得高得多，有些优秀著作证实了这种情况：

> 哈努诺人在最低的（词项的）对比水平上把当地植物界分为
> 203 1 800多种相互不同的土著类，而植物学家把同一群植物（按物种）分为 1 300 种以下的科学类。（康克林 4）

这段出自一位精于分类学的人种学家的引文很有趣地与泰勒对犹太教哲学主题的看法相符：

> ……它分配给 2 100 个物种（如植物物种）中的每一物种一名司管辖职能的天使，并把这一情况算作莱维特族禁止动植物之间混淆的理由。（泰勒，卷Ⅱ，246 页）

按目前的知识程度，2 000 数量级似乎是大致与记忆能力和基于口头传说的人种动物学和人种植物学的判定能力的限度相符的。从信息论观点看这个限度是否有重要特性，也许是很有趣的。

最近一位塞努福人入族仪式的研究者阐明了 58 座小雕像的作用，这些小雕像按一定的次序给新入族的人看，它们似乎构成了一组对新入族者进行教诲的宗教画。这些小雕像代表着动物和人，或象征着各种各样的活动。因而每座雕像都对应着一个物种或一个类：

> 长者递给新入族者一定数量的东西……这套有时很长的东西的清单组成一种象征词汇，并指出使用这些词汇各种可能的方式。在发展程度最高的波洛组织中，人们就这样学会运用某种思想的象形 204
> 文字的表达物，这种思想已具有真正的哲学性。（鲍舍，76 页）

换言之，在这一类型的系统中，从观念到形象，从语法到词汇，经常有一种过渡。这一现象我已多次提醒注意，它引起了一种困难。就是说，假定这些系统在一切层次上都发挥作用是否合理呢？人们或许会责备我已经做出了这一假定。或者更精确地说，我们在此所看到的究竟是真正的系统，其中形象和观念、词汇和语法往往与严格的关系联系在一起，还是说，我们不应当承认在最具体的层次上，即形象和词汇的层次上，有某种引起对整体的系统性质怀疑的偶然性和任意性呢？一旦人们以为发现了一种由氏族名称组成的逻辑，就会产生这个问题。如我在前面一章指出过的，人们几乎总会遇到乍看起来似乎不能克服的困难：企图组成一个首尾一贯和分节的系统（不管这个系统的“标志”〔“marque”〕是落在名称上、行为方式上还是禁律上）的诸社会，也是由生物组成的集合体。即使它们有意识或无意识地应用婚姻规则，这些规则的目的是使社会结构和增殖律保持恒定，这些机制也决不可能充分发挥作用，另外它们也受到战争、瘟疫和饥馑的威胁。因而十分明显，历史和人口演变总是破坏智者设想出来的计划。在这些社会里，在同时性与历时性之间不断重复着斗争，结果似乎每次都是历时性必然获胜。

联系到刚才所提出的问题，这些考虑意味着：我们越接近具体的集 205
团就越会发现任意性的区分和命名，它们首先是根据事态和事件才能加以说明的，并且不顺从任何逻辑安排。"每件东西都是潜在的图腾"，这是针对澳大利亚西北部的部落说的，他们已经把"白人"和"水手"列入他们的图腾，而不管他们只是新近才与文明初次接触。（赫尔南德兹）

阿纳姆东部格鲁特岛的一些部落分为两大半族，它们各包括六个氏族，每一氏族拥有一种或几种各式各样的图腾：风、船、水、动物、植物、石头。"风"图腾或许同马卡撒尔岛民每年的来访有联系，"船"图腾亦然，有关毕克登岛上马卡撒尔人造船的神话可以为证。其他图腾是从内地土人的风俗习惯中借用的。其中某些已渐废弃，另一些则是新近采用的。

于是这位作者在表述了这些见解之后总结说，把图腾的选择和分布看作是企图使自然环境的种种特征纳入二分法的图式是欠妥当的："这份名单实际上是历史积累的产物，而不是任何企图按某种哲学图式把自然环境加以系统化的产物。"一些图腾歌曲是受两艘著名船只"可拉"和"漫游者"，以及甚至受"卡他林那"重型运输机的影响而产生的，因为战争期间在一个氏族的领土上曾建立了一个空军基地。这类事实更促使我们承认，某些图腾可能起源于一些历史事件，在所研究的部落的语言中，同样的词可用于指图腾、神话或任何种类的优美、罕见，或稀
206 奇古怪的东西：如特别迷人的美人痣或漂亮的小药瓶。除了事件以外，审美灵感和个别的发明也有助于说明偶然性的作用。（沃斯累）

在本书第一章中我曾几次提到审美想象在发展分类系统中的作用。这种作用已为分类学理论家所承认，用森姆帕逊的话说，分类学"也是一门艺术"（277 页）。对问题的这一方面没有什么令人不安的东西，实际上正相反。但关于历史因素又怎么样呢？

语言学家早已熟知这个问题，索绪尔曾十分清楚地解决了这个问题。索绪尔确立了语言记号任意性的原则（其证明今天看来不太明确），他承认，这种任意性有等差之分，而且记号都有相对的理据性。至少实际情况是语言可按其记号的相对理据性加以分类：拉丁词 inimicus 比法文词 ennemi（敌人）（它比较不容易按 ami〔朋友〕的反面来识别）有更强的理据性。而对于每一种语言来说，记号的理据性也是不同的：法

文词 dix-neuf（19）是理据性的，而 vingt（20）一词则是非理据性的。因为 dix-neuf 这个词"既指它本身又暗示与其相联系的别的词"。如果记号任意性的无理原则被无限制地加以应用，"就会使记号问题复杂不堪，但人的心智如成功地把一种秩序和规则性原则导入记号领域的某些部分中去，这就是相对理据性的作用"。在此意义上，我们可以说，某些语言较偏重于词汇性，而另一些语言较偏重于语法性：

> "词汇的"和"任意的"与"语法"和"相对理据性"这二者之间不是始终同义的。但是在二者之间却有某种原则上共同的东西。它们好像是这样两个轴心，整个系统在其间移动，又像是两股对流，共同承担着语言的运动：使用词汇学工具（非理据性记号）的倾向与偏于语法性工具（结构规则）的倾向。（索绪尔，183 页） *207*

因此对索绪尔来说，语言从任意性朝理据性移动。相反，直至目前我们所考虑过的系统则从理据性移动到任意性：概念图式（在此范围内是简单的双项对立）经常被拆开以便引入来自其他地方的成分。而且毫无疑问，这些新的成分往往导致该系统的改变。此外，它们并不总是成功地被嵌入这个图式中，于是系统性的外观被扰乱或暂时中止了。

30 个左右澳大利亚部落中的 900 名生存者在某一政府拓居地中被任意地重新加以编组，这个例子对历史与系统之间这种持续存在的冲突提供了一个悲剧性的说明。拓居地（在 1934 年）包括大约 40 个木屋、一些按性别分开加以管理的集体宿舍、一所学校、一家医院、一座监狱、几家店铺；而传教士们（不像土著）在此处可以尽情欢乐；在几个月内，新教徒、长老教派、救世军、英国国教徒和罗马天主教徒纷纷来此访问……

我引述这些情况不是为了论辩，而是为了指出上述事实使维持传统信仰和习俗变得极其不可能了。然而土著居民对于这种重新组合作出的初次反应是采取共同的名词和对应规则，以便使部落的诸结构协调一致，在整个有关的地区，这些部落结构基本上是一些半族和亚族。当一 *208*
名土人被问及属于哪个亚族时，他会这样回答："按我自己的话说我是这个或那个，因而在这里，我是温戈人"。

在两个半族间图腾物种的分布似乎并不均匀，这一点并不令人惊异。但是情况报告者解决每一问题时所表现的规则性和系统性却极其惹人注目。除了一个地区以外，负鼠属于乌图鲁半族。清水是沿海岸的烟古鲁半族的图腾，而在内地它属于乌图鲁半族。土人说："冷皮肤几乎总属于乌图鲁族，而羽毛几乎总属于烟古鲁族。"于是乌图鲁半族有水、蜥蜴、青蛙等，而烟古鲁半族有鸸鹋、鸭和其他鸟类。但是当蛙属于和负鼠相对的半族时，人们就要诉诸另一种对立原则：这两种动物都是齐足跳，这种相似来源于这样的事实，即蛙是负鼠的"父亲"，而在一母系社会中父与子各属对立的半族：

> 当情况报告者指出每一半族中包含的图腾名单时，他们始终按照这样的思路推理：树和在树上搭巢的鸟属于同一半族，沿小溪、水池和沼泽生长的树木与水、鱼、水鸟、莲茎属于同一半族。"鹰隼、火鸡、各种飞禽都属同一半族。钻石蛇（Python variegatus）和地蜥蜴（VaranusGould?）属一类——它们古时候同行同止……"（吉利，465页）

209 有时候同一物种出现于两个半族中，钻石蛇就是这样，但土人按其鳞片的图案标志区分出四个变种，而这些变种又在两个半族中分为两对。龟的变种也是这样。灰袋鼠属乌图鲁族，红袋鼠属烟古鲁族，但彼此不争斗。另一个土著集团把某些自然物种划分为火类与水类：负鼠、蜂和沙蜥蜴（Varanus eremius?）据说"属火"，钻石蛇、灌丛火鸡（Leipoa ocellata）、蜥蜴、豪猪则"属水"。据说很久以前这个集团的祖先有火，而住在灌木丛中的人有水。他们合在一起就同时享有水和火。最后，每一图腾和一种树有特殊亲缘关系，根据死者所属的氏族，人们在他的墓上插上一根该氏族的树的枝条。鸸鹋据说与黄杨树（Bursaria sp.?）有关，豪猪和鹰隼与某几种洋槐（brigalow）有关，负鼠与另一种洋槐（kidji）有关，钻石蛇与白檀有关，而沙蜥蜴与瓶水树（梧桐属）有关。在西部集团中死者按所属半族或面西或面东埋葬。（吉利，461～466页）

这样，尽管因为强加给土人的新生活条件以及他们所遭受的世俗与宗教的压力，而使社会组织陷入混乱，他们的理论态度仍然继续存在着。当他们不再能维持传统的解释时，就会构想出另一种解释，这种解释和前一种一样是受理据性（按索绪尔的意义）和图式的影响而产生的。先前只是在空间中简单并列的社会结构，与每一部族的动植物分类
对应。情况报告者按各自部族的起源设想出以对立或以相似为模式的双 210
元图式（le schème dualiste），而且把这一图式用亲属关系（父与子），或用方向（东与西），或用自然现象（陆地与海，水与火，空气与陆地），最后，或用自然物种之间的区别或类似，而分别加以形式化。他们也考虑这些各种各样的程序，并设法提出等价规则。如果这个退化过程被止住了，毫无疑问，这种并合作用（syncrétisme）可作为一个新社会的起点，以便建立起一个完整的系统，该系统的各个方面都会被加以调节。

这个例子表明，作为系统的一个特性的逻辑动力机制，如何成功地克服了甚至对索绪尔来说也未造成矛盾的这一现象。除了分类系统像语言一样，可在与任意性和理据性的关系方面不同，而理据性并不中止作用这一情况外[1]，我们在这些系统中所发现的二分法特性说明，任意性方面（或那些在我们看来似乎是任意性方面，因为人们永远不能肯定对于某研究者是任意性的一个选择，从土著思想的角度来看不可能是理据性的）如何最终移接到合理性的方面而又不改变其性质。我曾用“树”来说明分类系统，一棵树的成长能对刚才提到的转换加以很好地说明。一棵树就其靠下部分来说似乎是强理据性的：它必须有一个树干，而且这个树干必须是近于垂直的。靠下的树枝会有较高的任意性：其数目尽管可推想为有限的，却决非预先固定的，每条树枝的朝向以及与树干的
交角也不是固定的。然而这些方面仍然受相互关系的制约，因为较大的 211
树枝由于自身的重量和满载枝叶的其他树枝的重量，它们必须在共同的支点上平衡所受的压力。然而当我们的注意力向上移动时，理据性所起的作用在减少，而任意性所起的作用则逐渐增加：顶端的枝杈再也不能

① 如南非洛维杜人所说：“理想是返回老家，因为永远不可能返回的唯一的地方是子宫……”（克里格，323 页）

危及树的稳定，也不能改变其特有的形态了。它们的多样性和不重要性使它们从最初的制约中解脱，而它们的一般分布或者可解释为一个也已被写入细胞基因中的方案的、逐步递减的复制序列，或解释为统计波动的结果。树结构起初是可理解的，它经过抽枝生叶达到某种停滞状态或逻辑中性。因而它能不违背自己最初本性地经受多种多样偶然事件的作用，这些偶然事件终因发生过晚未及阻止一位细心的研究者对其加以识别，并将其归入某一种属。

第6章　普遍化和个别化

有人认为，在历史与系统[①]之间所发现的那种矛盾，似乎只表现于 212
我们虽已考察过但还未曾认识二者之间动力关系的那类情况中。在历史与系统之间存在着一个历时性的和非任意性的结构，这一结构促成了二者之间的相互过渡。这个结构从作为我们可以设想的最简单的系统的二项对立开始，在两端的每一端聚集着新的被选择的项目，因为这些项目彼此之间有对立、相关和类似等关系。然而由此不能推断说，所谈的这些关系都是类似的：每一“局部的”逻辑都是独立存在的，它存在于两个直接联系的项目之间的关系的可理解性中，而且这种可理解性对于语
义链中的每一环节并不必然是同一类型的。这种情况有些像玩多米诺骨 213
牌的新手，在联牌的时候只考虑邻近两半的大小，而对游戏的组合缺乏预先的知识，却仍设法继续下去。

① 但是对一位赞成纯历史人种学的学者而言，这种清醒的认识足以令人相信，这两个概念只是在一定情况下才是有价值的：“赞德族及其图腾分支目前的情况只能根据赞德社会的政治发展来理解，即使对我们来说这种根据只是隐隐约约的。成千上万不同种族起源的人互相混合，非洲人种学家有时感叹纯波里尼西亚人和美拉尼西亚人的岛民社会会如此之小！”（耶万斯-普里查德 3，121 页）

因而，系统的逻辑不需要在每一点上都与嵌入该点的一组局部逻辑符合。这个一般的逻辑可认为是属于另一种秩序，于是它可以通过所应用的诸轴的数目及性质，通过使其从一个轴到另一个轴过渡的转换规则，以及最后通过该系统的固有惯性（l′inertiepropre），即其对无理据因素的某种程度的感受性，来确定。

所谓图腾分类，以及与此分类相联结的信仰和习俗等等，只是这个总的系统性活动的一个方面或一种方式。按照这种观点，我直到目前所做的工作，不过是在发展和深入探讨梵·杰奈普的某些看法：

> 每一有秩序的社会必然不只是对其人类成员加以分类，而且也对事物和生物加以分类，有时根据其外部形式，有时根据其主要的心理特性，有时又根据食用的、农业上的、工业上的、生产上的或消费上的功用……我们并无理由把任何分类系统，比如动物图腾系统、宇宙论系统，或职业系统（等级），看作比其他系统更重要。（梵·杰奈普，345～346页）

214 作者这段话表明他充分认识到这种看法的大胆和新颖，以至于又补加上了下面这段脚注：

> 读者会看到，我没有采用迪尔凯姆的观点（《形式》，318页），他认为生物（包括人）和物体的宇宙学分类是图腾现象的一个结果。相反，在我看来，图腾现象中看到的宇宙学分类的特殊形式甚至不是它的一个变体，而是它的原始的和基本的成分之一。因为无图腾制的种族也具有分类系统，这个系统在这种情况下也是他们一般社会组织系统的原初的成分之一，并对其世俗的和巫术宗教的制度起作用。这类例子有：东方的制度、中国和波斯的二元论、亚述—巴比伦的宇宙论、所谓交互感应的巫术系统等。

然而梵·杰奈普的说明是欠充分的，尽管这些观点并不错，因为他仍然认为图腾是某种实际制度。如果说他不再设法把它纳入一分类系统，并使其他诸系统从中导出，那么他仍企图使其具有这样一种新颖特征，有如在某一属内的某一可客观识别的种所具有的特征：

> 于是图腾亲属的概念由三个成分组成：生理上的亲属……社会性的亲属……和宇宙学的及分类学的亲属，后者使某一集团中的一切人都与理论上属于该集团的生物或物品相联系。图腾现象的特征……是……这三种成分的特殊组合，正如铜、硫、氧的某种组合形成硫酸铜一样。（梵·杰奈普，346 页）

梵·杰奈普的这段话虽然相当合乎实际情况，他仍然囿于传统分类法，安于使其论证不出这一分类法的范围。无论在他本人还是在他前人的著作里，都找不到他为支持其论说而进行的仓促比较的根据。硫酸铜是一化学物质，尽管它的任何组成成分都不专属于此化学物质，这是由于这一组合导致一系列不同的性质：形式、颜色、气味、对其他物质和生物的作用，所有只是聚集在这一化学物质中的属性。图腾现象的情况却并非如此，无论人们用什么方式去确定它，它不是人种学世界中的物体，而宁可说是由种种可变成分的粗略的性质组成，其界限是由各理论家任意选择的，而这些界限的有无或程度都不引起任何特定的效果。在传统上被判断为“图腾的”事例中，能被觉察到的最多数的情况是分类图式在物种层次上的相对伸缩，其性质和结构并无真正的改变。此外，我们绝不能肯定，这一伸缩是该图式的一种客观性质，而不是人们进行研究时那些特定条件的结果。已故 M. 格雷奥勒、G. 迪特林、G. 卡拉梅-格雷奥勒和 D. 扎汉等人对多贡族和斑巴拉族进行了二十余年的研究，他们的研究工作表明，研究者如何逐渐不得不把符合传统人种学规约的、最初孤立的“图腾”类别，与另一层次上的事实相联系，这些图腾类别现在看起来不过是人们用以理解一个多维系统的一种观点。 215

因而我们对图腾制度理论支持者可予承认的东西，只是那种被看作是一种逻辑算子的物种概念所具有的特殊作用而已。但是这个发现比先由卢梭（列维-斯特劳斯 6，142～146 页）和后来由孔德在与本书讨论的相同的问题方面所提出的有关图腾制度最早的猜测，还要早得多。假如孔德有时应用禁忌概念，虽然他可能了解朗格的书，但他似乎仍然不了解图腾制的观念。更为重要的是，在讨论从拜物教向多神教（他或许在此处提出过图腾制）过渡时，孔德认为图腾制度是物种概念出现的 216

结果：

> 例如当一个橡树林中不同树木的类似的植被最终在神学概念中引出有关这些树木面目相同的表象时，这个抽象的存在就不再是属于任何树木的崇拜物，它成了森林之神。于是从拜物教向多神教的理智方面的过渡基本可归结为特殊观念必然优于一般观念。（卷 V，第 52 讲，54 页）

现代人种学奠基者泰勒赞成由孔德思想形成的观念，他认为这种观念甚至比神化的种的观念更能适用于这种由诸神组成的特殊的神类：

> 每一种类的齐一性不只表明共同的起源，而且也表明这样的概念，即个性如此不足的生物，其性质似乎是用尺和规严格地度量的，它们不会是独立的、任意的动因，而只是来自共同模型的诸翻版，或只是由诸神所驾驭的工具。（泰勒，卷Ⅱ，243 页）

这种物种算子的逻辑力量也可用其他方式说明。因为它可使彼此非
217 常不同的诸领域结合为分类模式，从而为各分类方式提供一个超越它们的界限的手段：或者是通过普遍化达到初始系列以外的领域，或者是通过特殊化使此分类法超过其自然限制，即达到个别化。

第一点可以简单地解释一下，只需举几个例子就够了。社会学范畴以内的“物种”参照系相当小，于是（尤其在美洲）有时用它来进行整序化的领域会狭窄到只限于疾病与医治活动。美国东南部的印第安人把病理现象归于人、动物、植物三者之间的冲突。动物被人激怒，所以给人带来疾病。植物是人的朋友，故为人提供医药。重要的是，每一物种都具有一种特殊的疾病或医药。于是对齐卡索人来说，胃病和腿痛来自蛇类，呕吐来自狗，牙颚痛来自鹿，肚子痛来自熊，痢疾来自臭鼬，鼻血来自松鼠，黄疸病来自水獭，小腹和膀胱病来自鼹鼠，痉挛来自鹰，眼病和失眠来自猫头鹰，关节痛来自响尾蛇，等等。（斯万顿，2）

在亚利桑那州皮马人中可看到类似的信仰，他们把嗓子病归因于

獾。把脓肿、头痛和发烧归因于熊，把嗓子和肺部的病归因于鹿，把儿童的病归因于狗和郊狼，把胃病归因于黄鼠或田鼠，把溃疡病归因于一种野兔，把便秘归因于老鼠，把鼻血归因于地松鼠，把出血归因于鹰隼，把梅毒疮归因于秃鹫，把儿童发烧归因于大毒蜥，把风湿病归因于有角蟾蜍[①]，把白热病归因于蜥蜴，把肝和胃的病归因于响尾蛇，把溃疡和瘫痪归因于龟，把内脏痛归因于蝴蝶，等等（罗色尔）。[②] 在距离皮马族有一日行程的合皮族中，一种类似的分类法是以划分为宗教等级的组织为根据的，其中每一个都可以特殊疾病的形式引起惩罚：腹胀、耳疮、头顶肿块、耳聋、上身湿疹、脸颈颤搐、支气管脓肿、膝痛（渥兹 2，109 页注）。分类的问题毫无疑问可以从这个角度加以解决，而且人们可以在相距甚远的集团间发现奇异的类似性（例如，松鼠与鼻血的联系似乎反复出现于大多数北美种族中），这种逻辑联系是非常重要的。 218

物种类别以及与这些类别相联系的神话，也能用来组织空间的知识，于是分类系统被扩展到土地的和地理的方面。一个经典的例子是阿兰达族的图腾地理，但是在这方面其他人种中也有同样准确和精巧的表现。在阿鲁雷地亚地区最近发现和报道了一处岩石遗址，基盘有 8 公里长，其中每一块突出的褶皱都是与这样一个仪式阶段相对应，以使得这块自然的岩石说明土著神话的结构和庆典的程序。它的北侧属于向阳半族和克仑格拉仪式圈，而它的南侧属于向阴半族和阿兰古尔他仪式圈。这块高原基盘上 38 个点都被命名并加以注释。（哈尼） 219

北美洲也提供了神话地理学和图腾地形学的例子，从阿拉斯加一直到加利福尼亚以及大陆西南部和西北部。在这方面，缅因州的佩诺布斯柯特族的例子说明了北阿尔冈金人一般倾向于根据普施教化的英雄格鲁斯卡勃和其他神话事件或人物的漫游来解释该族所居地域的地文学特点。一条细长的岩石是英雄的独木舟，一条白色岩石山脉代表他杀死的

① 为补充前面（87～88 页）引证过的论点，我们可以指出，与这种动物有关的同一种行为也许会使美洲印第安人和中国人产生完全不同的联想。中国人认为春药的效力是来源于有角蟾蜍肉或泡有这种蟾蜍肉的酒，因为公蟾蜍在交尾时紧缠住母蟾蜍，甚至在被人抓住时都不放松。（梵·古里克 2，286 页，注 2）

② 有关帕帕戈人的十分类似的观念，请参见丹斯摩尔 1。

驼鹿的内脏，基尼厄山是倒个儿的锅，他用这个锅烧肉，等等。（斯派克 2，7 页）

在苏丹也发现了一个神话地理系统，它包括整个尼日尔河河谷，因此也就超越了任何单个集团的领土；同时一种关于既是历时性又是同时性的不同的文化与语言集团间关系的概念被细致入微地表现在这个系统中。（迪特林 4，5）

最后，这个例子表明，分类系统不仅仅有可能“排布”（“meu-
220 bler”），如果可以这样说的话，社会时间（借助神话）和部落空间（借助一种概念化的地形学）。领土范围的占据也伴随着它的扩大。在逻辑平面上，物种算子一方面实现着向具体和个别的转变，另一方面实现着向抽象和类别系统的转变。同样，在社会学平面上，图腾分类既能有助于确定个人在团体中的地位，又能使该团体超越其传统范围。

人们不无理由地说，原始社会把它们的部落集团的界限当成是人类的边界，而把它们之外的一切人都看成是外人，即肮脏、粗鄙的低等人，甚至是非人：危险的野兽或鬼怪。这种情况往往属实，但这样说却忽略了图腾分类的基本功能之一就是打破集团的自我封闭，并促进一种无界域的人类观念的形成。在一切所谓图腾组织的传统地区中已经证实了这种现象。在澳大利亚西部一个地区，氏族及其图腾“被组合成许多可称作‘部落间’的图腾区”（罗德克里夫-布朗 1，214 页）。对于同一大陆上其他地区的情况来说也是如此：

> 我断定在 300 个共同的图腾动物的名称中，西阿兰达族和洛里查族使用相同或类似的字词的有 167 个（56%）。而且对西阿兰达族和洛里查族所使用的图腾植物名称的比较表明，两种语言中有同样的字词，它们被用来表示我所记录的 220 个植物物种中的 147 个（67%）。（C. 斯特莱罗，66～67 页）

221 在美洲的苏人和阿尔冈金人之中人们进行过类似的研究。阿尔冈金人中的美诺米尼印第安人：

> ……具有如下的普遍信仰，即认为不仅在部落内与其图腾有关的诸个人间存在着一种共同关系，而且在同一语系内的其他部落中

以类似图腾取名的一切个人间也存在着共同关系，而且在美诺米尼人的信仰中，这种关系还扩展到不属同一语系的部落。（赫夫曼，43 页）

齐佩瓦人也是同样：

具有同一图腾的一切成员认为彼此有亲属关系，即使各属不同的村庄或部落……当两个生人相遇并发现彼此属于同一图腾时，就立即开始共叙家谱，……一位就成为另一位的表兄、叔舅或祖父，虽然祖父有时会是两人中的较幼者。图腾的纽带如此之强，当第三者遇到和自己属于同一图腾的人与具有不同图腾标志的自己的表兄弟或其他近亲发生争吵时，第三者会帮助和自己属于同一图腾的这个人，尽管这个人他或许以前还从未见过。（基尼茨，69～70 页）

这种图腾普遍化作用不仅打破了部族疆界，而且构成了一种族际社会的基础。当图腾名称可适用于家畜时，它有时也超越了不只是社会学意义上的同时也是生物学意义上的人类界限。这种情况出现于约克角半岛澳大利亚部落中的狗族中[1]——有时根据集团不同而称作“兄弟”或 222
“儿子”族（沙尔波，70 页；汤姆森）——而且也出现于艾奥瓦和维尼巴果印第安人的狗族和马族中。（斯金纳 3，198 页）

我已简略地指出“网眼”如何能按照有关领域的大小和其一般性的程度而无限地伸展。还需指出“网眼”如何也能收缩以便透滤和限制现实，但这次是在系统的下限上，其方式是通过使其作用超过人们想对一切分类法施予的界限：超过这个界限就不可能去分类而只能去命名了。这些极端的方法实际上并不如它们看起来那样相距如此之远，当按照我们所研究的系统的角度来看时，它们甚至可以彼此重叠。空间是由各被

① 在维克门坎族中，狗被称作雅图特（Yatot），意即“拔出……图腾鱼骨”，如果它的主人属鱼骨族的话；但如果它的主人属鬼族，它就被称作欧温（Owun），意即“幽会”。（汤姆森）

标名的地点组成的集合体，正像人是集团内的基准点（points de repère）一样。地点和个人同样用专用名称来指示，这些专有名称在很多社会所共同有的诸环境中可彼此替换。加利福尼亚州玉罗克族提供了有关土著拟人化地理学的一个例子，在这里小路都被看成有灵之物，每间房屋都被取名，而且在通常用法中地点的名字取代了人的名字。（瓦特曼）

阿兰达人的一个神话很好地表现了地理个别化与生物个别化之间互
223 相对应的这种看法：原始的神祇是无形状的，没有四肢，彼此混成一团，直到曼戈昆杰昆亚神（食虫蜥蜴）到来时才把诸神祇分开，使他们成为个体。同时（这难道不是一回事吗?）他教他们文明的技艺和划分亚族与次亚族的制度。最早八个次亚族被分为两个主要集团：四个陆集团和四个水集团。这位神为它们“分配领土”，给每一对次亚族分配一块地方。于是土地的个别化也以另一种方式对应着生物的个别化，就是说，使母亲受孕的图腾方式解释了在儿童身上可观察到的解剖学上的差异。貌美的儿童是由于胎灵拉他帕（ratapa）的作用怀胎而生的；五官粗大的是由于通过魔法把一菱形木棍投射入女人的身体；头发秀美的是由于图腾祖先的直接再生（C. 斯特莱罗）。在北金伯雷德雷斯达尔河流域的澳大利亚部族把组成一社会“躯体”的一切亲属关系分为五类，每类均按身体的部位或肌肉的名称命名。由于不能向陌生人发问，陌生人就以活动相应的肌肉来宣布其亲属身份（赫尔南德兹，229 页）。因而在这个例子中，与一个宇宙学系统联结在一起的整个的社会关系系统可以投射到解剖学平面上。托拉查人用 50 个词来为基本方位标名，它们对应着宇宙神躯体的各部分（温斯德雷特）。我们从日耳曼古老的亲属名称系统以及从普埃布罗印第安人、那伐鹤印第安人和苏丹黑人的宇宙学与解剖学的对应关系中，可以引证其他的例子。

通过大量的事例来详细研究这种同态性特殊化作用（particularisa-
224 tion homologique）的机制肯定会是十分有益的，它与我们至今所遇到的分类形式的一般关系，可以清楚地从下面的推导中看出：

如果

（集团 a）：（集团 b）∷（熊种）：（鹰种）

则

（a 的成员 x）：（b 的成员 y）∷（熊的一肢 l）：（鹰的一肢 m）

这些公式有利于解决一个西方哲学传统上讨论过的问题，虽然在原始社会中它是否出现过或以什么形式出现，很少受人注意：我指的是有机体的问题。上述方程式，只有考虑到在社会“诸肢体”和如果不是这些肢体本身至少也是自然物种的属性这二者之间相当普遍的对应的假定，才是可以设想的，如：身体的各部位、特征细节、生活或行为方式。在这个问题上所得到的证明指出，大量的语言都与身体各部位对应，而不管等级、家族，或有时甚至是领域间有何差异，而且这个等价系统可有相当大的伸缩性（海灵顿）。[①] 因而形态学的分类系统对于种的分类系统具有补充的作用，对于这些问题还有待于加以理论的说明，但我们看到它们是在两个平面上起作用的：解剖学的反整体化平面和有机体的重整体化平面。

正如我们在其他层次的例子中所证实的，这些分类系统也是相互依
赖的。我们刚指出过，阿兰达人把经验上确立的形态学区别归于图腾概 225
念样式的假设的区别。但奥马哈族和奥撒格族的例子提供了一种与此相关的倾向的证明，即把象征表示的种的区别引入经验的和个体的形态学。事实上，每一氏族的儿童都有特殊风格的发式，以致使人想起用作名祖的动物或自然现象的特征或外表。（图 7，拉·福莱施 4，87～89 页）

这种按照物种的、自然物象的或类别（范畴）的图式塑造的模式，具有心理的和物理的后果。一个按高与低、空与陆、日与夜来规定其各部分的社会，可以把社会态度或道德态度，如和解与侵略、和平与战争、审判与治安、好与坏、秩序与混乱等，结合进同一对立结构中去。结果，它不只限于抽象地思考一个对应系统，而且为作为这些部落组成

① 在美洲有以下一些等式：角（四足动物）＝梗节（软体动物）＝触角（节肢动物）；阴茎（脊椎动物）＝水管（软体动物）；血（动物）＝汁（植物）；口水（婴儿口水≠成人唾液）＝排泄物；贻贝的足丝＝带子、绳子，等等。（海灵顿）

227

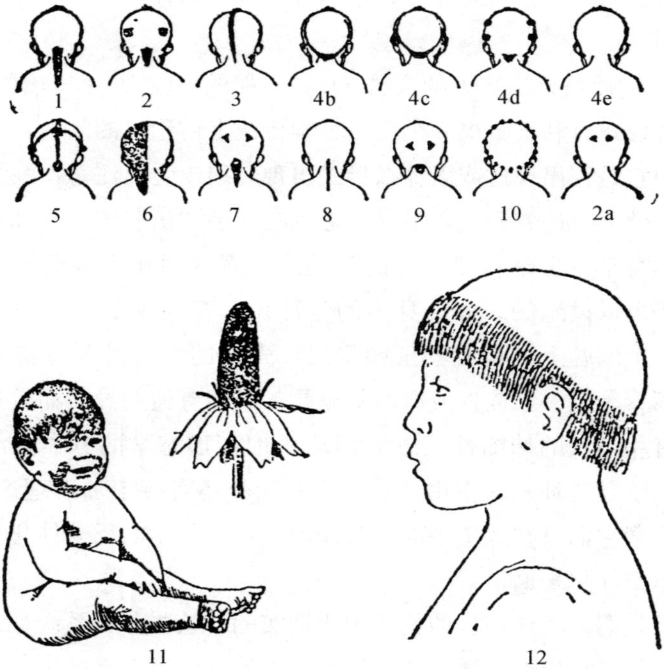

图 7　奥撒格和奥马哈族男孩的氏族发式（录自拉・福莱施 4）

1. 麋的头和尾　2. 水牛的头、尾和角　2a. 水牛的角　3. 对天空一面的水牛背脊线　4b. 熊头　4c. 小鸟的头、尾和躯干　4d. 有动物头、足、尾的龟壳　4e. 鹰的头、翅和尾　5. 指南针的四方位点　6. 狼的长粗毛的半侧　7. 水牛的角和尾　8. 鹿的头和尾　9. 小水牛的头、尾和刚生出的角疖　10. 爬虫齿　11. 玉米花瓣　12. 四周漂浮着水藻的岩石

（引自拉・福莱施 4，87、89 页）

部分的个别成员提供一种以自己的行为来区别本身的借口，有时甚至是督促人们这么做。洛丁（1，187 页）在谈到维尼巴果族时坚持主张，在宗教的和神话的动物概念与社会单位的政治功能之间存在着相互的影响。

索克印第安人由于他们确定其半族归属的个别化规则，提供了一个特别有启发的例子。诸半族不是外婚制的，而且它们的纯仪式性的作用主要表现于哺育庆典场合，在我们看来重要的是注意到，这些半族与命名仪式有联系。半族成员的资格由轮替规则来决定：第一个出生者加入

他的父亲不是其成员的半族，第二个孩子加入他的父亲是其成员的半 226
族，以此类推。于是至少在理论上，所属族籍决定了可称作“脾性的”行为：奥斯库施半族（“黑族”）的成员必须完成他们的活动，吉施柯半族的成员（“白族”）可以放弃他们的活动。于是，在理论上，如果不是实际上，根据类别所形成的对立就直接影响了每个成员的脾气和职业，而且使这种情况得以产生的制度的模式，证明了个人命运的心理方面与其社会方面存在着联系，这种联系就是对每一个人命名的结果。

于是我们就达到了最后的分类层次，即个别化的层次，因为在我们在此正在考虑的系统中个体不仅是有类层的；它们所具有的共同的类的成员身份并不排除而是包含着这样的性质，即每一成员在该类中都有一个不同的位置，而且在该类内部由诸个体组成的系统和在较高层类别内部由诸类组成的系统之间存在一种同态关系。因而，同一类型的逻辑运演不仅把该分类系统以内的一切领域，而且也把那些按其性质来说或许应该脱离它的周围的诸领域也联结起来：在该领域的一端（由于其实际上无限的范围和对原则的忽略）是社会生活的物理—地理基层，甚至是社会生活本身，它溢出了铸造它的模型；而在另一端（由于其相等地呈现的具体性质）是个体存在物与集体存在物的最终差异性，据说这些存在物被命名只是因为它们不能被意指（signifiés）。（加地奈尔）

因而专有名称并非组成了一种简单实用的分类系统形式，而这种分类形式可以按照其他分类形式来表述。有关专有名称的问题，与人种学家甚至比与语言学家更有关系。语言学家的问题与专有名称的性质及其 228
在语言系统中的位置有关。我们关心上述这个问题，但也关心其他问题，因为我们面对着双重矛盾。我们应当断言，专有名称是我们当作信码看待的系统的组成部分：当作通过把它们变换为其他意指作用（signification）的词项确定意指作用的手段。如果像逻辑学家和某些语言学家主张的那样，按穆勒的话，专有名词真是“无意义的”，欠缺意味的，那么前面的断言还有可能吗？此外，最重要的是，我们所考虑的思想形式是整体化的思想，它用有限数目的已定的类别详尽描述了现实，而且它具有相互可进行转换的基本性质。我们在实际的平面上把新石器革命的伟大发现归结于这种量化的思想，它如何能既在理论上使人满足，又实际上可适用于具体事物呢？如果后者包含着一种不可理解性的残余（归根结底具体性本身可归结为不可理解性），它又是基本上与意指作用格格不入的吗？全或无的原则不仅对于建立于二分法运算基础上的思想具有启示性，同时它也是存在物性质的一种表示：有意义的只是全，否则一切均无意义。[①]

现在让我们再回到刚才谈到的人种志的问题。几乎我谈过的一切社会都根据氏族称谓来构造其专有名词。我们上一个例子中的索克族的专
229 有名词据说总是与氏族动物有关系：这或者是因为他们明确提到动物本身的名字，或者是因为他们指出名祖的一种习惯、属性或特性（实在的或神话的），或者是因为他们涉及与氏族动物有联系的某种动物或物品。熊族的 66 个名字、野牛族的 11 个名字、狼族的 33 个名字、火鸡族的 23 个名字、鱼族的 42 个名字、大洋族的 37 个名字、雷族的 48 个名字、狐族的 14 个名字，以及鹿族的 34 个名字都有统计记录。（斯金纳 2）

奥撒格人的氏族或亚氏族的专有名称表尽管不全但已经很长了，它占了拉·福莱施的《奥撒格部族——儿童命名仪式》一文四开 42 页的篇幅（122～164 页）。其构成规则与索克族相同。这样，对于黑熊族来说，我们看到：闪亮的熊眼、草原路径、无草土地、黑母熊、黑熊皮脂等名称。在阿拉斯加的特林吉特族，“一切名称……似乎都属于特殊的亲族，有些名称甚至被指定属于特殊的‘家族’或‘血统’”（拉古纳，185 页）。这些例子还可以成倍增加，因为在几乎一切阿尔冈金族和苏族，以及西北岸各族中，也就是说，在北美三大经典的“图腾”区中，都可发现类似的例子。

南美洲的研究提供了对同一现象的说明，特别是在图皮卡瓦希伯族，它的诸氏族具有来源于同名祖的专有名称（列维-斯特劳斯 3）。保罗罗族的专有名称也似乎属于某些氏族或有势力的血族。那些靠其他氏族的善意来取名的氏族被说成是“穷”族。（克鲁兹）

---

① 除了存在物的存在以外，“全”不是它本身的性质之一。参见本书 338 页。

在美拉尼西亚也发现了专有名称和图腾称谓之间的联系：

> 〔雅特穆尔人的〕图腾系统被大量纳入一系列不同的个人名字中，于是每一个人都带有他（或她）的氏族的图腾祖先的名字——
> 鬼、鸟、星、锅、斧等等。而且每个人可以有30个或更多的这类 230
> 名字，每一氏族都有数百个这类多音节的祖先名字，这些名字按其字源学都与奥秘的神话有关。（贝特森，127页）

在整个澳大利亚似乎可以看到相同的情况。“如果通晓阿兰达人的语言的话，知道一位土著的名字似乎也就必然地知道了他或她的图腾”（频克，176页）。对阿纳姆地区孟金族的研究又提供了另一种证明：“生类的名称都取自图腾复合体的某一部分，并直接或间接地意指着图腾。”（瓦尔奈尔，390页）维克门坎族的专有名称亦取自其各自的图腾。例如对于那些以他们叉到的澳洲肺鱼（Osteoglossum）为图腾的男人来说，有以下的名称：“澳洲肺鱼游于水中并看见一人”，“澳洲肺鱼游于其卵周围时摆尾”，“澳洲肺鱼呼吸”，“澳洲肺鱼睁着眼”，“澳洲肺鱼折断一鱼叉”，“澳洲肺鱼吃鱼”等等。而对于以蟹为图腾的女人来说，其名称有：“蟹产卵”，“潮水把蟹冲到海里”，“蟹藏在洞里并被掘出”等等（麦克康奈尔）。德雷斯达尔河的部落从氏族称谓中选取专有名称，正如上面已经引过他的话的那位作者所强调的：“一切都与其图腾有关。”（赫尔南德兹）

显然，这些个人名称与前面讨论的集体名称属于同一系统，而且通过转换我们可以从个别化水平过渡到更一般化的类别的水平。每一氏族或亚氏族都有一个名称数量的限额，这些名称只有该族成员才能享用，
而且正如个人是集团的部分一样，个人的名称也是集体名称的“部分”： 231
这个意思或者是说集体名称可指整个的动物，而个人名称则对应着其部分或四肢，或者是说集体名称与在较高概括层次上设想的动物观念有关，而个人名称则对应着它的某种时空属性（吠犬、发怒的野牛），或有两种程序的某种结合（熊闪亮的眼睛）。动物在如下表示的关系中可以是主词或宾词：“**鱼**摆尾”、“潮水冲**蟹**”等等。不管运用何种程序（大多数情况下往往二者并用），专有名称都指动植物实体的某一部分，

正如它一般地对应着个人的某一部分，而特别是在那些社群里，其中某一个人在其一生的每一重要阶段都接受一个新的名字。此外，周围集团运用相同的构造方法，或者构成（由某氏族集团的个别成员带有的）个人名称，或者构成（由支族〔bandes〕、血族或血族集团，即一单个氏族的诸子集团带有的）集体名称。

因此，这样就涉及两种平行的非整体化程序：有关物种分解为躯体和态度的部分，以及有关社会部分分解为个人及其作用。但是前面我曾用图表模型试图指出，物种概念分解为诸特殊物种，每一物种分解为其个别成员，每一个别成员分解为躯体的器官和部分这样的非整体化，能导致由具体部分组合抽象部分、由抽象部分组合概念化的个人这样的重
232 整体化，于是非整体化是以重整体化的形式出现的。最后，克鲁伯对于加利福尼亚米沃克人的专有名称的研究为我们提供了另一个例证，并展示出一个新的视野：

> 在诸半族内部不存在任何亚部族。然而对于每一半族来说，都有一长串动物、植物和物品与之相联系。实际上土著的观念是，世界上万物都各属一个方面。半族的每一成员都与该半族特有的物品之一有关系——这种关系必须被认为是图腾式的关系——而且只按一种方式，即通过其名称来表示。这个在婴儿时由其祖父或其他亲属给予并保持终生的名字，与他所属半族特有的一种图腾动物或物品有关。
>
> 还不止于此：在大多数情况下名称并不提及图腾，它是由某动词或形容词词干组成的，用于表示也同样能适用于其他图腾的一种行为或状态。于是名称郝苏（Hausu）和郝初（Hauchu）是以动词郝苏斯（Hausu-s）为基础的，这两个名称分别表示熊醒时打哈欠和鲑鱼露水面时张口。这两个名称都与所谈的动物无关——这些动物甚至属于对立的半族。老人在赋予这些名称的同时，当然告诉别人他头脑中所指的动物；带有这些名称的人，和他们的家庭、亲属、较亲近的朋友知道其含义。但来自其他地区的一个米沃克人就不能断定这些名称究竟是指一头熊、一条鲑呢，还是指其他12种

动物之一。（克鲁伯 2，453～454 页）

这种特点看来不只是米沃克人才有，苏人部落中一系列氏族名称包含着很多类似的例子，而克鲁伯的研究也与合皮印第安人的命名系统的 233
特点相合。像“卡克乌阿母梯瓦”（Cakwyamtiwa）这样一个词，其直接的意义是“蓝色（或绿色）出现了”，它意指盛开的烟草花，或指光茎飞燕草花，或指一般的植物发芽，这要根据命名者所属的氏族而定。同样，“娄马洪吉欧马”（Lomahongioma）一词直接的意思是“站起来”或“优雅地起来”，它意指芦茎或蝴蝶的展开的翅膀等等。（渥兹 3，68～69 页）

这种现象的普遍性提出了一个与专有名称理论有关的心理学的问题，稍后我还要谈及。现在我只着重指出，系统的相对不确定性，至少潜在地，与重整体化阶段相等：专有名称是通过使物种非整体化和通过抽取物种的某一局部方面而构成的。但由于专门强调抽取作用而使作为此抽取的对象的物种成为不确定的，这就暗示一切抽取作用（因此也就是一切命名活动）都具有某种共同性。人们预先断定在差异性深处可推测出某种统一性。也是根据这种观点，个人名称的动力关系来自我们一直在分析的分类系统。它是由同类型的一些方法组成的，而且其方向也是类似的。

此外，值得注意的是，无论在个人名称的平面上，还是在集体名称的平面上，都可发现具有相同特征的禁律系统。在某些例子中，被用作某社会集团名祖的动植物有时不能作为该集团的食物，然而在另一些例子中，用于个人名祖的动植物有时也被禁止在语言中使用。在某种程度上从一个平面可以过渡到另一个平面：我们到此为止所谈的这类专有名 234
称通常是通过对动物躯体现象中的分解来构成的，这是猎人与厨师的行为影响的结果，但它们也可以由语言的分解构成。在北澳大利亚德雷斯达勒河河谷的部落中，女人的名字普恩本（Poonben）是从英语词“spoon”（匙）构成的，他们或许猜想这种餐具与图腾“白人”有联系。（赫尔南德兹）

不论在澳洲，还是在美洲，我们发现人们禁止使用死者的名字，这些死者会用与这些名字相似的语音“污染”一切字词。美尔维勒和巴色斯特岛的提维族人不仅禁用专有名称“穆兰基纳”（Mulankina），而且也禁用表示“充满”、“填满”、“足够”之意的词“穆里基纳”（mulikina）（哈特）。类似的习惯也存在于加利福尼亚北部的玉罗克族中：“当特吉斯（Tegis）死了时，表示‘啄木鸟头皮’的普通名词特西斯（tsis）也不再被死者的亲人或在死者亲人面前使用”① （克鲁伯 2，48 页）。多布族岛民禁止暂时或永久地由某一“物种”纽带联系在一起的个人之间使用专有名称，无论是在旅途同行、共同吃饭时，还是在分享同一女人的欢心时。（贝特森）

这种现象引起我们双重的兴趣。首先它们提供了与食物禁律之间具有无可争议的类似性的证据，食物禁律不恰当地只与图腾制相联系。同样，莫塔族女人被某一动植物所“传染”，结果她生出的孩子必须遵守相应的饮食禁律，而在乌拉瓦族，快死的男人托灵于某一动物或植物的
235 物种来进行“传染”，于是他的子孙都禁止吃这种动植物，这就是说，由于同音词作用，一个名字会“传染”其他字词，因而也就禁用这个词了。其次，这个同音词确定了一个禁止加以使用的词类，因为它们都属于同一“种”，于是这个种就获得了可与动植物物种相比较的一种特有的实在性。这些由同一禁律所“标志的”字词之“种”就把专有名词与普通名词结合了起来，这也就给我们提供了进一步的理由来怀疑这两类词之间的差别并不如我们最初倾向于认为的那么大。

我刚才讲述的这些习俗和方法并非存在于一切社会中，甚至也不存在于一切用动植物名称来指称其组成部分的社会中。易洛魁族属于后一种社会，它似乎有一个与氏族名称系统完全不同的专有名称系统。他们的名字大多为一个动词加一个合成名词，或一个名词后随一个形容词：“在天中央”、“他擎天”、“天外天”等等；“垂挂的花”、“美丽的花”、“超过花”；“他带来一些消息”、“他承认失败”（或“胜利”）等等；“她

① 在艾尔门朵夫和克鲁伯于 1960 年出版的书中还有其他一些例子，本节写作时未及使用。

在家中干活”、“她有两个丈夫”等等；“两河会聚处”、“十字路口”等等。于是所指的根本不是动物名祖，而只是技术或经济活动，战争与和平，自然现象和天体现象，不管什么氏族都如此。大河区莫霍克人的氏族组织比其他集团都瓦解得快，这个例子表明所有这些名字最初都可能 236
是任意创造的。于是我们看到：“冰漂流于河上”是河面正在化冰时出生的一个孩子的名字，而“她在贫困中”则是一个穷女人的儿子的名字。(果尔顿维色，366～368 页)[①]

然而这种情况并非与前面所谈的米沃克族和合皮族的例子有什么根本不同，他们的名字尽管理论上使人想起氏族动植物，但却并非以明显的方式指二者，而是要求做一种隐蔽的解释。即使这个解释不是必不可少的，情况仍然是，易洛魁人也是小心翼翼地守护着作为氏族财产的这些数百数千个专有名称。另外，的确是由于这个原因果尔顿维色才指出，小龟族和大龟族，小鹬族和大鹬族等等都是成对组成的：它们共同具有相同的名字。果尔顿维色所引证的名字当然不是氏族动物的一种非整体化的结果。但是它们暗示社会生活与物理世界中那样一些方面的非整体化，即氏族名称的系统还未用其网眼俘获住的那些方面。因而易洛魁人专有名称系统与米沃克、合皮、奥马哈和奥撒格（只举几个例子）等族的系统之间的主要区别可能就是，这些部落把在氏族名称范围内已开始的一种分析扩展到专有名称的平面，而易洛魁族则用专有名称来分析新的对象，虽然这类对象与其他对象在形式上属同一类型。

各种非洲部落的情况更难处理。巴干达人的名字（曾收集了不下两千个）中每一个都属某一氏族的财产。与巴西保罗罗族的情况一样，有 237
些氏族名字甚多，有些则甚少。这些名字不是仅限于指人，因为也给山、河、岩石、森林、井、码头、树丛以及单棵的树木起了名字。但是与前面研究的例子形成对照的是，这些名字只构成了诸类中的一类（西木比），而在同一地区的其他部落中可更明显地看到一种十分不同的名字构成的程序：

---

① 库克书中包含有对大约 1 500 个易洛魁人专有名称所做的分析性的分类。

尼欧罗人的个人名字大多数情况下可看成是表示那种可称作为孩子命名的父母一方或双方的“心灵状态”的东西。（贝蒂，99～100页）

这一现象在另一乌干达部落卢格巴拉人那里也被加以仔细研究过，当地幼儿由其母命名，有时由她婆婆（她丈夫的母亲）加以协助。从一个亚氏族中收集到的850个名字中的四分之三表示父亲或母亲一方的行为或性格：“犯懒”，因为父母懒惰；“在啤酒杯里”，因为父亲是酒鬼；“不给”，因为母亲为丈夫准备的饭食很差，等等。其他的名字表示（同父母的其他子女、父母本人或同一集团的其他成员的）不久前或新近的死亡，或表示孩子的特征。研究指出，这些名字大多数对于孩子的父亲，甚至对于母亲都是非赞美性的，尽管是母亲想出来的名字。这些名字暗示出父母一方或双方的疏忽、品行不端或社会地位低下，以及物质匮乏。一个女人在替自己的孩子取名时怎能把自己描绘成恶巫女、养汉老婆，或描绘成无亲无友、穷丁当和挨饿的呢？

卢格巴拉人说，这类名字一般不是由母亲选的而是由祖母（父亲的
238 母亲）选的。由婚姻联结起来的两血族之间潜在的对立说明，母亲通过给婆家儿子取一个羞辱其父亲的名字的办法来为自己在婆家受到的两族对立之害进行报复。它也说明，由很强的感情纽带与孙辈联系在一起的祖母也对称地表示了她对自己儿子的妻子的敌意（米德坦）。然而这种解释似乎未必使人满意，因为正如引证这一资料的作者所说的，祖母也来自另一血族，自己过去也处于和儿媳相同的地位。贝蒂对巴尼欧罗族的类似习俗所做的解释似乎更深刻，更首尾一贯。巴尼欧罗人的“个人名字也与死亡、忧伤、贫穷、邻居仇怨等主题有关”。但“命名的人被看作是受动者而非施动者，即是其他人的嫉恨的受害者”。这种道德的被动性投射给孩子一种由他人创造的自我形象，这种道德的被动性在语言平面上表示为：“……‘失掉’与‘忘记’这两个动词在卢尼欧罗人中使用时，被忘记的东西为主语，忘记者为宾语。失者或忘记者不是对事物施动，而是事物对他施动……”（贝蒂，104页和注5）

这种构成人名的方法与前面考虑的那种方法不同，这两种方法在巴

尼欧罗和卢格巴拉族中并存着。如孩子出生时适逢某种值得注意的现象，就为他们取特殊的名字。

例如我们在卢格巴拉族中发现：伊由阿（Ejua）是一对男双胞胎的名字，而伊由卢阿（Ejurua）是一对女双胞胎的名字。昂地阿（Ondia）是其母原被假定不妊的男孩的名字，昂地奴阿（Ondinua）是其母原被假定不妊的女孩的名字。“贝林”（Bileni，意思是坟墓）是活下来的几个孩子中长子的名字。这些名字在拥有它们的个人之先就存在了，把这 *239* 些名字指定给这些个人是由于他们客观上具有某种条件，而其他的人也可能具有这一条件，该集团认为这个条件是具有意义的。在各个方面它们都与由确定的个人为另一确定的个人所自由想出的名字不同，同时它们也表示了一种暂时的精神状态。我们是否可以说前者指类，后者指个别的类项？然而二者都是专有名词，所研究的这些文化社群中的土著们对此如此了然，以致他们认为二者是可以互相取代的：如果发生了这种情况，卢格巴拉族的一位母亲可以在两种命名方法中加以选择。

此外还有中间类型。在把合皮人的名字按第一种类别分类时曾暂时忽略了使它们与第二种类别相像的特征。如果它们必须属于某种客观秩序（在这种情况下就是氏族名称的秩序），这种关系却非存在于它们和名字拥有人所属的氏族之间（如尤马人的例子），而是存在于它们和命名者所属的氏族之间。[①] 我所具有的名字不是与用作我所属氏族名祖的动植物的某一形状有关，而是与用作我的命名者的氏族名祖的动植物的某一形状有关。由我是其媒介的另外一人加以主观化的这种客观性，无疑由于名字的不确定性而被隐蔽住了，正如我们看到的那样，这些名字 *240* 并不明显地指出名祖。但是这种客观性在两个方面被加强：由于人们为

---

① 这个规则使我们想起了昆士兰瑟堡地区澳大利亚部落中的规则。每个人都有三个名字。第一个名字与名字所有者的图腾地方有关，另两个名字与父亲的图腾有关，虽然图腾所属转至母系。因而一个其个人图腾为负鼠的女人有一个叫作布梯巴鲁（Butilbaru）的名字，它的意思是某一个具体的干河床，还有另外两个取自她父亲的图腾的名字（在本例中为鸸鹋），意思是“鸸鹋摇头晃脑”和“老鸸鹋踱来踱去”。一个图腾为负鼠的父亲的儿子叫卡林戈（Karingo，一口小泉的名字）、门迪斑之布（Myndibambu，“胸脯撕裂的负鼠”）和门华格拉（Mynwhagala，“上树下树的负鼠”）等等。（吉利，468 页）

了理解名字而需要回溯它在其中被构想和被给予的具体社会环境；由于命名者在创造名字时顺从自己意向的相对自由，假定他尊重必须能根据自己氏族的名称来解释这个名字的最初的限制的话。如果稍加修改，这也是米沃克人的态度，他们的不确定的和被想出的名字必须与和被命名人所属半族相联系的生物或东西有关。

于是我们面对着专有名词的两种极端类型，在它们彼此之间有一整系列中间情况。在一种情况下，名字是一个识别标志，它借助一个规则来规定**被命名**的个人是一预定类（一集团系统中的某一社会集团，在一个地位〔Statut〕系统中的诞生地位〔Statut natal〕）的一元；在另一种情况下，名字是**给予者**个人的自由创造，并通过他为其命名的人来表示他本身主观性的暂时状态。但不管在那种情况下我们是否能说命名者确实在命名呢？选择似乎只发生于通过为某人指定一个类而识别他，或者假借着给他命名，实则通过他来识别自己这两种活动之间。因此，他根本没在命名：他在为另一个人归类，如果名字是借助另一人的特性给予他的话；或者他为自己归类，如果他自认为无需遵守某规则，而是“自由地”为另一人命名的话，所谓“自由地”，实际上是指凭借他本人特性之意。最通常的情况是他同时采取两种方式。

假定我买了一条纯种狗。如果我决定保持它的价值和尊严并将其传
241 给它的后代，那我就得在替它取名时严格地遵守某些规则，这些规则是我渴望加入的纯种狗所有主协会要求其成员必须遵守的。此外，通常这条狗已被任意地和按照它在其中诞生的犬室的功用取名，而且当我买到它时，它已在良狗协会名册中注册。它的名字开头为一大写字母，这个字母习惯上与动物的生年相对应，有时还按照人的姓氏的方式附以词头和后缀以说明狗的饲育。当然我可以任意地给它起别的名字。不过事实总归是，这条英国小卷毛狗，它的主人为了呼叫方便给它起名为保沃(Bawaw)，但它在英国家犬俱乐部登记处的名字却为“山巅银雾”(“Top-Hill Silver Spray”)。这个名字由两项组成，第一项含意是一个具体的犬室，第二项表示一个现在的名字。因此供狗主人选择的只是名称中的一项。这个指称词项是因袭的，而且后面我们会看到，因为它既

意指生辰又指对某集团的所属关系，它就相当于人种学家所说的氏族名与顺序名二者相结合的产物。

或者说，我可以认为自己是随心所欲地为我的狗取名；但是如果我选择米多尔（Médor），我就会被归入凡俗一类，如选择“先生”或吕西安（Lucien），就会被归入古怪和惹人不快一类，而如选择佩里阿斯（Pelléas），就会被当作唯美主义者一类。

此外，这个被选择的命字也必须是在我所属的文明社会中可想象的犬名类之一，而且它即使不是绝对地也至少是相对地合用的，就是说不是已被我的邻人选用的。因而我的狗的名字将是三个领域交叉的产物：
它是一个类的一元，是该类中由可使用的名字所组成的子类的一元，最 *242*
后是作为由我本人的愿望和趣味所组成的类的一元。

显然专有名词和普通名词之间关系的问题不是命名与意指之间关系的问题。人们总在意指，或者是指本人或者是指别人。只是在这里才有选择，就如一位画家在肖似性的和非肖似性的绘画间所做的选择。但是这种选择仅仅是或者把一个类指定给一个可识别之物，或者使其越出该类，并借助通过该物来表示自己的办法使该物成为给自己分类的手段。

按照这种观点来看，名称系统也有其“抽象对象”。于是塞米诺尔印第安人是利用几个由数成分组成的系列来构成成年人名字的，这些成分结合时不问其意义。一组“道德”系列是：明智、狂热、谨慎、恶毒等等。一组“形态”系列是：方、圆、球形、细长等等。一组“动物”系列是：狼、鹰、河狸、美洲狮等等。利用这些系列，从每组系列中取出一项并将它们并置，这样就构成了“狂热—球形—美洲狮”的命字。（斯特提文特，508 页）

人种志对个人名字的研究常常遇到汤姆森在澳大利亚维克门坎族一例中详尽分析过的那种困难，维克门坎人生活在约克角半岛西部。一方面，专有名词取自图腾并属于神圣的和秘传的知识范围。但另一方面，它们与社会性品质有联系，而且是习俗、仪式和禁律等事项的组成部分。在两种情况下它们都必然与一种更复杂的名称系统有联系，这一系统通常包括用于称呼词项的亲属词项，因此与世俗和神圣的名字有联
243 系，这些名字本身既包括专有名词又包括图腾名称。但即使承认神圣与世俗之间的区别，用作称呼词项的专有名词（神圣的）和亲属名词（世俗的）仍然是个别词项，而用作指示词项的图腾名称（神圣的）和亲属名词（世俗的）却是集团词项。因此神圣的方面与世俗的方面就结合起来了。

另一个困难来自影响专有名词使用的繁多禁律。维克门坎族禁止在逝世三年以内提到某一或某些死者的名字，即从死亡之日到其木乃伊化的尸身被焚以前。还有一些名字，如某人的姐妹及其内兄弟的名字，也绝不可提及。一位探询者犯讳询问时，得到的回答不是所问的名字，而是一些字，其真正的意思即“无名字”、“没有名字”或“二胎生”等。

最后一个困难是由于大量的名称的类别造成的。维克门坎人必须区分以下的各类名字：亲属名词南泊·卡母泮（nämp kämpan）；表示地位和状况的名字；诨名南泊·烟（nämp yann），其直接的意思为“非名称”，如“残废”或“惯用左手者”；最后是真正的专有名词南泊（nämp）。通常只有亲属名词用作称呼词，丧事期间除外，因为这时使用的名字对应着丧事的特性，其意思是：鳏夫或寡妇，或“丧亲悲痛者”，此处之“亲”规定为兄弟或姐妹、子女、甥侄或甥侄女（包括堂表），或祖父母辈。稍后我们在谈到婆罗洲内地部落时会看到相似的习俗。

组成专有名词的方法十分有趣。每个人有三个人名：“脐”（“om-
244 bilical”）名南泊·柯尔坦（nämp kort'n）；大名南泊·品因（nämppi'in）；小名南泊·马尼（nämp mäny）。大、小名都取自图腾或图腾属性，因此它们都为氏族所有。大名与图腾动物的头部或上半部有关，小名与其腿、尾部或下半部有关。于是骨鱼族的一个男人的大名是泮皮坎（Pämpikän），意思是“男人打”（头），小名是杨克（Yänk），意思是“腿”（=尾的窄根部）；而这个氏族的一个女人则被叫做泮克特亚塔（Pämkotjattä）和“肚子的”梯彭特（Tippunt，脂肪）。

脐名是唯一可取自与名字所有者的氏族甚至性别不同的氏族与性别的名字。孩子一生下来，在胎盘取掉以前，一个管事的人拉着脐带，同时数叨着一大串名字，先是父系血统男人的名字，然后是女人的名字，最后是母系血统男人的名字。正好在去掉胎盘那一刻说出的名字就成为该孩子的名字。当然人们往往是操纵脐带以期得到心目中想要的名字（汤姆森）。于是在这里正如在前面引述的例子中一样，这种构成名字的方法使某种客观秩序的要求与人之间关系的作用（在这一秩序的界限内它是部分地自由的）相互调和起来。

这种与婴儿诞生有关的表面上的（但是虚假的）"盖然的"方法，与其他澳大利亚部落在人死时确定推想的凶手的名字而非新生儿的名字时所使用的方法是符合的。巴尔德族、翁加里宁族和瓦拉门加族把尸身放在树枝间或架起的高台上。他们在树枝或高台下面的地上摆上一圈石头或一排棍子。每块石头或每根棍子代表集团的一名成员，等到尸首的分泌物流到某块石头或棍子的方向上时，它所代表的那个人即为罪人。在澳大利亚西北部尸体是掩埋的，坟头上堆放在石子数与集团包括的成员数或嫌疑犯数相同。发现上面沾有血迹的石子即指出了凶手。或者一根根拔死者的头发，每次叫一个嫌疑者的名字：第一根拔断的头发即指出了凶手。（艾尔金4，305～306页） 245

很显然，所有这些方法在形式上都属于同一类型，而且它们都有与包括有限类的社会的其他专有名词系统共同具有的显著特征。前面曾指出，在这些系统（它们无疑表明了一种普遍的情况）中，名字永远意指一个实际的或潜在的类的成员身份，它或者是被命名的人的身份，或者是命名人的身份，而且在按规则所给予的名字与构想出的名字之间的一切差别，都可归结为这种细微的区别。应该再补充说，这种区别，也许除非在表面上，并不符合加地奈尔在"非体现的"（"désincarnés"）与"体现的"（"incarnés"）名字间所做的区别，前者选自一个必须遵守的有限名单表（像历书上圣者的名单），因而同时或相继地被一大批个人所采用，而后者只指个别的人，如维尔辛格托雷克思（Vercingétorix）和玉骨尔他（Jugurtha）。前者实际上似乎过于复杂，因而难以用加地奈尔所保留的唯一特征来确定：这些“非体现的”名字按某环境、时期或以某种方式对父母（这些父母为自己的孩子起名）加以分类。它们也以几种方式对名字所有者加以分类：首先因为某约翰是约翰类的一员；其次因为每一教名都有一种有意识或无意识的文化含义，这种含义表现了其他人造成的名字所有者的形象，而且它在以肯定或否定的方式塑造其个性时会产生微妙的影响。[①] 如果我们能掌握实际上欠缺的人种志的
246 背景的话，这一切也可以从“体现的”名字中看出。名字维尔辛格托雷克思看来似乎指热尔戈维亚（Gergovie）的唯一的战胜者，这只是因为我们对高卢人的情况所知甚少。因而加地奈尔所做的区别并非是与两类姓名而是与以下两种情境有关：研究者在一种情境中面对本社会的姓名系统，在另一种情境中则面对一个与他们相异的社会的姓名系统。

这样解释以后就较容易推出维克门坎族姓名系统中的基本原则了：他们构造人名的方法类似于我们自己构造物种名称的方法。在为一个人定名时他们先把两个类的指示词结合起来，即一个大词和一个小词（各自表示“大”名和“小”名）。这一词项集合已经产生了双重效果，一方面是使熟知的词音成为其专门所有物来证实姓名所有者的图腾集团成员身份，另一方面是限定个人在集团中的位置。大、小名的组合本身并不起个别化作用。它确定了一个子集，姓名所有者与在同一组合临时确定的其他人都同时属于此子集。因而完成这个个别化的是“脐名”，可是它所依据的原则十分不同。一方面，它或者是（同族或他族的）“大”名或“小”名，或者是（与姓名所有者性别无关的）阳性名或阴性名。
247 另一方面，它的归属不是与某系统而是与某事件有关：生理效果（理论上独立于人的意志）和数列中某一点之间的符合一致。

现在我们可以把这个三项名与科学动植物学中的名称作一比较。让我们来看植物学中的 Pscilocybe mexicana Heim，或动物学中的 Lutrogale perspicillata maxwelli。每个三项名中的头两项把所考虑的对象归

① “……孩子的名字是由父母起的……学者们常常以用其名字来为其发明命名的方式向同行表示敬意。但这种选择往往并非全然任意的。父母受社会与宗教传统引导，学者则受优先权引导。每个人都以其选择揭示了他的偏好的性质和其眼界的限度。”（布仑达尔，230 页）

属于一个预定集列中的一个类和一个亚类中。但完成此系统的是作为发现者名字的第三个词项，它令人想起一个事件：它是一个系列词而非一个集团词。

这里当然是有区别的：在科学的三项名中发现者的名字对于确定分类位置并无所助，这已由前两个词项完成了；它只是发现者的一种荣称。不过这也不很确切；统计词既有逻辑的又有道德的作用。它证实了有关作者或同事所运用的区分系统，并使得专家能进行为解决同义词问题所必需的变换：例如 Juniperus occidentalis Hook（美国桧）和 Juniperus utahensis Engelm（大果乌塌桧）这两个名字如果没有发现者或命名者的名字会被看成是不同的，而实则是一种东西。因而科学分类学中统计词的功用与它在维克门坎族中所具有的功用就正相反。它促成联系而不是离异，不是证实一种单一的区分方式的完善无缺，而是表明有多种可能的区分方式。

维克门坎族的例子只是因为土著们想出的方法是奇特的，才特别具有说明性，他们只是对系统的结构给予粗糙的说明。但这种结构不难在 248
为我们提供例证的诸社会中看到。如阿尔冈金人的个人全名由三项组成[①]：一个是取自氏族名称的名字，一个是顺序名（表示在家中出生的顺序），还有一个是军衔。在这个例子中就是分属不同类别的一个“机械的”词项和两个“统计的”词项。军衔比顺序名为多，同一组合在两个不同的人身上被重复的或然性将更小，因为即使前者取自一个集团，因而必须加以遵行，由命名者在一切可能的名字中所进行的选择，除其他考虑外，也将是由避免重复的需要所决定的。这个例子强调指出，“机械的”或“统计的”性质不是固有的：它是相对于命名者和受名者而被确定的。取自氏族名称的名字当然可确定受名者为某氏族的一员，但它选自一个表列的方式是受复杂的历史条件，即现在未被占用的名字、命名者的个性和意图左右的。反之，“统计的”词项则是在出生地位系统中或在军事等级系统中来确定某一个人的位置。但是，实际占有

① 墨西哥拉坎敦人的名字由两项组成，他们说玛雅语。他们用一个双项名来构成名字，其中一个是动物名，另一个是顺序名。（托泽尔，42～43 页和 46～47 页）

这些位置却是人口学的、心理学的和历史的诸环境因素的结果，也就是说，是由于未来的受名者的某种客观上的不确定性。

专有名词只能被定义为在包含数个维度的一个系统中进行位置分配的一种手段，这也可以用取自现代社会中的另外一个例子来说明。对于作为一个整体的社会集团来说，在 Jean Dupont 和 Jean Durand 这二个
249 姓名中第二个词项表示类，而第一个词项则表示个人。首先 Jean Dupont 属于 Dupont 类，在这个类中他占据着名为 Jean 的确定位置。在 Dupont 类内部，他是不同于 Dupont Pierre、Dupont André 等人名的 Dupont Jean。尽管一个“专有”名词存在于一个较有限制的集团内，词项间的逻辑关系却是相反的。假定一个家庭内所有成员平常互相以教名（prénom）称呼，而某人与其内兄恰巧有同一教名 Jean。于是，消除混淆的办法就是使一个父名（patronyme）和一个教名并列，以资区别。因此当家庭中的一个成员与另一个成员说：“Jean Dupont 打电话来了”，此时他已不再指同一个双项名：父名变成了姓氏名（surnom）。对于被称呼的这个人来说，首先存在一个 Jean 类，在其内部“Dupont”和“Durand”则实现了个别化。双项名称按其从个人身份角度或从某特殊社会角度看待，而作用相反。

假定同一词项只能按照它的位置而起类指示者或个人确定者的作用，那么许多人种学家探索这些使用中的称呼在某社会中是否真的构成专有名词，就不会有结果。斯金纳在对索克族的研究中承认了这一点，但在对其邻族美诺米尼人的研究中则对其产生怀疑，后者的姓名似乎更可说成是一种尊称，其数目有限，而且个人终生享用，不能传给子孙（斯金纳 2，17 页）。在易洛魁人中也一样：

> 显然个人的名字……与我们的个人姓名很难相比。首先应当把它看作一种礼仪的指称，也可看作某人氏族成员身份的较亲密的表示，但却与氏族名字没有联系。（果尔顿维色，367 页）

250 至于维克门坎人的专有名词：

> 虽然我把它们叫做“个人名字”，实则它们是集团名字，并表示某图腾集团身份及与该集团的联系。（汤姆森，159 页）

这种顾虑显然是由于，作为每一氏族的所有物和特权的名称表往往是有限的，而且两个人不能同时有同一个名字。易洛魁人有他们托以记忆氏族名字清单任务的“看管者”，而这些“看管者”总是知道哪些名字是合用的。当生下一个孩子时，“看管者”就被招来告之哪个名字是“空闲的”。加利福尼亚玉罗克族中一个孩子可以六七年间没有一个名字，直到某一亲属死亡将其所有的名字空出来。相反，如果家族的年轻成员把它重新加以使用的话，对于死者名字的禁忌在一年后即告终止。

有些名字似乎更令人不解：在非洲有些给双胞胎或给在几个死胎后存活的头胎儿起的名字，给某些个人在一个严格和有限制的分类系统中规定了位置。尼尔人用低飞鸟类的名字为双胞胎命名：像珍珠鸡、鹧鸪等。实际上他们认为双胞胎像鸟类一样是由超自然力产生的（耶万斯-普里查德 2，在列维-斯特劳斯 6 中加以讨论）。英属哥伦比亚的夸扣特尔人也表现出认为双胞胎与鱼类生物有关的类似信念。因此“鲑头”和“鲑尾”就被留作那些紧接在双胞胎之前或之后出生的孩子的名字。他们认为双胞胎是 poissons-chandelle（如果他们手小），或 Oncorhynchus kisutch（银鲑），或 Oncorhynchus nerka（虹鳟鲑）的后代。这要由一 251
位本人也是双胞胎的老人来确定。在第一种情况下，他给男双胞胎起名为“使人满足的男人”，给女双胞胎起名为“使人满足的女人”；在第二种情况下，名字各为“唯一者”和“珍珠女”；在第三种情况下，名字各为“头人”和“女舞师”。（鲍阿斯 4，第Ⅰ部分，648～693 页）

苏丹多贡人有一种很严格的安排专有名称的方法，即每个人的位置是按家系的和神话的模式规定的，其中每个名字都与性别、家系、出生顺序，与他所属的兄弟姐妹集团的定性结构有关：本人是一双胞胎；在双胞胎之前或之后的头胎或二胎；在一或两个女孩后出生的男孩，或反之；在两个女孩之间出生的男孩，或反之，等等。（迪特林 3）

最后，对于把在大多数阿尔冈金和苏人氏族，在米塞族（洛丁 2）、玛雅族（托泽尔）和南亚部族（贝内迪克特）那里发现的顺序名称当作专有名称，人们往往感到犹豫不决。我们在此只举达科他人的一个例子，他们的系统相当发达，其中包括与头七位女孩和头六位男孩的出生顺序相对应的名字：

女孩	男孩
1. 维诺内	特卡斯克
2. 哈波	合波
3. 哈波斯梯	合皮
4. 维哈基	瓦特卡托
5. 哈波纳	哈克
6. 哈波斯梯纳	哈特柯
7. 维哈克达	—

（瓦里斯，39 页）

252 在行入族礼的各阶段中替换专有名称的词项可列入同一类别。杜丹皮尔地区的澳大利亚部落为新入族者在拔牙、割包皮、祭礼中放血等等之前规定了一连九个名称。靠澳大利亚北部的梅尔维尔和巴瑟斯特岛的提维人按其等级给新入族者规定了一些专用名称。从 15 岁到 20 岁期间有 7 种男人的名字，而从 10 岁到 21 岁期间有 7 种女人名字。（哈特，286～287 页）

然而在这些例子中提到的问题与我们现代社会中所熟知的习俗并无多大不同，我们给长子取其祖父的教名。“祖父的名字”也可看作是一种必须采用的和排他性的称号。从名字到称号之间有一种难以觉察到的过渡，这一过渡与所谈的词项的任何固有性质均无联系，而是与词项在一分类系统中所起的结构作用有联系，词项与此系统是无法分开的。

第 7 章　作为物种的个体

我们能通过生活于婆罗洲腹地的游牧种族皮南人的命名系统来精确 253
地说明以下两种词项之间的关系：一种是我们可称作具有专有名词性质的词项；另一种初看起来似乎是与前者不同的另一种词项。一个皮南人可按其年龄和家庭情况用三个词项来指称：个人名、从子名（teknonyme）（如“某某之父”、“某某之母”），以及人们称作“从死者名”（nécronyme）的名字。后者表示已死亲属与本人的血亲关系：“死父”、“死甥女”等等。西部皮南人有不下 26 种不同的从死者名，它们分别与亲近程度、死者的相对年龄，以及直到满九岁时孩子的性别与出生顺序等情况有关。

这些名称使用规则实在是复杂得惊人。我们大加简化后可以这样说，一个孩子直到他的一个长辈死去以前均以其专有名称来识别。如果他的祖父死了，孩子就叫做“图波”（Tupou）。如果其叔伯死了，他就成了“艾仑”（Ilun），而且直到另一位亲戚死之前一直叫这个名字。再以后他又得到一个新的名字。因此一个皮南人在其结婚生子之前将依次选用六七个或者甚至更多个从死者名。

长子出生时，父母就给自己取上一个从子名，这个从子名表示他们

254 和以名称来指示的这个孩子的关系。这样就有：塔马·阿温（Tama Awing）、提南·阿温（Tinen Awing），意为“阿温的父（或母）”。如果孩子死了，从子名就被从死者名取代：“长子死了”。当下一个孩子出生时又用一个新从子名替换该从死者名，依此类推。

实际情形由于与兄弟姐妹相关的特殊规则而变得更复杂了。如果一个孩子的兄弟姐妹都活着，就以自己的名字为名。当他们中间的一个人死去时，他就取从死者名：“兄姐（或弟妹）死了”。但另一弟妹一旦出生，从死者名即废止，并重用本人的名字。（尼得海姆 1，4）

在这段叙述中，还有很多含糊不清之处，而且很难看清各种规则如何相互影响，尽管它们看起来在功能上互有关联。大体上说，系统可以用三种周期性来规定：相对于他的长辈来说，个人从一个从死者名过渡到另一个从死者名；相对于其兄弟姐妹来说，从自名（autonyme）（在这类系统中通常用这个词表示专有名称）过渡到从死者名；以及相对于其子女来说，他从从子名过渡到从死者名。但在这三种词项以及在这三种周期性之间有何逻辑关系呢？从子名与从死者名指某种亲属关系，因此它们就是“关系”词项。自名没有这种性质，从这个观点看它是与上述那些名字对立的：一个自名只是在与其他“自己”对照之中来确定的一个“自己”。结果，（隐含在自名中的）“自己”与“别人”之间的这种对立，就能反过来区分从子名与从死者名。前者包含一个专有名词（它不是本人的名字），它可被定义为表示**与另一个自己的一种关系**。从死者名根本不包含专有名词，它是由某亲属关系的陈述句构成的，这是
255 某一未命名的“他人”与某一也未命名的“自己”之间的关系。因而它可定义为一种**对他的关系**。最后，这种关系是否定性的，因为从死者名只是在宣布它的消失时才提及这一关系。

按照上述分析，自名与从死者名可清楚地表示在一种逆对称的关系中：

	自名	从死者名
关系的有（+）或无（−）：	−	+
自我（+）和他人（−）间的对立：	+	−

同时，引出的第一个结论是：我们毫不犹豫地将其看作专有名词的自名和具有简单类指称特点的从死者名，这二者实际上属于同一集团。通过某种转换从一个可以过渡为另一个。

现在来看从子名。它与另两类词项，特别是与从死者名有何关系呢？人们会试图说，从子名意味着另一个自己进入生命，而从死者名则指另一个自己进入死亡。但是事情并非如此简单，因为这种解释没有说明从子名涉及了他人的自己（自名与其结合起来），而从死者名只能归于对他关系的否定，而不涉及某一自己。因而在这两类名称之间并没有形式上的对称。

在以上分析中我把尼得海姆的研究当作我的出发点，他在该研究中谈过下面一段有趣的意见：

> 在古代英国对“widow”（寡妇）这一称呼的用法中，在现代法国和比利时对 veuve（寡妇）一词的用法中，以及欧洲其他几个地区的类似用法中，可看到有些类似于死人名的东西。但这些名称 256
> 几乎在一切方面都与死人名相去甚远，它们丝毫无助于我们的理解。（尼得海姆 1，426 页）

这个仓促下的断语未免太令人泄气了。尼得海姆如想领悟自己看法的含义只需注意一下这样一种情况：在他引用的例子中，使用从死者名的权利和先前拥有一个名字这二者之间的联系，完全类似于从子名。在传统的法语用法中“veuve”是一专有名词，但阳性的“veuf”（鳏夫）或“orphelin”（孤儿）则没有这种性质。为什么会有这种排斥现象呢？父名理所当然属于孩子们，可以说这是我们社会中的一种血缘示类词。因而孩子与父名的关系在双亲死亡的情况下也不改变。对于男人来说尤其如此，他们与其从父名的关系始终不变，不管他们是独身，已婚，还是丧偶。

对于女人就是另一种情形了。如果一个女人的丈夫死了，她就成为“某某寡妇”，但这只是因为在其丈夫生前她是“某某之妻”，换言之，她已取消了自名而采用一个表示她与某一**其他**自己的关系的名称，而这正是我们确定从子名的方法。在这种情况中，从子名当然不会是适当的词。为了保持类似，我们可以仿此造“从夫名”（andronyme）一词

（希腊语 αυ ήρ 为丈夫之意），可是似乎并无此必要，因为二者在结构上的等同不靠杜撰新词也是相当明显的。在法文用法中采用从死者名的权利因而就取决于先前拥有一个类似于从子名的名字：因为我的自己是由我与另一个自己的关系确定的，当这另一个自己死亡时，我的身份可以只借助保有这种关系来维持，也就是说，它在形式上不变，但今后要受
257 一否定性记号的影响。“Dumont 寡妇”是某 Dumont 之妻子，Dumont 未消失，但他现在只在他与通过他来确定其本人与这另一个他人的关系中才存在。

人们会反对说，在这个例子中两个词是以同样方式构成的，它们都是把一种亲属关系添加到一个从父名的限定词上去，而如我所指出的，皮南人中的从死者名则不包含专有名词。在解决这个困难之前让我们考虑一下自名与从死者名在其中交替采用的兄弟姐妹系列。为什么是自名而不是一个类似于从子名的词，如一种像“某某的兄弟（或姐妹）”类型的“从兄弟姐妹名”（“fratronyme”）呢？回答很简单：刚出生的孩子（他的兄姐因此将摆脱他们的从死者名）的个人名将在别处发挥作用，如它被用于构成父母的从子名，父母在某种方式上占用了它，以便把它纳入规定他们的那个特殊系统。因而最后出生者的名字就与兄弟姐妹系列分开了，因为其他兄弟姐妹既不能通过它，也不能通过他们的亡兄或亡姐的名字被确定（既然他不再受“死亡支配”，那么似乎是受“生命支配”），他们只能退到唯一对他们敞开的渠道中去：恢复他们自己的名字，这也就是他们的专有名称。但是必须指出，这只是因为欠缺对他关系，这种对他关系或者由于已被用于别途而不可得，或者因为支配系统的记号改变了而不适当。

澄清了这一点以后我们就只有两个问题要解决了：父母对从子名的使用；和从死者名中没有专有名称，这是我们刚刚谈过的问题。乍一看来，前者似乎提出了一个基本的问题，后者提出了一个形式的问题。但是实际上它们是应按同一种办法解决的同一个问题。人们从不提及死者的名字，这一条就足以说明从死者名的结构了。就从子名而言，这个推断是显然的：
258 孩子出生时就不能再以父母名字称呼父母，这是因为他们“死了”，增殖不

被设想为增添，而是被设想为用一个新东西来替代那些旧东西。

提维人在行入族礼和妇女临产期间禁用专有名称的风俗也应这样来理解：

> 对于土著来说生孩子是最神秘的事情，孕妇被看作与鬼魂世界息息相通。所以作为她本身一个部分的名字，具有某种灵性，这一点表现在部族对待其夫时，把她看作不存在，看作实际上已死去，而且看作暂时不再是他的妻子。她与鬼魂交往，结果为其夫带来一个孩子。（哈特，288～289 页）

尼得海姆的研究也对皮南人的风俗作了类似的解释。他说从子名不是示敬之意，而且没有孩子也不是耻辱：“情况报告人说，如果你没有孩子，那不是你的过错。你难过，因为无人来接续你，无人记住你的名字。但你没什么可害羞的。难道不是吗?”（同书，417 页）

父佯为母（couvade）现象可以用同样方式说明，因为要假定一个男人在代替分娩的女人，这自然是错误的。丈夫和妻子有时必须担同样的心思，因为他们和出生后头几周或几个月中面临重重危险的孩子休戚相关。有时，例如在南美经常看到的，丈夫甚至必须比他的妻子担更大的心思，因为按土著的有关怀孕的理论，特别是他的身体与孩子的身体
关系更密切。不管对哪种情况来说，父亲都没有扮演母亲的角色：他扮 259
演的是孩子的角色。对于前一种情况人类学家很少会弄错，但他们相当不理解第二种情况。

从我们的分析中可得出三个结论。首先，专有名称根本不构成一个单独的类别，它们和其他非专有名称形成一个词类组，即使二者在结构关系上有联系。皮南人自己把这些词看作示类词：它们表示“进入”一个从死者名，而非采取或接受它。

其次，专有名称在这个复杂的系统中占据一个从属位置。实际上，只有孩子们才公然拥有他们的名字，这或者是因为他们太年幼，还不足以被家庭和社会系统在结构上予以限定，或者是因为限定的手段因其父母之故而暂停发挥作用。因而专有名称真正逻辑上的价值就降低了。作为一个类的备选元素，它们成为“类外的”（“hors-classe”）标记，或

者成为暂时必须规定自己为类外的（如兄弟姐妹恢复使用其自名）标记，或按其与一类外的个人（如采取从子名时的父母）的关系来规定自己。然而当死亡在社会结构中造成了一个裂隙时，个人似乎就介入了。由于采用比其他形式更具有绝对的逻辑重要性的从死者名，他的专有名称就像是排队等候时的队号，它就被系统中的一个位置所取代，因而这个系统在最一般的水平上可被看成是由诸离散的和量化的类组成。专有名称是从死者名的反面，从子名表现为它的一个逆映象（image inversée）。从表面上看，皮南人的例子是与阿尔冈金人、易洛魁人和玉罗克人的例子相对立的；对于皮南人来说，个人必须等到一位亲属死去
260 才能摆脱他带有的名字；而对于后面三个部族的人来说，情况往往是他必须等待一位亲属死去以便继承他的名字。但实际上，无论对于前者来说还是对于后来者说，其名称的逻辑价值都同样地降低了：

> 无论在对亲属的直接称谓中还是在间接地提到时，都从不使用个人名字，在各种情形下只用亲属关系词就够了。甚至当称呼一非亲属的人时，也很少用个人名字，因为称呼的形式是由亲属关系词构成的，依说话人和被称呼的人之间的相对年龄而定。只有当谈话中提到非亲属的人时，习惯上才使用个人名字，不过那时如果上下文明显地点出了所谈的人，还是要避免使用个人名字。（果尔顿维色，367 页）

于是对于易洛魁人也一样，尽管有上面指出的差别，只有在没有别的办法时才让他是“类外的”。①

---

① 加利福尼亚的玉罗克人为避免使用个人名字而设想出一个称谓系统，它由与居住地（村庄或房舍）相对应的词根和因男女而异的、表示其婚姻地位的后缀所组成。男人的名字指妻子的出生地，女人的名字指丈夫的出生地。名字的后缀指出这是以父亲居住地为基础的买卖婚姻或以母亲居住地为基础的买卖婚姻，还是一种自由结合；或指出这个婚姻由于丈夫和妻子的死去，或由于离婚等等原因而解除。其他添加到儿童和未婚者名字上的词缀表示他们健在的或故去的母亲的出生地，或他们故去的父亲的出生地。因而所应用的名字属以下诸类之一：与……的一个女人结婚；与……的一个男人结婚；有一个在……出生的房子内的“半个”丈夫；与……的一个女人结了“半”婚；属于……的鳏夫；与……的一个女人（或男人）离婚；允许一个男人和她生活、有一个情人或私生子的……的女人；他的父亲是……人；他们故去的母亲是……人；……的未结婚的人；等等。（瓦特曼，214～218 页；克鲁伯，见艾尔门朵夫和克鲁伯，372～374 页，注 1）

我们引证了各种各样的信仰习俗来说明对死者名字的禁止是相当普遍的现象。这类信仰已为人们充分地加以证实，但问题在于究竟是否应当把它看作是习俗的根源，看作是有助于加强习俗的各种因素中的一种因素，或者甚至看作是它的一种结果呢？如果我们的解释是正确的，那么对死者名字使用的禁律就是某些命名系统的一种结构特性。专有名称或者已经是类的算子，或者它们在有待分类之前提供了一种暂时的解决办法。因而它们永远代表着某种最初级水平的类。就皮南人那种有限制的情形而言，专有名称只不过是暂时在类之外的、用以形成诸类的手段，或者只不过是按系统的逻辑"偿付能力"（solvabilité logique），也就是按其及时提供债权人一个类的"贴现能力"（capacité escomptée）而开具的期票。只有新到来者，即生出的婴儿，提出一个问题：他们在哪儿。任何把个别化当作分类化的系统（我们看到情况往往如此），每当它接纳一位该系统的新成员时，都要冒系统的结构受到扰乱的危险。 261

对于这个问题有两类解决方法，在两类之间还存在着一些中间的形式。如果所研究的系统由位置类（classes de positions）组成，它就必须支配一组备用的未占据的位置，这些位置足以容纳一切出生儿。由于可用的位置总是比人口数多，同时性就免受历时性变化无常的侵扰，至少在理论上是如此，易洛魁人的解决办法就是这样。玉罗克人就不那么有远见了：他们的孩子必须等轮到自己时才有位置。然而因为确信几年之后仍会对他们加以分类，在等待接受某类中的一个位置时就可能暂时是无差别的，这个类是由系统的结构为他们提供保证的。 262

但当系统是由关系类（classes de relations）组成时一切都改变了。

于是情况不再是一个个人停止存在，另一个个人在以专有名称标示的位置上取代他，这个专有名称比任何个别人更经久。为使关系本身成为一个类词，就必须去除专有名称，这些专有名称把处于关系中的词项表现为同样多的不同的事物。系统的最终单元不再是有一串活人占据者的单元素类，而是死者或可能相当于死者的人（父母与他们创造出的生命相比较，他们被看作是已死了）与活的人之间的诸分类关系，后者不管是真正活着还是相当于活着（新生的孩子有一专有名称，于是其父母可相对于他们被规定，直到某位长辈的真正死亡，才使他们能相对于他来被规定）。

于是，在这些系统中，类就是由使进入与脱出连为一体的种种类型的动力关系所组成，而对于易洛魁人和其他同类社会的人来说，类是建立在一个静态位置集合的基础上的，这些位置可以是空的或被占据的。①

263 因而禁用死者名字对于人种学来说并未提出一个不同的问题：一位死者失去其名字，其理由（对于皮南人来说）与一位活人在进入该系统时失去自己名字相同。他承受了一个从死者名，这就是说，他成为某关系中的一个关系项，另一关系项——既然他已死亡——在关系中就不复存在了，这个关系是相对于他来规定一个活人的。最后，基于同一理由，父亲和母亲在承受一从子名时也失去了他们的名字，这样就解决了（直到他们的一个孩子死去）由多余成员的繁衍而给系统带来的困难。后者必须作为一个被命名的人等“在门外”，直到某人的离去使其能进入。于是这两个人中的一位先前并不属于该系统，而另一位则不再属于该系统，他们两人在组成该系统的诸关系类之一中结合了起来。

有些社会小心谨慎地照看着他们的名字，并使它们实际上长久地存在下去。另一些社会又滥用它们，并在每个人生命结束时把它们消除。
264 于是他们用禁止它们的办法来摆脱它们，并在其位置上创造其他名字。

① 结果，关系系统与具有明显非连续性的位置系统不同，它倒是属于连续性的。皮南人的另一个习惯明显地表明了这一点，虽然对此也作了记录的尼得海姆（2）拒绝了实际上似乎相当可信的一种解释。对于同一家庭的成员来说，相互性的称呼“祖父辈中的一人”和“孙子辈中的一人”取代了通常的、更密切的词，如果是有关的两人中的一人在服丧期间的话。这难道不是由于服丧的人也被看作在走向死亡因而比他更远离他的近亲吗？实际上死亡松脱了亲属网络的纽带。尼得海姆不愿承认这一事实，因为他把实际上是一个问题的东西看作几个问题了：服丧者不把儿子、女儿、外甥、侄女，或他们的配偶叫作“孙子辈中的一人”，因为同样的哀丧直接或间接地，但都非常简单地以相互作用的方式，影响着他们。尼得海姆提到的一切例子都证实了这一点，除了有关一个幼童遇到小小不幸的例子（他摔倒了，他挨了一拳，或他的饭让狗偷走了），在这种情况下人们用从死者名称呼他，从死者名通常是留给那些失去一位祖父辈人的人们的。但我的解释也谈到了这个例子，因为灾害以譬喻的方式令这个孩子服丧，而且由于其年幼，对其利益的轻微伤害（在摔跤时是实际的，在失去食物时是潜在的）足以使其趋向死亡。

但这种表面上的矛盾态度仅仅表现出分类系统的一个持久特性的两个方面：它们是有限的和在形式上不可变的。每个社会只不过是在按其规则和习俗把某一僵固的和非连续性的构架加于世代相继的连续之流中，这也就是在此连续之流中加上了一个结构。因而其逻辑的略微变化就足以使一种样态或另一种样态占优势：或者是专有名称系统构成了这个过滤器的最细小的孔眼，因而这个系统是与这个过滤器连在一起的；或者人们把这个系统留在外部而仍然保持着把连续物个别化，并因而在形式上建立非连续性的作用，于是这就可以被看成是分类的先决条件。在这两种情况下，死者都是远离这个构架的，并失去了他们的名字：或者是活人使用他们的名字，作为位置的象征，这些位置必须总是被占据的[①]；或者在同一种运动的影响下被抛弃，这一运动在此构架的另一端消除了活人的名字。

我已谈过多次的提维族命名系统介于这两种形式之间。首先，专有名称被细心地保留给每个受名者：

> 两个人不能有同样的名字……虽然提维族目前将近1 000人，但每一人平均都有 3 个名字，仔细检查了这 3 300 个名字后，也未发现其中任何两个是相同的。(哈特，281 页)

其次，名字的数目由于与名字有关的禁律的数量和种类而进一步增加。这些禁律适用于两个方向：如我在一个例子[②]中提到过的，首先它们涉及与听起来像死者名字的一切使用的词；其次，还涉及死者给予其他人的一切名字，不管这些人是他自己的孩子还是其他人的孩子。一个只有得自其父亲的一个名字的幼童，当父亲死了时，就变成没名字了，而且直到从别处得到另一个名字之前一直会是如此（哈特，282 页）。 265

① 在有关死亡根源的弗克思族神话中，服丧的人被告知说：“这是你应做之事。你们，即你和死者，必须彼此永远脱离（即举行一次接纳仪式）。然后死者的魂灵就会安然迅速地远去。你必须接纳某个人。你们必须对此有完全相同的看法。而且你和他的关系将（与你和死者的关系）完全一样。这是你的亲人之灵安然迅速离去的不二法门。”（米奇尔森 1，411 页）这番话足以说明以下这一情况：在这个例子中亦如此，即迅速驱赶死者。

② 参见本书 234 页。

事实上，每当一个女人再结婚，她的丈夫不仅给她前夫的孩子，而且给他妻子所生的一切孩子起新名字，不管他们的父亲是谁。当提维人实行一种主要有利于老年人的多源发生的命名形式时，男人在 35 岁以前很少有结婚希望，而女人则从一个丈夫转到另一个丈夫，这是由于丈夫和妻子之间年龄的差别，结果情况很可能是，丈夫会在其妻子之前死去。因而一个人直到他母亲去世以前不可能自夸有一个确定的名字。（同上书，283 页）

像这样一种奇怪的系统，如果没有一种可对它加以说明的假设，将是难以理解的：在这里关系和位置都根据同一基点。此外，一种关系的废除都牵扯到专有名称的取消，后者在社会上（由死者赋予名字）或语言上（与死者名字类似的词）是依前者而定的。每创造出一种新关系就
266 在该关系范围内开始了一个再命名的过程。

某些人种志学者从亲属关系词的角度研究了专有名称的问题：

> 从逻辑上说，关系的词语可被看作是介于专有名称和代名词之间。它们占据着二者中间的位置，并可被称作个别化了的代名词或一般化了的个人名字。（森瓦尔特，357 页）

但是如果这一过渡也是有可能的话，这是因为从人种学观点看专有名词总像是被一般化了的或具有一般化功能的词。在这个问题上它们与种名并无根本不同，如同通常人们倾向于把人的名字按鸟类各自的种属给予各种鸟类。在法文中，麻雀是“皮埃罗”（Pierrot），鹦鹉是“雅克”（Jacquot），喜鹊是“马尔果”（Margot），燕雀是“纪尧姆”（Guillaume），鹪鹩是“贝特朗”（Bertrand）或“罗伯特”（Robert），秧鸡叫“热拉尔丁”（Gérardine），鸮是“克洛德”（Claude），鹏鸮是“于贝尔”（Hubert），乌鸦是“科拉”（Colas），天鹅是“戈达尔”（Godard）……最后一个名字也指一种重要的社会条件，因为在 17 世纪时

它被用于指产妇的丈夫（维特柯斯基，501～502页）。[①] 而种名似乎有
专有名称的某些特征。按照布仑达尔所说[②]加地奈尔在论述动植物学的 267
科学名词时承认这一点：

> 名字 Brassica rapa（芜菁）很易令人想起植物学家把许多在外行人看来大致相同的样品加以分类的思想，他把其中一个样品命名为 Brassica rapa，正如父母给其孩子命名一样。关于 rave（萝卜）一词我们就无这种思想，而 Brassica rapa 其实就是一般萝卜的学名。我们有牢靠的证据把 Brassica rapa 看作一个专有名词，或至少把它看作比萝卜更像专有名词，实际上我们不说这是一个 Brassica rapa，或这些是 Brassica rapa，虽然人们可以说：这些是 Brassica rapa 的优良的样品。这样说时我们是指该类中任何单个样品的名字，而在说像萝卜这样的植物时，我们是指该植物与其他同种植物的类似性。语言学家态度的区别仅是一种细微的差异，但却是真实的差异。在一个例子中名字的声音，即我们通常描述为“名字本身”的东西，比另一个例子中的更突出。（加地奈尔，52页）

这段论述说明了作者的中心论题：“专有名词是并非通过理智而是
通过感觉能加以辨认的识别标志”（同上书，41页）。现在由于指出在 268
相当多的社会中专有名词与自然科学中的种名是以同样方式构成的，我
们就证明了动植物学名词可归入专有名词。由此得出了与加地奈尔的结
论正相反的结论：在我们看来，专有名词与种名极为近似，特别当其作
用明显是类指示词的作用时，即当它们属于一个有意义的系统时。相

---

① 非常重要的是，甚至如此有限和简单的系列也包含着来自不同逻辑领域的词。“皮埃罗”可能是类的指示词，因为人们可以说：“在阳台上有三个皮埃罗”。但“戈达尔”则是一个称呼词。《特雷沃词典》（*Dictionnaire de Trévoux*，1732年编）中有关这个词的那个词条的作者曾精辟地解释说：“戈达尔是给予天鹅的名字。当人们叫天鹅时，当人们要天鹅来时，就对它们喊：‘戈达尔，戈达尔，戈达尔来。到这儿来，戈达尔’。‘雅克’，或许还有‘马尔果’，似乎有一种居于二者中间的作用”。（参见罗兰，《动物志》，卷Ⅱ，有关给予鸟类的人类专有名称）

② 从永久的观点看，特殊的动植物物种和简单的实体是像“天狼星”或“拿破仑”那样的独一无二的名称。（布仑达尔，230页）

反，加地奈尔企图用科学名词的无意义性来解释这同一种类似性，他把这些名词像专有名词一样仅仅归结为区别性语音。如果他是正确的话，我们就会遇到一种奇怪的矛盾现象：Brassica rapa 对于不了解拉丁文和植物学的人来说的确可归结为区别性语音，但他不会知道它表示什么。因此，如没有外加的知识，他就认不出这个词是专有名词，而只看成是不明其意义的某个词，如果实际上不是一个 flatus vocis（空名称）的话。其实这就是某些澳大利亚部落中的情况，对于当地土著来说图腾物种是由圣语命名的，对于未入族者来说这些名字与动植物并无联系。因此，如果 Brassica rapa 看起来像是一个专有名词的话，这只有对植物学家来说才如此，只有他才能说“多好的 Brassica rapa 的样品呵”。然而对于植物学家来说这个词就是与区别性语音完全不同的某种东西，因为他既懂得这个拉丁词的意义，又懂得分类学的法则。

图 8　芜菁

录自兰姆伯特：《植物学实录》，巴黎，1883。

269 于是加地奈尔的论述似乎也只适用于半外行的人，他们将会认出 Brassica rapa 是一个植物物种的名字，但不知道究竟是哪种植物。尽管作者否认（51 页），这仍然是回到温德雷思的奇特的想法（222 页），后者认为，当研究者不能区分出一种鸟所属的种时，鸟的名字就成为专有名词了。然而至此所说的一切都表明，专有名词与物种名词之间的联系不是偶然的。它基于这样的事实：像 Brassica rapa 这样的短语在两种意义上都是“在话语之外”（“hors discours”）的，因为它取自科学语言，并因为它是由拉丁词组成。因而把它包括进组合链就相当困难；它的聚合性就变得突出了。同样，由于在一个外于语言系统的记号系统内专有名词的聚合作用，它们插入组合链时就使后者的连续性造成可觉察到的断裂：在法文中这是通过在它们前面取消一个冠词，并用一个大写字母来形成的。

那伐鹤印第安人似乎对我们刚才讨论的问题有相当清楚的理解。该族流传的一个神话早在很久以前就已反驳了加地奈尔的论述：

> 一天，老鼠遇见熊并问他的名字是否叫“卡克”（Cac）。熊听后大怒并要打老鼠，老鼠跑到熊背后并点火烧他的皮毛。熊扑不灭火，于是就答应给老鼠念四句咒语，求他把火扑灭。此后只要你随身带着几根鼠毛的话，就没有熊敢碰你了。（海尔和威尔赖特，46页）

这个故事幽默地强调了物种名词与区别性语音之间的差别。就那伐 270
鹤人来说，这一差别的原因之一在于种名，种名至少有一部分是专有名词。在前面刚引述的故事中，老鼠得罪了熊，因为老鼠错误地称呼了他，并用了一个滑稽的词。那伐鹤人的植物学名词（这一族人的动物学词汇还未充分研究过）一般由三项名构成，其中第一项是本名，第二项描述该植物的用途，第三项表示其外貌。大多数人似乎只认识描述词。“真名”是称呼的词，供祭司与该植物说话时用，因而它就是一个专有名词，重要的是要充分熟悉和正确发音。（维曼和哈里斯；雷顿）

我们不用科学术语来和动植物交谈。然而我们却乐于用人之间称呼的词来给动物起名，并把一些植物名用于人的称呼：我们的女孩有时被叫做Rose（玫瑰）或Violette（紫罗兰），反之，有几种动物带有男人或女人通常有的教名。但是，如我们已经看到的，为什么唯独应该是鸟类来从这种自由的态度中受益呢？在解剖结构、生理机制和生活方式方面鸟比狗距离人更远，而且人的教名如果给了狗就会引起不快，甚至略带侮辱。我们刚才已经对此作过说明。

假如鸟比其他动物类更容易按其所属的种被用于人的教名，这是因为它们能被容许与人相比，正是由于它们彼此之间如此不同。它们是有羽有翼和卵生的，而且也由于它们在生理上拥有在空中遨游的特权这一因素而实际上与人类社会分开。因此之故，它们形成了一个独立于我们的社会，但正是由于这种独立性，在我们看来它们似乎是另一种社会， 271

这种社会与我们生存的社会是对应的：鸟爱自由。它们筑巢为家，过着家庭式的生活，并饲育幼鸟；它们与同种内的其他成员结有社会性关系；而且它们以类似于含音节语言的声音手段相互通信。

因而全部条件都客观上共同使得我们把鸟类世界比喻作人类社会：此外在另一层次上二者之间就无相似之处了吗？在神话学和民间传说中有无数的例子显示出这类表现方式的经常性。例如考虑一下前面谈过的齐卡索印第安人在鸟类社会和人类社会之间所做的比较。[①]

现在，在鸟类社会与人类社会之间想象出来的这种隐喻关系，还伴随有一个命名程序，这种程序本身也是一个换喻秩序（在本书中我们无
272 须拘泥于语法学家的繁琐性，而且我也不把提喻法——按李特里的说法是指一种换喻法——当成一种不同的修辞手段）：当各种鸟被施以教名“皮埃罗”、“马尔果”或“雅克”时，这些名字取自人群中的一部分，于是鸟名与人名的关系就等于是部分与全体的关系。

对狗来说情况正相反。狗不仅未形成一个独立的社会，而且它们作为“驯养”动物是人类社会的一部分。虽然它们在人的社会中地位如此之低，以致我们不能想象，像某些澳大利亚人和美洲印第安人的例子中那样，像称呼人那样来称呼它们，不管所谈的是专有名词还是亲属名词。[②] 反之，我们给它们一个特殊的名称系列：“阿左尔”（Azor）、“梅多尔”（Médor）、“索尔坦”（Sultan）、“费多”（Fido）、“狄安娜”（Diane）（最后一个当然是人的教名，但首先被看作是神话名）等等。几乎所有这些名字都像是舞台名字，它们形成了一个类似于日常生活中的人

---

① 参见前面157页。

我的论述从反面为那些同样被赋予人的教名的动物所证实，虽然它们不是鸟类：“Jean Lapin”（让·兔子）、“Robin Mouton”（罗宾·羊）、“Bernard〔或Martin〕I’Ane”（贝尔纳〔或马丁〕·驴）、“Pierre〔或Alain〕le Renard”（彼埃尔〔或阿兰〕·狐）、“Martin l’Ours”（马丁·熊）等等（塞比罗特，Ⅱ，97页；Ⅲ，19～20页）。这些动物不构成一个自然系列：有些是驯养的，有些是野生的；有些是食草的，有些是食肉的；有些招人喜爱（或被人轻蔑），有些让人惧怕。因而这里所举的只是一个人为的系统，它基于习性与生活方式之间的特征上的对立，并倾向于在动物世界中建造一小型的人类社会。《雷纳尔的故事》（*Roman de Renart*）为这一现象提供了典型的说明。

② 参见前面221～222页；甚至较少用它们来为人命名——如达雅克人：某条狗的父亲（或母亲）……（杰地思）

名的或（换句话说）隐喻名的系列。因而当（人与动物的）诸种之间的关系在社会的方面被设想成是隐喻性的时候，在各种命名系统间的关系就具有换喻性，而当诸种之间的关系被设想成换喻性的时候，命名系统就具有隐喻性。

现在我们来考虑另一种情况，即家畜情况，它们的社会地位是换喻性的（它们构成我们技术与经济系统的一个部分），但与狗的地位不同之处在于，家畜更明显地被看作“客体”，而狗则被看作“主体”（这一方面可由集合名词说明，我们用集合名词指家畜；另一方面可由我们的 273 文化中吃狗的禁忌来说明，非洲畜牧民族的情况不同，他们对待家畜有如我们对待狗）。于是给予家畜的名字属于和鸟类或狗类不同的系列。它们一般是描述词，指家畜皮毛颜色、举止或性情：“Rustand”（粗俗）、“Rousset”（小红毛）、“Blanchette”（小白毛）、“Douce”（温柔）等等（参见列维-斯特劳斯 2，280 页）。这些名字往往有隐喻性，但与狗名不同之处在于，它们是来自组合链的绰号，而狗名却来自一个聚合系列，于是前者属于言语（parole），后者主要属于语言（langue）。

最后让我们看一下给马起的名字。我们说的不是一般的马，一般马的地位几乎或远或近地类似于家畜的地位或狗的地位，这是按其主人的等级和职业而定的。由于我们时代技术迅速的变化，马的地位变得甚至更不确定了。我们说的则是赛马，其社会学的地位显然可不同于前面已考察过的各种情况。第一个问题是怎样确定其位置。我们不能说它们按鸟类方式组成了一个独立社会，因为它们是人类劳作的产物，而且它们是作为孤立的个体出生和生存着，一个个并列地待在农场特殊设计的马厩里。另外，它们并未作为主体或客体构成人类社会的一个部分。宁可说它们构成了一个特殊社会的反社会化的生存条件：这个社会由靠赛马场为生的人与观看赛马的人组成。在命名系统中另一区别与这些区别相符，虽然在进行这种比较时，应有两项保留：给予赛马的名字是按特殊 274 规则选择的，这些规则因纯种或杂种而有别；而且它们显示了一种依赖学术文献而非口头传说的折中性。指出这点以后可以看到，在赛马名字与鸟、狗或家畜的名字之间毫无疑问存在着一种有意义的对立。赛马名字是严格个别化的，因为正像提维人一样，两个个人不能有相同的名字；而且，虽然它们与给予家畜的名字一样都具有由组合链形成的特征："大洋"、"方位角"、"歌剧"、"胭脂花"、"电报"、"黄萤"、"奥尔维特偏方"、"周末"、"天青石"，等等。赛马名与家畜名的不同之处在于前者欠缺描述性含义：这些名字的创造完全不受限制，只要它们能满足明确的个别化的要求，并遵守上述的特殊规则。于是当家畜被赋予由言语词组成的描述性名字时，赛马的名字则由不对或极少对它们描述的言语词组成。如果前一类名字类似于别名（surnoms），则后一类名字或许可称作本名（sous-noms），正是在这第二类名字的范围内表现出了极端的任意性。

现在让我们总结一下：鸟和狗都与人类社会直接有关，这或者是因为它们通过自己的社会生活（人把这种生活看作是对人的社会生活的模仿）表示出了这种关系，或者是因为它们并没有自己的社会生活而是作为我们人的社会生活的一部分。

家畜像狗一样组成人类社会的一部分，但似乎是以非社会性方式组成的，因为它们临近于物体。最后，赛马像鸟一样构成了一个与人类社会脱离开的社群，又像家畜一样欠缺固有的社会性。

因此，如果鸟是隐喻的人，而狗是换喻的人，那么家畜可看作是换喻的非人，而赛马可看作是隐喻的非人：家畜是邻近性的，只因为缺少
275 相似性；赛马是相似的，只因为欠缺邻近性。这两类中的每一类都为另两类中的每一类提供了"逆"象，另外两类本身则存在于逆对称的关系中。

我们可以在称谓词平面上看到这个心理-社会学的区别系统的语言学对应系统。鸟与狗的名字取自语言系统。但它们都有相同的聚合性方面的特点，不同之处则在于，前者是真实的教名，而后者则是惯用性的教名。鸟名取自通常人的教名词汇部分，是人的教名的一个组成部分；而狗则潜在地从整体上重复了那些从形式上看类似于人类教名的名字，虽然人们实际上很少再用这类名字。

家畜和马的名字更多地属于言语（parole），因为它们彼此都取自

组合链。但家畜名仍然是最接近言语的，因为作为描述词，它几乎不能算是专有名词。一头习惯上称作温顺的（douce）母牛被叫做“杜斯”。于是赋予家畜的名字就作为一段过去话语的证明残存下来，而且它们可随时在话语中恢复它们的形容词（épithète）的功能：甚至当人们与家畜对话时，它们作为一种物的特性永远只能容许人们把它们叫作“所说的东西”。赛马的名字以不同的方式存“于话语内”：不是“仍在话语内”，而是“由话语组成的”。为发现马的名字必须使组合链分解为诸部分，并把其离散的语词单元转变为专有名词，这些专有名词除非当上下文可清除含混时，不能以其他任何方式出现于话语中。这里所谈的区别是由于下述事实：家畜被安排于人类社会的非人部分之内，而赛马（客 276
观来说它也属于这同一类别）首先表现为一种“反社会”的形象，这个“反社会”是一种受限制的社会，它只由诸赛马组成。用于赛马的名称系统是一切名称系统之中最明显的非人化的，而用于构造这一系统的语言分解程序也是最不规范的。

总而言之，我们得到了一个三维系统：

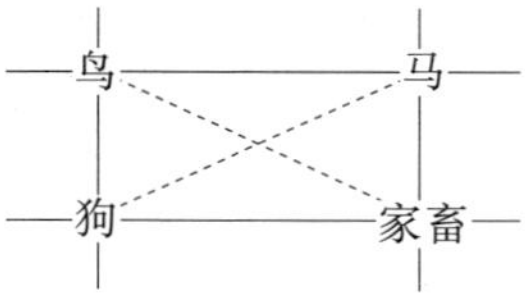

水平面上端直线表示人类社会与动物社会（鸟）之间，或人的社会与马的反社会之间的肯定或否定的隐喻关系，而下端直线表示人的社会与狗和家畜之间的换喻关系，后者或以主体或以客体的资格为前者的成员。

垂直面左侧线把鸟与狗连在一起，它们与社会生活具有一种隐喻的或一种换喻的关系。右侧线把马与家畜连在一起，它们与社会生活无关，虽然家畜构成社会生活的一部分（换喻），而赛马与社会生活具有逆类似性（隐喻）。

最后还需要加上两条对角线，因为给予鸟和家畜的名字是由换喻的提取（prélèvement métonymique）（或在一聚合系列上，或在一组合链

277 上）构成的，而给予狗和马的名字是由隐喻的再生（reproduction métaphorique）（或者是一聚合系列的，或者是一组合链的）构成的。因此这是一个首尾一致的系统。

按我们的观点来看，这些惯用法之间的系统性关系不是其唯一引人注意的特征。[1] 虽然这些惯用法是从我们的文明中借用的，而在我们的文明中它们只占有不重要的地位，但它们却使我们容易理解另一些不同的惯用法，后者极其被使用它们的社会所看重。我们对我们习俗中有人认为无用的一些方面所寄予的注意，可用两种理由加以说明。首先，我们希望借此对专有名词的性质得到更清楚和更一般性的观念。其次更重要的是，我们被引导去探索在人种志好奇心背后的隐蔽动机：由表面上同我们的习俗相距甚远的习俗所引起的魅力，这些习俗用以影响我们的既近又远的矛盾感情，或许都产生于这样的事实，即这些习俗与我们自己的习俗之间的差别比表面看起来要小得多，并向我们显示出一种谜一般的有待译解的形象。在任何情况下，对刚刚分析过的现象与暂时未予考虑的提维族命名系统的一些方面所进行的比较似乎正好证实了这一点。

278 我们会记得，提维族胡乱地滥用专有名称：首先，因为每个人都有几个名字；其次，因为一切名字都必须不同；再次，因为每次再婚（我们已经看到，再婚是经常发生的）都导致给女人已有的所有孩子以新名字；最后，因为一人的死亡不仅导致禁用他所有的名字，而且导致禁用他一生中他所给予的一切名字。[2] 人们会问，提维人在这些情况下如何不断地制造新的名字？

有几种情况应该加以区分。一个专有名词可由死者之子重新投入流

① 当 M. M. 郝易斯好意地提醒我注意 V. 拉罗克的作品时，本书业已完成。虽然我因其背景与本书相当不同而未利用其材料，但由于这是从人种志的观点对人名所作的初次尝试性论述，故觉得应加以称赞。

② 参见前面 265 页。

通，如果他决定在禁止使用它的时期以后选用它的话。于是很多名字被保存起来，构成某种名字的储备，以便人们随意取用。然而如果假定生死比率固定，储备数将会由于禁忌时间的延长而有规律地减少，除非突然发生的人口的不平衡能产生一种补偿作用。因而这个系统必须有其他方法可资利用。

实际上有好几种方法，其中主要的一种是把对专有名词的禁止扩大到普通名词，我们注意到二者在发音上是类似的。然而这些已从日常生活的使用中退出的普通名词并未被完全消除：它们被收入供仪式专有的圣语中去了，在仪式中它们逐渐失去其意义，圣语按规定是不能为未入族者理解的，而且就已入族者而言也部分地摆脱了意义功能。于是失去其意义的圣词可通过添加后缀的办法被用来组成专有名词。于是圣语中的词“马提朗地英里”（matirandijingli），其意义是模糊的，它变成了 *279*
专有名词“马特朗地英吉米里”（Materandjingimirli）。这一程序被系统地加以运用，而且人们可以说，圣语主要是由已成为禁忌（“普吉马尼”〔pukimani〕）的词所组成，这是由于日常语言受到对死人名禁用的“传染”所致。圣语本身则可免遭这种“传染”。（哈特）

这些情况从两种观点看都是重要的。首先，这一复杂系统显然是首尾极其一致的：专有名词“传染”普通名词；被排除出日常语言的普通名词进入了圣语，反过来圣语又能形成专有名词。这一循环运动似乎是由一种双重脉动维持的：起初失去意义的专有名词通过与普通名词联系获得了意义，而普通名词在进入圣语时又取消了其意义，圣语使普通名词又成为专有名词。于是这个系统通过把语义负荷交替地从普通名词转向专有名词和从俗语转向圣语来发挥作用。归根结底，消耗的能量来自日常语言，日常语言为交流之便，按照旧词从其中取除的比例造出新词。这个例子极好地证明了那种或由人种学家或由土著所提供的解释的辅助作用，这些解释对禁用死人名字的现象作了说明。因为一个调节得如此之好的系统不大会是产生于对鬼神的恐惧。应当说后者倒是依附于前者的。

如果我们注意到提维族系统在人的平面上与我们自己社会中的系统

有明显的类似处，上述情况似乎更确实无疑了，我在分析各种动物命名的方式时曾提醒注意这种情况，几乎没有必要再指出，在这类命名方式
280 中对死人的恐惧并未起任何作用。提维人的系统也建立在借助专有名词来进行的一种抉择之上的，即在组合链（日常语言的）和聚合系列（圣语，它基本上具有这种性质，因为字词由于失去其意义而逐渐变得不适于构成一个组合链了）之间的抉择。此外，专有名词是通过某种肯定的语音类似而与普通名词发生隐喻的联系，而圣语则通过基于语义内容的欠缺和贫乏的某种否定的类似而与专有名词（作为手段或目的）发生换喻的联系。

即使我们以专有名词为媒介在最一般性的层次上把它确定为一种在俗语和圣语之间进行的字词交换，提维族的系统阐明了我们文化中的次要方面使我们仅能触及到的那些现象。我们能较好地理解像 Brassica rapa（芜菁）这样一些在两方面（既是拉丁语又是科学名词）属于某种圣语的词如何能具有专有名词的特性。这不是因为，像加地奈尔希望的和哈特似乎想承认的那样，这些词缺少意义，而是因为，不管表面上如何，它们是整个系统的一部分，在这个系统中意义绝不会完全失去。如果不是这样，提维族的圣语就不成其为语言，而只不过是一套口唇姿势语。然而毋庸置疑，即使是某种含糊的圣语也保持着意指的作用。我们稍后还要再谈这个问题。

目前，我们必须区分另一种类型的“圣”语，我们按提维人的方式采用这种圣语来把专有名词导入日常语言，甚至把普通名词从相应的领
281 域转到专有名词。于是如我们已经指出的，我们用花取名，把花作为女孩子的专有名称，但我们并不止于此，因为园艺师的想象力为新品种的花提供了取自人的专有名称。这种似无意义的变动具有某些值得注意的特点：我们取自花和给予花的名字（主要是对女性）是属于日常语言的普通名词（一个女孩或许可称作罗莎〔Rosa，玫瑰〕，但肯定不称作罗莎·森提弗里亚〔Rosa centifolia，洋蔷薇〕）。然而我们给予花的名字来自某种“圣”语，因为一个名称被加到从父名或教名上，从而赋予它一种神秘的尊严。一种新的花通常不叫作“伊丽莎白”、“杜梅”，或

“布丽吉特”，而称作“伊丽莎白女王”、“保罗·杜梅总统”、“布丽吉特·巴铎夫人”。[1] 此外，在命名时不考虑名字拥有者的性别（在这里指花名的语法上的性别）：一种（une）玫瑰或一种（un）唐菖蒲可不加分别地作为男人或女人的名字，这使我们想起维克门坎族中的“脐”名命名规则。[2]

于是，这些用法，不管是来自我们自己文化还是来自澳大利亚岛民文化，显然都属于与我们一直在讨论的所有集团相同的集团。事实上，我们在换喻关系和隐喻关系之间看到了同样的等价性，它似乎从一开始就扮演着二者之间公分母的角色。我们从花名中取来使其变为专有名词 282
的那些名字具有隐喻的效力：像玫瑰一样妩媚，像紫罗兰一样腼腆，等等。但我们投入交换中的各种花从“圣”语中取用的名字具有换喻的效力，这有两种方式：芜菁（Brassica rapa）去除了球茎甘蓝（chou-rave）的自足性，使其成为某属中的某个种，即整体中的部分。给予一种新品种花的名字“欧仁妮女王”，实行相反的变换，因为它发生于意指者层次，而不发生于被意指者层次：这一次，这种花借助整体中的部分来表示。不是任一欧仁妮，而是某一特殊的欧仁妮。不是在其婚前而是在其婚后的欧仁妮·德·蒙梯欧。不是一个生物个体，而是一个存在于某一确定社会作用中的个人，等等。[3] 于是一种“圣”名“实行换喻”，而另一种“圣”名则“被加以换喻”，在前面讨论过的例子中就存在着这种对立。我们记得，正如从花中取名一样，人也把自己的名字给予鸟。这些名字也是“实行换喻”的，因为它们通常由取自通俗语言的

---

① 这种倾向已表现于民间传说中，当把人的教名授予某些花时，一般都把它们插入某一短语中：“美丽的尼可拉”表示毛剪秋罗，“康卡尔的玛丽”表示矢车菊，“胆怯的约瑟夫”表示报春花，等等（罗兰，《植物志》，卷Ⅱ）。同样，在英国有这样的花名：“教士之杰克”、“园门后的杰克”等等。

② 参见本书前面 244 页。

③ 我们要注意这一循环与提维族系统的方向相反。在我们的社会中这个循环从日常语言达到专有名词，从专有名词达到“圣”语，最后又回到日常语言。日常语言提出普通名词“玫瑰”（rose），它先变为“罗斯”（Rose），这是一个女人的教名，然后再通过圣语的中介回到日常语言，其形式为“玛格里特·罗斯（Margaret-Rose，珍珠蔷薇）公主”。它表示一种玫瑰品种，（如果这种花是一种成功的品种的话）它将迅速变为普通名词。

指小词组成，并把鸟类社群（与花类集群相反）作为一个整体看作与人
283 类社会中一个谦恭温良的子集团相当。同样，人们会乐意说，给予狗和家畜的隐喻名字把修辞作用分别置于意指层与被意指层。

尽管我们考察的这一系列命名程序似乎颇有系统性，然而却引出一个问题：这些彼此以转换关系相联系的等价的程序是在各不相同的一般化层次上起作用的。给予鸟类的人的教名适用于一个确定物种中的任何一个成员：一头喜鹊叫作“马尔果”。但给予花的名字是：“伊丽莎白女王”、“欧仁妮女王”等等只指该变种或亚变种。给予狗和家畜的名字的应用范围甚至更受限制。动物主人想用它们指单一个体，即使实际上每个名字均可为数个个体享用：不止有一条狗叫作“美多尔”。只有赛马和其他纯种动物的名字是绝对个别化的：在“字母表周期”[①] 涉及的 26 年中只有已被授予教名的快步小跑马可被叫做奥尔维坦第三。

然而在我们看来，人们可希望得到的最明确的证据是专有名词和物种名词都是同一集团的组成部分，在这两类名字中并无任何根本区别。更确切些说，这种区别的原因并不在于其语言学性质，而在于每一文化划分现实的方式，和在于它赋予分类活动的不同的限制，这种分类活动取决于它所提出的问题（在整个社会集团内每一特殊社群都是不同的）。于是某一分类层次根据一种外在的决定作用获得了称谓词，它可以是普通名词，也可以是专有名词，视情况而定。然而这并非使我们返回到迪尔凯姆关于逻辑思想社会根源的论说。虽然在社会结构和类别系统之间
284 无疑存在着一种辩证关系，后者却并非前者的效果或结果：每一个在历经繁复的相互调节之后，都解释着人与世界间关系的历史的与地域的模式，这些模式构成了人与世界的共同基础。

这些详细说明对于能使我们不至于引起误解地强调物种以及个人概念所具有的社会学的、同时也是相对的性质来说，是必要的。从生物学观点来看，属于同一种族的人们（假定种族这个词有确切意义）可比作同一株树上初绽、盛开和萎谢各时期的诸个别花朵：它们都是某一变种

---

① 字母表周期是赛马活动中为登记的赛马起名字的一套规则，按照这套规则马名的首字母应与其生年相对应。——中译者

或亚变种的数目众多的样品。同样，人类种的全体成员在逻辑上也可比作任何其他动植物物种的成员。然而社会生活在这一系统中造成了一种奇怪的转换，因为它促使每一生物个体发展出一种个性，于是这个概念就不再令人想到某变种中的样品，而宁肯说是一种类型的变种或物种，它在自然界中可能并不存在（虽然热带环境有时有助于它的出现），它可被叫做“单个人”（“mono-individuelle”）。随着一个个性的死亡，这种消失的东西是一种观念与行为方式的综合，这一综合物正像一种花从一切物种共同具有的简单化学物质中发展出来的化合物一样，它是独一无二和不可取代的。当我们的亲人或如打动我们的政治家、作家或艺术家一类的名人离世之际，我们所感到的无法弥补的损失正像洋蔷薇凋谢之后其芬芳永远消失一样。根据这种观点我们似乎可以正确无误地说，在图腾制名下任意加以隔离的某些分类模式是被普遍应用的：对我们来说，这个“图腾制”只是被人化了。一切无不如是，在我们的文明中每 285
个人本身的个性都是他的图腾：它是他的被意指的存在的能指者。

因为专有名词属于一聚合系列[①]，因而它们构成一般分类系统的边缘：它们既是它的展延又是它的界限。当它们出现于舞台时，幕布在逻辑运用的最后一场拉开了。但全剧的长度和幕数，与文明而非与语言有关。名字的某种“专有”性不是可内在地决定的，也不可只通过把它们与语言中其他字词相比较而被发现。它取决于一个社会宣称其分类工作已经完成的那一时刻。说一个名字被看作一个专有名词，就等于说，它位于这样一个层次上，即超过了这个层次（不是绝对地，而是在一定的文化系统中）就不需要任何分类了。专有名词始终位于分类的边缘。

因而在每一系统中，专有名词都代表着意指量子（quanta de signification），在此以下人除了指示（montrer）以外别无可为了。这使我们

---

① 甚至是被加地奈尔看作一个“体现”名的恰当例子的“维尔辛吉托利思”（Vercingétorix）。无须思索“维尔辛吉托利思”在高卢人名字系统中的位置我们就一目了然，它指古代的某位勇士，他享有一发音特殊的专门名字，不是阿提拉、让赛里克、约古尔塔或成吉思汗。对于加地奈尔熟悉的另一例子“包波卡特皮特尔”（Popocatepetl），每个学童，即使不懂地理，也都知道，它必定属于“提提卡卡”（Titicaca）同一类。人们尽可能地去进行完善的分类。

接触到皮尔士和罗素所犯的类似错误的根源，前者把专有名词定义为“指标”（“index”），后者相信他在指示代词中发现了专有名词的逻辑模型。这实际上等于承认，命名活动处于一个连续体中，在其中完成着一
286 个从意指（signifier）行为向指示（montrer）行为的不可觉察的过渡。反之，我希望我已成功地表明，这一过渡实际上是不连续的，虽然每个文化所确定的边界有所不同。自然科学把其边界置于种、变种、亚变种的层次上，视情况而定。于是具不同程度一般性的词，每次都将被看作专有名词。但是也在实行这些分类方式的土著中的智者——有时候也有科学家——把它们扩充到社会集团的个别成员，或更准确地说，扩充到个人——其中每个人都构成一亚类——能同时或相继地占据的单个位置上。于是从形式观点看，在动物学家或植物学家与奥马哈族巫士之间并无根本区别。例如，植物学家在给新近发现的一种植物如 Elephantopus spicatus Aubl. 确定位置时，即将其置入系统（如果事先它还未被记入该系统），而奥马哈的巫士在确定集团的一个新成员的社会类型时，是给予他一个现在的名字——“老野牛的旧蹄子”。在这两个例子中他们都明白他们在做的是什么。

第 8 章　可逆的时间

综观我到现在为止所列举的全部方法和程序，首先引起我们注意的就是把这些方法和程序结合起来的那些关系的系统性。此外，这个关系的系统显然具有两个方面：它的内部的前后一致性和它的实际上无限扩展的可能性。 287

正如前面的例子所示，结构在各种情况下都由一根轴线（为了方便可以把它想象成是垂直的）来支承。这根轴线把一般事物和特殊事物，把抽象事物和具体事物联结了起来。但不管在随便哪种意义上，分类的意向总会达到其限度。这个限度是根据一种隐在的公理系统确定的，一切分类活动都按此系统以对比偶的方式进行：一旦不能再形成对立关系时，分类也就终止了。因此，严格说来，系统不会遭遇故障。无论系统沿着轴线的哪个方向发挥作用，其内在的驱动力都会逐渐减弱。当系统停止活动时，这既非是由于生物或事物的经验性质所导致的未预见到的障碍，也非由于系统机制本身发生了任何故障，而是因为：系统完成了其进程，并已充分实现了其功能。

当分类意向似乎上升到最广泛的一般性和最极端的抽象性时，尽管千差万别也不能阻碍其运用一种图式，按此图式，现实将经历一系列逐 288

步的精细化过程，其最终项，按照这一方法的一般概念，可表示为一种单纯的二项对立（高与低，右与左，和平与战争，等等），由于内在的理由，超越这种二项对立将既无用处又不可能。同一操作可在其他平面上重复：在社会集团内部组织的平面上，所谓图腾分类方法可通过把同一种结构图式运用于数目越来越多的集团而扩展到国际社会的规模；或在空一时平面上，这是因神话几何学的作用，如上述的阿兰达族神话所示[①]，神话几何学通过再次以一种二项对立（在此是诸方向和诸成分之间的对立，因为此处对比是在陆与水之间）为终结的连续还原过程，而使千差万别的地形被组织起来。

在下端系统也没有外在的界限，因为它能把自然物种质的差异性当作某种秩序的象征材料，而其朝向具体、特殊、个别的进程甚至未受到个人称谓障碍的阻止：甚至专有名称也能用作分类的词项。

于是我们所讨论的就是一个完整的系统，人种学家徒然地想把它分解成碎片，以便把这些碎片再组成不同的组织系统，其中最引人注目的仍然是图腾制度。但这样做只会导向近乎荒谬的矛盾情境。于是艾尔金（4，153～154页）在一部仍然是值得赞赏的综合性著作中把图腾制作
289 为分析澳大利亚土著宗教思想和组织的出发点，但很快就为其丰富的思辨性所困，结果他引入了一个特殊的标题，即“分类图腾制”来躲避困难。这样他就把分类程序当作一种特殊形式的图腾制，而实际上正像我认为已经证明的，图腾制或所谓的图腾制所构成的不只是分类程序的一种方式，而且是构成它的一个方面或阶段。孔德对图腾制一无所知（无疑这就使其免为一种幻想所欺），而且虽然他欠缺可证实其论点的证据，他大致认识到了有关分类系统在思想史中的重要性，他对分类系统的机制和意义比今日人种学家理解得更透彻：

> 人类的认识自那个时代以来从未能够充分恢复方法的统一性与理论的齐一性这一重要的特征，正是这一特征才使我们的理智达到其正常状态，这个特征也是那个时代自发地获得的……（孔德，第

① 参见本书222～223页。

53 讲，58 页）

当然，孔德把这种“野性的思维”归于一个历史阶段（拜物教和多神教时代），而在本书中它既不被看成是野蛮人的思维，也不被看成是原始人或远古人的思维，而是被看成是未驯化状态的思维，以有别于为了产生一种效益而被教化或被驯化的思维。后者出现于地球的某些地方和历史中的某些时刻，因而很自然，欠缺人种志材料（以及人种志的感觉，这种感觉只有在收集和处理了这类材料之后才能获得）的孔德，用回溯的形式把前者理解为一种在后者时间之前的心智活动。今日我们能 290
更好地理解，二者能并存和以同样的方式相互渗透，因而（至少在理论上）自然物种（其中有些处于野生的状态，另一些则因农业和驯化而改变）能彼此并存和相互交叉，尽管——由于它们的发展情况和所需要的一般条件之故——后者的存在迫使前者濒于灭绝。但是，不管人们对这种情况感到悲哀还是感到高兴，仍然存在着野性的思维在其中相对地受到保护的地区，就像野生的物种一样：艺术就是其例，我们的文明赋予艺术以一种类似于国立公园的地位，带有一种也是人工的方式所具有的种种优点和缺点。社会生活中如此之多的未经开发的领域也都属于这一类，在这些领域里由于人们的疏忽或无能为力，我们往往还不知其缘故，野性的思维仍然得以继续发展。

我们称作“野性的”(sauvage) 而孔德描绘为“自发的”（spontanée）这种思维活动所具有的突出特点，主要表现在它给自己设定的目的是广泛而丰富的。这种思维活动企图同时进行分析与综合两种活动，沿着一个或另一个方向直至达到其最远的限度，而同时仍能在两极之间进行调解。孔德十分清楚地注意到了分析方向的这一极：

> 今日我们看来似乎荒诞不经的那些迷信……早先都曾具有真正进步的哲学性质，这就是，一般来说它们为人类坚持不懈地观察现象提供了强有力的刺激，当时人们还不可能对探索各种现象产生任何持久的兴趣。（孔德，第 53 讲，70 页）

孔德的这段论述中的最后一句话犯了判断的错误，它说明孔德何以完全搞错了综合的一面：他认为，当时的野蛮人还是“无限的各种各样现象”的奴隶，而且，他认为，正如他对这些现象进行“合理的探索”
291 所证实的，同时代的野蛮人也不知晓任何“模糊的象征表示”（63 页）。现在正是由人种志学所进行的“对同时代野蛮人的合理的探索”，在两个方面都否证了这种实证主义的偏见。如果野性的思维既可理解为人类生活中永无可能再与其匹敌的、无所不及的从事象征化活动的抱负，又可理解为无微不至地充分关心具体事物的态度，最后还可理解为以上两种倾向实则合而为一的这种暗怀的信念的话，这正是由于无论从理论观点还是从实践观点来看，野性的思维都是基于孔德曾否认它确实具有的那种“持久的兴趣”。当人在观察、实验、分类和思索时，他受到任意的迷信加以推动的机会，并不比他受到偶然遐想所推动的机会为大。正如我们在本书开始时所注意到的，要是把文明中的技艺的发现归结为人类任兴所之的迷信幻想的结果就未免过于天真了。[①]

如果只有这两种解释可资选择，我们就宁愿要孔德的解释，只要先抛弃他的解释所依据的乖谬之论。对孔德来说，一切理智的进化都出自“神学哲学的那种不可避免的原始的巨大影响”，这就是说出自下面这一事实，即起初，人们发现不可能解释自然现象，除非“与他们自己的行为”相比拟，“认为只有他们自己的行为的主要发生方式才是可被理解的”（孔德，第 51 讲，第Ⅳ部分，347 页）。但人们如何能根据同时而又相反的办法来办到这一点，即把可与自然现象相比拟的力量与功效赋予他本身的行为呢？被具体人（l'homme）所外化了的这个一般人（homme）可被用来形成一个神，只要大自然的力量已经在他身上被内
292 化了。孔德及其大多数追随者所犯的错误在于相信，人似乎能以与其自己的意志相似的意志充塞于自然界，而又不把他在其中发现自己的这个自然界的某些性质归结于他的愿望。因为要是他起初只有这种无能为力之感，是永远不能给他提供一个解释原则的。

事实上，在具有效益的实际行为和欠缺功效的巫术或仪式行为这二者之间的区别，并非是人们根据其客观的或主观的方向分别对它们加以

① 参见本书 22 页。

确定时所察觉到的那种区别。当从外部来察看事物时似乎会是如此，但从实行者的角度看，这一关系正好相反：他把实际行为想象为原则上是主观的，而方向上是向心的，因为它是由于人介入物质世界而产生的。另一方面，巫术活动在他看来似乎是对宇宙客观秩序的补充：它把与自然因果序列相同的必然性赋予操纵巫术的人，在巫术中实行者相信自己只是把补充的环节插入这个以仪式形式表现出来的自然因果序列中。因此他认为他是从外部观察仪式，而且仪式似乎不是出于自己之手似的。

对传统观点的这种修正使我们能删除虚假的问题，这类虚假的问题是巫术活动中某些人"正常地"靠着欺骗和花招等手法提出来的。因为，如果巫术的系统完全建立在人能介入自然决定作用从而完成或改变其进程的信念上，那么他在其中做多做少就没什么关系：欺骗与巫术是连为一体的，而且严格地说，巫术师从不"欺骗"。他的理论与他的实践之间的区别只是程度上的，而不是本质上的。

其次，有关巫术与宗教之间关系的争议纷纭的问题得到了澄清。因为在某种意义上虽然可以说，宗教即自然法则的人化，巫术即人类行为的自然化——即把某些人类行为看作是物理决定作用的一个组成部 293
分——，它们与进化中的选择或阶段无关。自然的拟人化（由其组成宗教）和人的拟自然化（我们用其说明巫术）形成两个永远存在着而只有比例上相互变化的组成部分。如我们前面指出的，每个部分都蕴涵着另一个部分。无巫术就无宗教；同样，没有一点宗教的因素也就没有巫术。超自然的概念只是对于把超自然之力归于自身，并接着把其超人类之力归于自然的人类来说才存在。

因而没有必要运用已消失的功能或应用某种第六感觉来理解所谓原始人在其观察和解释自然现象时所显示的顿悟力。美洲印第安人根据极细微的迹象去辨认动物足迹的方法，或澳大利亚人毫不犹豫地辨认任何所属集团成员足印的方法（梅吉特），与我们的方法并无区别。例如当我们在驾车时一眼就估计出超过或躲避一辆车所需的瞬间，于是略微转动轮盘，调节引擎，甚至从一瞥目光中断定出对方的意图来。这一比较是极其有启发性的，虽然显得不尽合理，因为增强我们的功能，刺激我们的知觉，保证我们的判断的东西就是：一方面，我们所支配的手段和我们所冒的危险可通过引擎的机械力而无限地增加；另一方面，从这种混合力的感觉中产生的张力，作用于与其他驾驶者的一系列交流之中，他们的意图与我们自己的意图相似，都被转译为我们正要加以译解的记
294 号，正因为它们是记号，所以需要被理解。

因而我们发现诸种观点的这种相互作用转移到机械文明的平面上了，在这些观点中人与世界彼此互相反映，而且在我们看来，只有这种诸观点的相互作用才能说明野性的思维所具有的性质和能力。一位来自未开化地区的观察者多半会说大城市中心或高速公路上的交通是超出人类控制能力的；而实际上人与自然法则并不是直接面面相对，而是使自己成为以下双方的中介者，即被驾驶员意图人化了的自然力的系统与被物理能量转化为自然力的人。问题不再是行动者对无活动力的对象施以作用，问题也不是被升高到行动者地位的对象对为屈就对象而自我贬抑、同时又对对象一无所求的主体施以反作用。换言之，问题不再是关于一方或另一方的被动性的大小如何：诸存在物在同一时刻彼此作为主体与对象面面相对。而在他们使用的信码中，把他们分开来的距离的简单改变，就具有一种冥冥神谕之力。

这使我们能够理解何以完全转向具体事物的精细研究会在象征表现中既发现其原则又发现其结果。野性的思维没有区分观察的时间和解释的时间，正如一个在观察谈话的人并不是先记录下说话人的记号，然后才试图去理解这些记号：当他说话时，被表达的记号载负着它们的意
295 义。分节语言分解为诸成分，其中每一成分不是一个记号，而是一个记号的媒介：一个区分性单元不可能被另一个区分性单元置换而不改变意义，并且它本身没有这一意义属性，这个意义是该单元通过与其他单元相连或相对来表达的。

如果我们简要地讨论一下两个传统的问题，就会使作为意义系统的分类系统这个概念甚至更明显地得到澄清：这就是所谓图腾制与献祭活

动之间关系的问题，以及用于解释氏族称谓起源的诸神话在世界各处表现出的类似性所引起的问题。

在宗教史上人们能把图腾制看作献祭的起源，时至今日仍然令人感到惊异。即使为了方便起见人们应当同意给予图腾制一种实在性的外表，这两套机构也只会看起来更加抵牾而互不相容，正如毛斯多少有些犹豫和后悔地常去主张的那样。

我并不是在主张，那些其氏族以动植物名字来称呼的社会不能实行某种形式的献祭：易洛魁人用狗献祭的例子足以证明相反的主张。但对易洛魁人来说狗并不用作任何氏族的从祖名，于是献祭系统就成为独立于氏族姻亲关系的系统。尤其是，两个系统互相排斥还有另一层理由。假定在两种情况中都含蓄或明显地承认，在一个人或一个人的集团与一种动植物之间存在着密切的联系（以人的集团的一个名祖的名义，或以替代人的一个祭物的名义，或作为献祭人的媒介），显然在图腾制中就没有其他物种或自然现象可替换该名祖：一个动物绝不能当成是另一个 296
动物。如果我是熊族的一员，我就不能属于鹰族，正如我们所见到的那样，系统的唯一的实在性在于那个被假定是不连续的诸项中的一个区分性差异的网络（réseau d'écarts différentiels）。至于献祭，情况正相反。虽然对于某些神或某些类型的献祭往往喜欢用不同的东西来供奉，但基本原则却是置换原则：当缺少规定之物时可用任何其他之物来替代，只要作为唯一重要因素的意图继续存在，即使热忱的程度容许改变。因而献祭属于连续性领域：

> 当用一根黄瓜充作祭品时，尼尔人把它说成是一头牛，在这样做时他们所说的不止是黄瓜取代了牛。他们当然不说黄瓜就是牛，而在把这样一个特殊的黄瓜在献祭场合说成是牛时，他们不过是指出，黄瓜在此特殊场合可被看成是牛。因而他们在举行祭礼时的所作所为就尽可能地接近于当祭品真是牛时的状况。这种相似是概念性的，而非知觉性的。在此"是"一词所根据的是定性类比，而且这个表达式是非对称的：一根黄瓜是一头牛，但一头牛不是一根黄瓜。（耶万斯-普里查德 2，128 页）

因而在图腾系统和献祭系统之间存在着两个根本区别。前者是量化
297 系统，而后者容许在其诸项间有连续性过渡：一根黄瓜可相当于一个鸡蛋，一个鸡蛋可相当于一只小鸡，一只小鸡可相当于一只母鸡，一只母鸡可相当于一只山羊，一只山羊可相当于一头牛。另一方面，这个替换等级是有向的：当无牛时用黄瓜献祭，但若因无黄瓜而用牛献祭就视为荒谬了。相反，在图腾制或所谓图腾制中，关系总是可逆的：在二者都出现于其中的氏族称谓系统中，牛会真的与黄瓜相等，其意思是，不可能把二者混淆，而且它们都同样适宜于表现它们各自所意指的两个群组之间的区分性差异。但只有当某图腾制（不同于献祭）宣称它们是不同的，是不能彼此替换的时候，它们才能起这种作用。

假如现在人们想深入研究这些区别的原因，那就应在每一系统各自赋予自然物种的作用中去寻找。图腾制以两个平行系列——自然物种系列和社会集团系列——之间存在同态关系的假定为基础，必须记住，各系列中的诸项并非是成对地相互类似的。具有同态性的只是系列间的整体关系，即两个区分系统间的形式对应，其中每一个都构成一对立极。在献祭中，（连续的而不再是非连续的，有向的而不再是可逆的）自然物种系列起着献祭者和神祇这两极项之间中介者的作用，在二者之间最初没有同态关系，甚至并无任何关系：因为献祭的目的正是要通过一系列连续的同化作用来建立起邻接性而不是类似性的关系。同化作用可按两个方向完成，这取决于献祭是为了赎罪还是表示一种神通仪式：于
298 是，或者是进行献祭的人与祭司之间的神通，祭司与祭品之间的神通，圣祭品与神祇的神通；或者次序相反（见下图）。

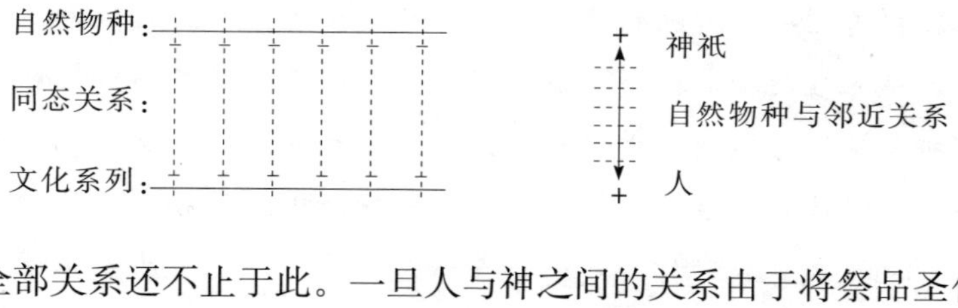

全部关系还不止于此。一旦人与神之间的关系由于将祭品圣化而被

建立起来，献祭仪式就通过消除这同一祭品而使该关系解体。于是人类行为又使连续性解消了；因为人类行为先前在人类存储与神祇存储之间建立了通信交流，后者将自动地以免除预期的利益来填充这个连续性上的裂隙。献祭的图式是一种不可逆的活动（消除祭品），目的在于在另一平面上引起同样不可逆的活动（神宥的允诺），这一活动的必要性是由于位于不同层次上的两个“受信者”被预先置入通信活动中。

于是献祭就是一种绝对的或极端的活动，这种活动与一个中介物有关。按照这一观点它相似于，虽然同时也相反于，称作“渎圣的”仪式，像乱伦、兽行等等，这些仪式是与极端物相关的中介活动。这一情况在前面一章论述轻微渎圣的例子时也指出过：希达查印第安人在进行猎鹰仪式时使一行经妇女露面。[①] 献祭仪式企图在两个最初分开的领域之间建立所需的联系：正如人们恰当地形容的，其目的是通过遥远的神 299
祇来实现人的祈愿。它相信首先通过圣化的祭品（一个实际上与二者都有联系的似此亦彼之物）这一手段把两个领域结合起来就能实现这一目的，然后再取消这个联系项。于是献祭仪式就使邻近性消失了，而且它按照祈愿的目的性致使（或假定致使）一种补充的连续性出现于这样一个平面上，在这个平面上祭司体验到的最初的欠缺，预先而且似乎是循着一条虚线，追溯着通往神祇的路径。

由此我们看到，有时发生于被称作因梯丘马（intichiuma）的澳大利亚增殖仪式中的吃图腾物种的现象，并不能看作是一种原始的，或甚至是反常的献祭形式：这种相似性只是表面上的，正如使人把鲸与鱼混同的那些相似性一样。此外，这些增殖仪式并不经常与所谓图腾分类相联系。甚至在澳大利亚前者也并不总伴随着后者，而且世界各处的大量例子表明，存在着无“图腾制”的增殖仪式和无增殖仪式的“图腾制”。

首先，因梯丘马类型的仪式的结构和这些仪式所依据的隐含的观念，与我们在献祭仪式中所看到的相去甚远。在这些因梯丘马社群中（巫术的）生产与对自然物种的（实在的）消费通常都是分开的，这是

① 参见本书 69 页。

由于在每一人类集团与某一图腾物种之间假定存在的同一性，以及由于在不同社会集团之间和不同自然物种之间所宣布的或所确定的某种区别。因而因梯丘马仪式的作用就是周期地和暂时地在生产与消费之间重
300 建其邻近性，有如人的集团和自然物种在每一方于狩猎中各居其位之前一直必须把他们自己看作成双结对：自然物种养育并不“生产”它们的人，而人则生产禁止食用的自然物种。因而在因梯丘马仪式中人暂时确定他们与各自的图腾物种之间的实质同一性，其办法是借助一种双重规则，即每一集团生产其消费之物，并消费其生产之物，而这些东西对每一集团来说是相同的，对所有集团来说是不同的。因而相互性的通常作用就不至于引起在诸基本的定义间造成混淆的危险，这些定义是必须周期地加以重复的。如果自然物种用大写字母表示，社会集团用小写字母表示，

A B C D E……N

a b c d e……n

那么因梯丘马仪式可令人想起A与a，B与b，C与c，N与n之间的类似性，并证明，如果在事件的正常进程中集团b通过食物消耗把物种A、C、D、E……N结合起来，集团a把物种b、c、d、e……n结合起来，依此类推，那么我们所讨论的问题就是有关诸社会集团间的交换，和相似性与邻近性之间的调解，而不是用一种相似性取代另一种相似性，也不是用一种邻近性取代另一种邻近性。① 献祭仪式转而把比较作为一种消除区别的手段，以便建立邻近性；所谓图腾食物确立了邻近
301 性，但其目的只在于能进行比较，其预期的结果在于确定区别。

因而这两个系统在方向上相反：一个是换喻的，一个是隐喻的。但

---

① 加拿大东部的印第安人在猎鹿时不吃鹿肉，在捕鳟鱼季节里也不吃鳟鱼（詹尼斯 1，60页）。于是，他们只在不杀时才吃，并只在不吃时才杀。人与动物物种之间的相互关系与某些澳大利亚部族中两个人的集团间的关系属于同一类型，其原因是由某自然物种造成的。另一方面，加拿大的情况与澳大利亚不同，这种相互关系对前者是历时性的，对后者是同时性的。同样的区别可以在普埃布罗族的克累思人集团中看到：“每年……荒野上的托莱卡奇酋长都要选几种野生可食植物和猎获动物，想方设法使它们大量繁殖。他们总是一年年地改变这份动植物名单表”（L. A. 怀特，306页）。因而这就是一种因梯丘马类型的仪式，但它置于接续性轴上，而不是同时性轴上。

这一反对称关系仍然使它们位于同一平面上，而从认识论角度看，它们实际是在不同的层次上。

图腾分类具有双重客观的基础：实际上存在着自然物种，而且它们是以非连续性系列的形式存在的；另一方面，也存在着社会性的诸氏族。图腾制或所谓图腾制只限于在两个系列间构想出一种结构的同态性，这是一种合理的假设，因为社会的氏族已被建立，因而每一个社会都能够通过形成其规则和文化表现方式使该假设能够成立。相反，献祭系统使一非存在项——神祇介入；而且它采用了一种自然物种概念，这一概念从客观角度看是虚假的，因为如我们看到的，它把它表现为连续性的。要想表示图腾制和献祭仪式之间的区别，那么，说前者是一指示系统，后者是一操作系统，说一个构拟了一个解释的图式，而另一个提出（或自认为提出）了一种为获得某种结果的方法（一个为真，另一个为假），那是不够的。更确切地说，分类系统出现于语言的层次上：语 302
言层次由各具不同完善程度的各类信码组成，其目的总是为了表达意义。而献祭系统则表示一种“私语言”（discours particulier），不管它如何经常地被引述，却总是欠缺明确的意义。

在另一部著作中[①]，我简单地提到了所谓图腾组织起源的神话，并指出，即使在相距甚远的各地区，尽管其故事情节互有不同，这些神话却都具有同样的启示，这就是：(1) 所谓图腾组织是建立在两个系列间的全面对应上的，而不是建立在两个系列的诸项间的特殊对应上的；(2) 这种对应关系是隐喻的，而非换喻的；(3) 最后，只有当每个系列预先由于贬抑其成分而被简约化，从而鲜明地突出其内在的非连续性后，该系列才成为明显可见的。(列维-斯特劳斯 6，27～28 页和 36～37 页)

这一结论的精确和含义的丰富（比我们只从那些缩写本和节选本中了解的神话分析要精确和丰富得多），与论述每一氏族专门称谓的神话

① 弗茨（2）刚发表了有关梯可皮亚神话的几个变体的较完整的著作。

的毫无意义，形成了突出的对比。后一类神话在世界各处都很相似，尤其是在其内容贫乏这个特点上。当然，澳大利亚有可供我们进行某种语义分析的复杂的神话，这种语义分析受到我们对其他地区神话所进行的语义分析的影响（斯坦纳 2）。然而从事有关澳大利亚研究的专家们习惯于收集这样的神话，在这些神话里把半人半兽祖先归于某图腾集团，
303 仅仅是以下述证词为根据的：这个神话说，该祖先曾出现于某地，沿着某条路线走过，在某处作过那些事情，从而使他成为至今可见的地貌特征的创始者，最后他在某一地方停了下来或消失了。因而，确切地说，这个神话相当于一篇旅行记，它对于它以为在证实的那些突出的事实，几乎没增添什么东西：一条路线，几处水塘，起标志作用的丛林或岩石等等，这些对于人的集团都有神圣价值，而且这个集团宣称它与这种或那种自然物种——毛虫、鸵鸟或袋鼠，有密切关系。

毫无疑问，正像 T. G. H. 斯特莱罗曾经指出的，皮钦语的专门用法长期使研究者不得不满足于粗略和滑稽的翻译。但首先，我们现在有了很多由卓越的专家完成的对译本和改编本。其次，完全同一类型的神话在世界其他地区被发现了，那些其他地区的语言障碍极快地得到了克服。我只举三个例子，它们全都是选自美洲的。头两个分别选自美国北部和南部，第三个选自巴西中部。

美诺米尼人是这样解释他们氏族名称的：当熊被赋予人形时，他就和妻子定居在离美诺米尼河口不远的地方。他们在这里捕捞作为他们唯一食品的鲟鱼（熊族和鲟鱼族属于同一族外通婚单位）。一天，三头雷鸟栖息于伸入维尼巴果湖的悬崖脊上，这个湖靠近叫作“丰杜拉克”的地方。变成人以后，他们拜访了熊，并同意熊的意见召集几种动物，这些动物的出生
304 地或栖息地都由此神话讲明。他们一起动身。在到达密歇根湖的绿湾时，一阵猛浪把不会泅水的狼带到对岸。他为了表示感激，取水浪作为本氏族的图腾之一。在密歇根湖麦奇诺附近也发生了一个类似的故事，最终导致黑熊和秃鹰的结合。其他氏族（麋、鹤、狗、鹿、海狸等）之间的关系也是通过偶然相遇和互助建立起来的。（赫夫曼，斯金纳 1）

合皮人为什么会有野生芥末、橡树、郭公鸟、斗士等族名呢？据说

在一次传说的迁徙中，合皮人为了止住一个孩子的哭啼，就给他在路上采集和砍下的芥末叶子和橡树枝。之后，他们遇见郭公鸟，不久又遇到斗士。獾和蝴蝶族的名字的由来是，该族祖先在捉蝴蝶哄孩子之前不久认识了一头人獾，把他带了来。但这个孩子病了，正是这头獾用草药把孩子治好了。兔与烟族的祖先们曾发现这种植物并遇见这种动物。巴特基族的祖先取湖、云、雨、雪和雾为名，因为这是他们在旅途中遇到的各种事件。在菲尼克斯（亚利桑那州）的现在位置与小卡罗拉多之间的某个地方，熊族的祖先遇到一头死熊，因而得名。但另一伙人发现了皮子，小啮齿动物从皮子上取下毛来装饰它们的洞。他们用皮子做皮带，于是皮带和熊族就联系了起来。第三批人取啮齿动物的名字为名，于是也和前一族人连在一起。（渥兹 4，帕森斯）

现在再来看看南美洲。保罗罗人说太阳和月亮由于一对父子之间的争执都属于塞拉（Cera）半族的巴德德格巴（Badedgeba）族，父亲和 305
儿子两人都想占有这些天体的名字。经协商后把太阳和太阳路这两个名称给了父亲。烟草属于派维（Paiwe）族，因为一位属于该族的印第安人在挖空鱼的内脏准备烹调时，在其腹内偶然发现了烟叶。“黑”巴德德格巴族酋长曾拥有一些黑色和红色的鸟（分别为 Phimosus infuscatus 和 Ibis rubra），但是“红”巴德德格巴族酋长把这些鸟偷了去，“黑”巴德德格巴族酋长只好同意按颜色平分。（柯尔巴奇尼）

由于一切有关氏族称谓起源的神话如此相像，就无必要列举世界其他地区的例子了，如非洲就有大量的这类例子。那么它们共同的特征是什么呢？首先，这些神话都很简洁，没有供人们就什么丰富的隐蔽含义来谈东道西的余地。故事一经化简为其基本梗概，对于分析者来说就无足为奇了。其次，这些神话是伪溯源论的（假定一个神话真可加以溯源的话），因为它们提供的解释只能归约为与初始情况无多大改变的陈述。按此观点，它们似乎是多余的。因此它们的作用似乎是区分性的，而非溯源性的：它们并未真的解释一种起源或指明一种原因。它们只不过是在援引一种起源或原因（本身是无意义的），以便突出某一细节或“标志”某一物种。某一细节或某一物种获得一种区分性价值，这不是由于所赋予它的该特定起源，而只是因为它被赋予了某一个起源而其他细节或物种却没有这种起源这件事本身。历史以粗简，甚至否定的方式被悄悄地引入结构：它并未说明现在，而只是在其现在的诸成分间做了一个选择，只给予其中某些成分以拥有过去的特权。因而图腾神话的贫乏性
306 是由于如下事实，即每个图腾神话的功能只在于建立一种作为区别的区别：它们是某一系统的组成单元。意义的问题并不出现于每一孤立看待的神话的层次上，而出现于诸神话成分构成系统的层次上。

现在我们又遇到前面讨论过的一个矛盾[①]：我们所关心的系统作为系统是不容易加以“神话化的”，因为它们潜在的同时性特点陷于同历时性无休止的冲突中。按照假定，系统的成分是在神话的这一边，而按其最终目的，这个系列总是在那一边。我们可以说，神话似乎在系列后追逐，想要赶上它。它是很难成功的，因为系统经常被历史所左右。当人们以为成功了时，又发生了新的怀疑：神话表现是否与形成社会与宗教实践的真实结构相符呢，还是说它们只是以另一形式表现了这样一种凝结的形象，借用这种凝结的形象，土著哲人为自己提供了使逃逸的现实固定住的幻觉呢？尽管马塞尔·格雷奥勒在非洲的发现相当重要，人们还是常常想知道它们究竟与这些解释中的哪一种有关。

最早关于图腾的理论似乎就受到这一矛盾的影响，那时这些理论还不能清楚地把这一矛盾表述出来。麦克林南，以及后来的罗伯森·史密斯和弗雷泽（Ⅳ，73～76 页，264～265 页），曾经十分相信图腾制先于族外婚制（我觉得这一断言没有意义），其理由是，在他们看来前者是单纯指示性的，而他们推测后者是系统性的：然而，系统只能建立于已
307 被指示的诸成分之间。但若要把图腾制也看作一个系统，就必须把它置于语言学的、分类学的、神话的和仪式的关联域内，在这个关联域内作者们首先把图腾系统分离出来，以便找出一种任意的组织的轮廓。

实际上正如我们曾经指出的，问题并不如此简单。图腾制的含混性是实在的，即使我们为摆脱它而想象出来的组织不是实在的。当然，所

① 参见本书前面 89～97 页。

谓图腾制或者具有或者排除某一系统的特性，这取决于所采取的观点：它是注定要蜕化为一套词汇的一种语法。与那些首先被想象作（如神话）或被实行着（如仪式）的其他分类系统不同，图腾系统永远是被经历的，这就是说，它依附于具体的集团和具体的个人，因为它是一个祖传的分类系统。①

这使我们能理解在分类的结构性质与其人口学基础的统计性质之间出现的永恒冲突。分类趋向于解体，就像一座被洪水冲走的大厦，它的各部分经过急流、滞水、险阻、峡谷的作用，最终又以不同于设计师构想的方式重新组合起来。因此对图腾制来说，其功能必然胜过其结构；它从未停止向理论家提出的问题就是有关结构与事件之间关系的问题。图腾制的重要教训是，当结构本身屈服于事件时，结构的形式有时却能够延存下去。

于是在历史与分类系统之间存在着某种基本的对立。这或许可以解释人们想称作“图腾空白”（“vide totémique”）的现象，因为在欧洲和亚洲伟大文明的范围内显然不存在任何与图腾制有关的东西，哪怕是其遗迹。原因肯定在于，这类文明宁愿用历史来说明本身，同时这一活动与借助有限的集团来把（自然的和社会的）事物和生物加以分类的活动是互不相容的。图腾分类当然把其集团划分为原始的和派生的两个系列：前者包括具有超自然面貌的动植物物种，后者包括具有文化特征的人类集团；而且前者被断言存在于后者之先，并以某种方式产生了后者。然而原始的系列通过动植物物种继续在历时性中与人类系列并存。这两个系列都存于时间中，但处于一个非时间的机制内，因为二者都是实在的，它们沿着共同的航向航行，始终像是即刻就要分开的样子。原始的系列总存在在那儿，准备充作对发生于派生系列中的变化进行解释和调整的参照系统。在理论上，如果不是在实践上，历史是从属于系统的。 308

然而当社会站在历史一边时，划分为有限的集团就不可能了，因为派生的系列不是重复原始的系列，而是与其混合以构成一个独一无二的

① 当然，某些类型的图腾系统正确说来不是祖传的，但即使如此，该系统也是由具体的人来维持的。

系列，其中的每一项相对于其前项都是派生的，而相对于其后项则是原始的。人们假定，不是在各自为有限的和非连续的两系列间永远存在着同态关系，而是在一包含无数项目的单一系列内存在着一种连续的进化。

309 某些波利尼西亚神话处于这一关节点上，在这里历时性不可改变地压倒同时性，并使人类秩序不可能被解释为自然秩序的固定投影，因为自然秩序产生社会秩序，后者是前者的延伸而不是其反映：

> 火与水结婚，它们生出了大地、岩石、树木和种种万物。乌贼与火恶战，乌贼被击败。火与岩石战，岩石获胜。大石与小石战，小石胜。小石与草战，草获胜。树木与爬虫战，树木被打败，爬虫胜。爬虫腐烂生蛆，它们由蛆变成了人。（G. 特纳尔，6～7 页）

这个进化图式排除了任何图腾类型的综合，因为事物和自然生物并未为人类集团之间也是静态的差异性提供一种静态模型：它们是按照人类发生史来排列的，并为人类的出现提供了准备。但是这种互不相容性接着提出了一个问题，即：如果存在着互不相容性的话，分类系统如何成功地消除了历史，当不可能消除时，又如何与其结合呢？

我在别处提出过，在“无历史的种族”与其他种族之间人们所作的笨拙的区别，可以更恰当地以（我为方便起见称作）“冷的”和“热的”社会之间的区别来取代：前者通过它们的机制企图以半自动的方式消除
310 历史因素对其平衡和连续性的影响；后者坚定地使历史过程内在化，并使其成为本身发展的推动力（沙邦奈尔，35～47 页；列维-斯特劳斯 4，41～43 页）。仍然需要区别几种历史序列的类型。某些类型虽然存在于延续现象之中却具有重复的性质：例如一年之内季节的循环，个人生命的轮回，或社会集团内部商品和劳务交换的循环。这些序列没有问题，因为它们都在序列内周而复始地重复，其结构并不必然改变。“冷的”社会的目的是使时间序列的次序对每一序列的内容的影响越小越好。当然它们并不很成功，但这是它们所树立的规范。除了它们所用的程序比某些现代人种学家（沃格特）愿意承认的更有效这一事实外，真正的问题不是它们获得了什么实在的结果，而是它们以什么持久的目的为引导，因为它们为自己树立的形象是它们的现实存在的基本部分。

在这个问题上，积累证据以证明一切社会都处于历史和变化之中是令人厌烦和无益处的，因为这是显而易见的。但在卷入这种多余的论证中时还有忽略这样一种事实的危险，即人类社会以很不相同的方式对这个共同的条件做出反应：某些社会情愿或不情愿地接受了历史，并由于对历史具有的意识而大大地增加了历史的作用（对它们本身和对其他社会而言）；另一些（为此我们称其为原始的）社会则想要否定历史，并以一种我们低估了的灵巧性企图使它们认为是“在先的”发展状态尽可能持久地维持下去。

原始社会如果要成功，仅仅像下面这样做是不够的：通过限制人口因素的影响，缓和在集团内部或在集团之间表现出来的对立，以及使个 311
人与集体活动在其中发生的构架永久化等方式，来对重复出现的序列实行调节作用。[①] 同样必然的是，这些非重复性的事件链索，其效果积累起来导致了经济上与社会上的剧变，一旦它们形成就会断裂，或者说，社会就会有一个有效的程序以防止它们的形成。我们了解这个程序，它并不否认历史过程，而是承认它是一个无内容的形式：的确存在着在前事件和在后事件，但它们的唯一意义在于交互反映。于是北阿兰达族的一切活动都重复着他们的图腾祖先始终在做的那些事：

> 古拉（gurra）人祖先猎杀和食用袋狸（“bandicoot”），他的儿子们永远热衷于同样的事。卢卡拉的白蛴螬族人一年到头从洋槐根 312
> 茎里挖蛴螬……拉吉亚（ragia，野梅树）祖先靠野草莓为生，他不断地把野草莓采集到大木盆里，蝲蛄祖先一直在他行进于其中的流动水道里建筑新堤坝；而且他永远要用鱼叉叉鱼……〔然而另一方

---

① G. 巴兰地尔在其最近的一部论著的开头有礼貌地宣称，现在到了社会科学“在其现实生活和其发展之中来理解社会”的时候了。接着他还很中肯地描述了各种组织，其目的在于，用他自己的话来说，“重组”受扩散威胁的血统；“缓和”它们的瓦解；“恢复”它们的连带关系，“建立”与祖先的交流，“防止氏族的各自分离的成员彼此成为陌生人”，提供“防止冲突的工具”，通过“作为加强社会和政治结构的一个因素”的“精细调节的”仪式，来“控制”和“掌握”对立和颠覆。人们不难同意他的下述论断（然而也提出他是否恪守初衷的疑问）：他开始时否认其建立于“逻辑关系”和“固定结构”（23 页）上的那些组织，实际上证明了“传统社会逻辑的支配地位”（33 页）以及“古典系统于是在长时间内显示了一种惊人的‘同化’能力”（34 页）。在这一番话中唯一令人吃惊的事情乃是作者本人所表现出来的惊异。

> 面〕……如果把在北阿兰达族地区收集到的神话统一加以研究，就会发现有关一切至今仍在澳大利亚中部实行的生产活动的充分而详尽的描述。在这些神话里我们看到土著日常进行的渔猎、采集食用植物、烹调和制造各种工具等活动。一切营生都由图腾祖先创始的，而且土著们在这方面也是盲目地泥守传统：他们坚持使用祖辈使用过的原始武器，从未想到过对它们加以改良。（T. G. H. 斯特莱罗，34～35 页）

我宁肯选用这个例子，而不选用可从世界其他部分得到的另一些类似的证据，这是因为它来自一位在土著中间出生和长大的人种学家，他熟谙他们的语言并始终深深地眷恋着他们。我们不可能怀疑他不能理解或心怀恶意。当然，对于我们（正如对于他一样，如该引文所示）来说，很难不对一种与我们自己文明所特有的那种渴求变化截然对立的态度表示异议。然而对设想为一个无时间性模式的过去，而非对设想为历
313 史过程中某一阶段的过去，如此执守不渝，并未透露出任何道德性的或理智上的缺欠：它表现了一种有意识地或无意识地采取的态度，其所具有的系统性质在世界各处已为各种技术、规则和习俗的不断重复的出现所证实。它所采取的一种独一无二的论据是：祖先们教导我们如此如此。对于我们社会中其他领域的情况来说，古远性和连续性直到晚近时期仍然是合法性的基础。但是这种古远性被看成是绝对的，因为它可上溯至世界的起源，而这种连续性则既不假定有方向的差别，又不假定有紧密稀疏之分。

于是，神话的历史表现出了既与现在分离又与现在结合的矛盾。二者分离是因为，最初的祖先与现代人的禀性各异：前者是创造者，后者是模仿者。二者结合是因为，自从祖先出现以来，除了周期性地消除其特殊性的那些反复出现的事件以外，没有别的东西传续下来。仍然有待证明的是，野性的思维如何不仅能够克服这一双重矛盾，而且能够从中得出有关一个首尾一致的系统的材料，在这个系统里以某种方式被控制着的历时性与同时性相互配合，从而避免了二者之间可能发生的新的冲突。

由于仪式的缘故，神话的“被分离的”过去一方面与生物学的和季

节的周期性联结起来，另一方面与“被结合的”过去联结起来，后者一代一代地把活人与死人联系在一起。沙尔波（71 页）充分地分析了这一同时性—历时性系统，他把约克角半岛澳大利亚部落的仪式分为三类。**控制仪式**是肯定的或否定的。其目的在于增加或限制物种或图腾现象，有时有益于、有时又有损于集团，其办法是通过确定那些容许从图腾中心释放的圣灵或圣灵物体的数量，这些图腾中心是由祖先在部落领土内的各处建立的。纪念性或**历史性仪式**重新创造了神话时代——如澳大利亚人称作的“梦的时代”——的神圣的和有益的气氛，再现了当时 314
的人物及其业绩。**悼念仪式**对应着一种相反的程序：不是以活人体现远祖，这些仪式的目的在于使不再活着的人复回为祖先。于是可以看到，仪式系统的功能在于克服和综合三种对立：

历时性与同时性的对立；

在历时性与同时性两方面均可表现出来的各种周期性或非周期性的对立；

最后，在历时性内部，可逆时间与不可逆时间的对立。

因为尽管现在与过去在理论上有区别，历史性仪式把过去带入现在，而悼念仪式把现在带入过去，这两个过程是不等价的：神话英雄确实可以被说成是回来了，因为他们的唯一实在性就在于他们的人格化，但人却是真的死去。所以我们可有下列图式：

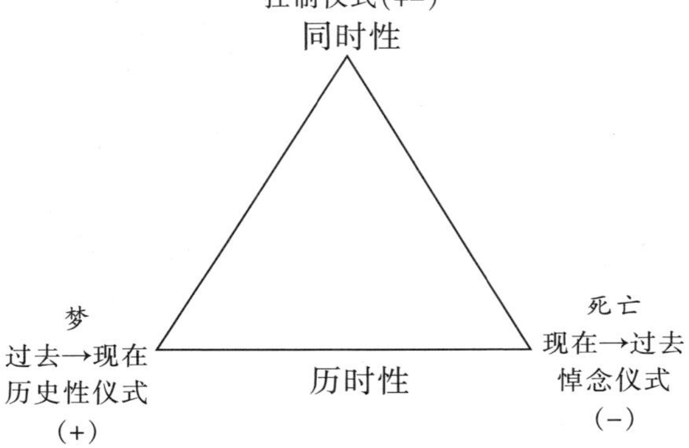

315 在澳大利亚中部，这一系统由于屈林加（churinga）或土林加（tjurunga）的习俗而被完善或加强，它曾耗费了过去和现在各代人不少的心思，但上述讨论有助于对此加以说明。纪念性的和追悼性的仪式假定，过去与现在这二者之间的过渡在两种意义上都是可能的，但是对此并未提出证明。它们表现于历时性中，但它们仍然依据同时性，因为举行仪式这一事实就相当于变过去为现在。因而，某些集团本应在同时性内部去寻求历时性的历时本质的确切证明，是可以理解的。按此观点，有意义的是，屈林加的重要性对于西阿兰达人和北阿兰达人特别大，而越向北越小，直到完全消失。历时性与同时性的关系的问题对于阿兰达人各集团来说实际上甚至更难解决，这是因为他们不是按阿拉巴纳人和瓦拉门加人的方式（斯宾塞和吉林，161～162 页）把图腾祖先表现为个人化的英雄，同时假定图腾集团的所有成员都是英雄们的直系后裔，而是表现为身份不明确的一群人，这就原则上排除了系谱连续性的概念。实际上如我们在另一章中所看到的[1]，从阿兰达人的某一观点来看，似乎每一个人在其生前都抽签选中一名无名祖先，他于是就成为这名祖先的托身。当然，因为他们的社会组织十分精细，这使得社会的共时性结构富有清楚的区分性与明确的规定性，于是连过去与现在之间的关系在他们看来也是按同时性来表现的。因而屈林加的作用或许就是
316 抵消与历时性方面相关的这种贫乏性：它们是在物质化中现存的过去，并提供了使经验的个别化与神话含混性相互调合的手段（插图 7）。

人们知道，屈林加是石制或木制的物品，大致呈椭圆形，有尖端或圆端，往往刻有象征记号，有时就只是木块或未加工过的石子。每一个屈林加不管什么形状都代表某一祖先的身体，它一代一代地庄严地授予被认为是这位祖先托身的活人。屈林加成堆地藏于天然洞穴中，远离常来常往的路径。它们被定期取出检查和擦弄，这时总要把它们磨光、上油和涂色，并冲着它们祈祷念咒。于是它们的作用和受到的对待，与我们藏入保险箱或托付公证人秘密看管的文件档案酷似。我们不时以对待

① 参见本书前面 108 页。

圣物似的小心翼翼的态度检查它们，如有需要即加以修补或放入更精巧的档案库。这时我们也爱面对破碎的黄卷缅怀不止，并追思记忆中的伟 318
大的神话：我们祖先的懿行伟德，我们宅第自筑成或初次购得时起的历史。（图 9）

317

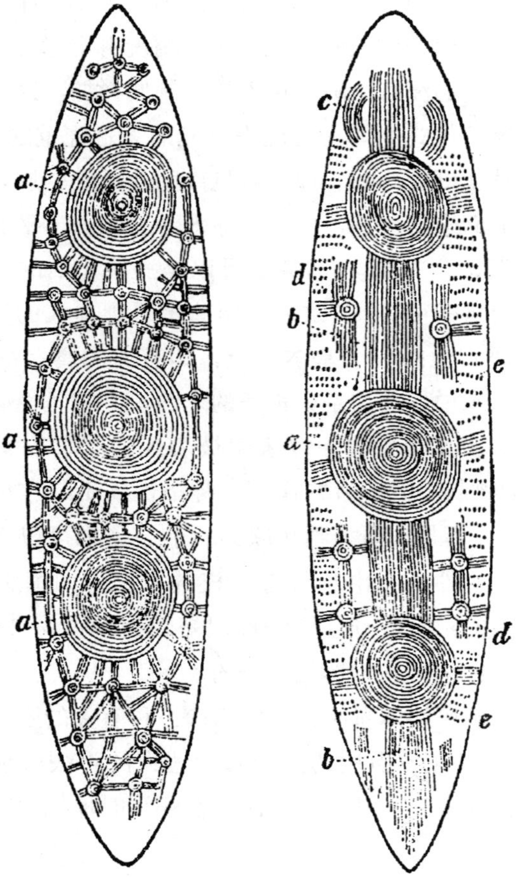

图 9　蛙图腾族一位阿兰达人的屈林加

录自 B. 斯宾塞和 F. J. 吉林：《澳大利亚中部的土著部落》，新版，伦敦，1938，145～147 页。

大同心圆（a）代表三株名树，它们标志着休河附近的图腾地点。同心圆之间的直线（b）表示它们的大根，曲线（c）表示它们的小根。小同心圆（d）代表有根的不太重要的树，虚线（e）是蛙在河床沙石上跳蹦的踪迹。蛙本身由屈林加一侧上（见左图）连接小同心圆（它们的身体）的复杂的线网（它们的四肢）表示。

因此，像迪尔凯姆那样为发现屈林加的神圣特性的原因而考虑过远是无益的：当某种奇风异俗，尽管（或由于）它看起来如此奇特，吸引住我们时，一般来说这是因为它像一面变形镜似的在我们面前呈现出一种熟悉的形象，我们对此未能加以识别，而且含混地认为它就是这个样子。迪尔凯姆（167～174 页）说屈林加是神圣的，因为它们被绘有或刻有图腾标记。然而今天人们首先知道，情况并非总是如此：T. G. H. 斯特莱罗曾提醒人们注意北阿兰达人的石制屈林加，这种石制屈林加比他描述为"在增殖仪式期间马马虎虎磨光的无足轻重的粗糙物品"（54 页）的其他屈林加更受珍视。他曾看见南阿兰达人的屈林加是一些"朴拙的木片……上面未绘标记，厚厚地涂上一层凹凸不平的红赭石和油脂的混合颜料"（73 页）。屈林加甚至可以是一块光洁的卵石、一块天然的石头或一株树（95 页）。其次，按照迪尔凯姆本人的说法，他对屈林加的论述必须证实他的一个基本论点，即有关图腾制的象征性质的论点。对阿兰达人来说屈林加是最神圣的东西，其神圣性必须用图腾的象征性图案表示法来加以解释，以表明被表现的图腾比实际的图腾更神
319 圣[①]：个别的动物起着意指者的作用，神圣性既不与它也不与它的肖像（icône）相联系，而是与所指物相联系。前二者都可以无区别地代表后者。最后，一份文件不会由于带有特权的标记，如国家档案之类的标记，就成为神圣的：它带有这样的标记是因为它首先被承认是神圣的，而且当没有这一标记时它仍然是神圣的。

无须赘言，按照迪尔凯姆另一种与前一种有关的解释，屈林加是祖先的身体。C. 斯特莱罗引用的这个阿兰达人的看法必须按其隐喻的意义来理解。祖先并未失去其身体，因为在怀孕时他把他的屈林加（或其

---

① 参见本书前面 196 页。

"对于人来说，没有一位统治整个印第安部族的酋长，而是每一支族各有一位酋长。同样，动物或植物物种并无一个单一的'头头'，而是每一地区各有一个'头头'。'头头'总是比同种类的其他动植物为大，而对鸟、鱼和动物来说，'头头'总是白色的。印第安人不时地看到和捕杀它们，但一般来说人看不到它们。一位老印第安人说，'头头'很像渥太华的政府。普通的印第安人从来看不见'政府'。他被从这一机关送到另一机关，被介绍给这个人和那个人，有时其中每一个人都自称是'头头'，但他从来也没看见真实的政府，因为政府有意躲起来了。"（詹尼斯 1，61 页）

中之一）转给下一个托身。更确切地说，屈林加提供了祖先和他活着的后代是同一个肉身的确实证明。如果不然，又怎么会有这样的情形，即如果原始的屈林加没有在女人神秘地受孕的地方被发现，人们就制作出另一个屈林加来代替它呢？屈林加的这种可充作证明物的特点是它们与文件档案，特别是与地契相像之处。地契在各位购买者的手中轮流传递（当遗失或毁坏时可以补制），这里谈的只是一位有用益权者所具有的道德的和肉体的个性，而不是一位所有者持有的不动产。另外，虽然档案也是一切财产中最贵重的和最神圣的财产，但我们有时也像阿兰达人一 320
样把这些珍宝托付给外国集团。于是，如果我们把路易十四的遗嘱送到美国，或美国把《独立宣言》或“自由钟”送给我们，那么按阿兰达族情况报告人自己的话来说，这就证明了：

> ……我们与邻人和睦共处，因为我们不可能与保卫着我们的屈林加并把他们的屈林加放入我们的保险柜中托管的人争斗。（T. G. H. 斯特莱罗，161 页）

但是为什么我们如此重视我们的档案呢？与档案相关的事件是以无数方式被独立地证实的：它们存在于当前，并存在于我们的书中。档案本身不具有意义，它们完全是通过本身在历史上的作用和人们所作的注解而得到意义的，这类注解使档案与其他事件发生联系，从而解释了它们。我们大致说明了迪尔凯姆的论证以后也许可以指出，档案归根到底只不过是一些纸片。[①] 只要把档案刊布出来，即使一场灾难销毁了原件，我们的知识与状况也不会发生任何变化。可是我们却会觉得这一损失是给我们带来切肤之痛的无法弥补的损害。而且并非没有道理的是：如果我对屈林加的叙述是正确的，它们的神圣性就与只有屈林加在一个系统中所起着的历时性的意指作用有关，这个具有分类作用的系统整个地显示于甚至能够把时间绵延也吸融在内的同时态中。屈林加就是神话时期即阿尔切林加（alcheringa）的明显的证明，没有屈林加我们也可

---

① “……屈林加本身是木制品或石制品，就像许多其他这类物品一样……”（迪尔凯姆，172 页）

以想象这个神话时期，但是却不会有关于它的任何物质性的证据了。同
321 样，如果我们失去了我们的档案，我们的过去不会消失：然而这个过去会被剥夺去我们习惯于称作历时性味道的东西。过去仍将作为过去存在着，但它只被保存在同时期的或最近的复制件、书籍、制度，或甚至是某种情境之中。于是它也会被展示于同时性中。

档案的作用在于使我们与纯粹的历史性接触。如我在讨论图腾称谓起源的神话时所说的，其意义不在于被引述事件的内在意义：它们可以无意义，甚至可以完全不存在，如果所说的是没上下文的几行手迹或一个签名。但是试想一下吧：巴赫的签名对于一个每听到他的几节音乐都会心潮起伏的人会意味着什么吧！至于事件本身，我曾指出，它们不是通过真正的文件来证实的，而且一般来说它们被证实得较好。于是档案提供了另一种东西：一方面档案以其彻底的偶然性构成了事件（因为唯有不成为它们的组成部分的解释才能赋予它们以理由）；而另一方面，档案赋予历史一种物质性存在，因为只有在它们之内，已完成的过去和过去在其中延存的现在这二者之间的矛盾才能被克服。档案是事件性（événementialité）的具形的存在。

通过这一研究，我们在野性思维的内部发现了图腾神话已引导我们去面对的那种纯历史。我们可以设想，图腾神话描述的某些事件是真实的，即使图腾神话对事件的描绘是象征性的和被歪曲的（艾尔金 4，210 页）。然而问题并不在于此，因为一切历史事件在很大程度上都是
322 历史学家对历史进行切分的产物。即便神话的历史是虚假的，它至少以纯粹的和更具标志性的（marquée）形式（人们会说，因为它是假的，所以尤其如此）同样表现了某一历史事件的特征，这些特征一方面取决于事件的偶然性（祖先出现于某处；他曾去这儿，然后去那儿；他干了这样或那样的事……），而另一方面取决于它引起强烈而变化多端的感情的能力：

北阿兰达人依恋家乡土地至深。他总是满怀深情和敬意地谈到自己的“出生地”。今天，当他提到一处祖先的住地，有时是无意地，被在本集团领土上的白人侵夺者亵渎时，不禁泪流满面……家

园之爱，对家园的思恋常常也是反复出现于图腾祖先神话中的重要主题。（T. G. H. 斯特莱罗，30～31 页）

然而对土地的这种热爱可首先从历史的角度加以说明：

山、河、泉、水塘，对于他（土著）来说，不只是引起兴味的或美丽的风景……它们是自己祖先的作品。他看到了在周围的景致中留存的有关他所崇敬的不朽生灵的生活与功绩的往事；短时间内会再现人形的生灵；在自己亲身经验中认识其中不少人（如他的父亲、祖父、兄弟，以及母亲和姐妹）的生灵。整个家乡是他的古老而永存的家庭谱系之树。家乡的历史就是在时间伊始，在生命初临之际，他自己所作所为的故事，那时他所了解的世界曾被无所不能的造物之手创造和模塑。（同上书，30～31 页） 323

假如人们注意到，这些事件和地点与前几章所谈的那些提供象征系统材料的东西是相同的，那么就必须承认，所谓原始种族已经知道制定一些合理的方法，以便把具有逻辑偶然性和情绪波动双重性的非理性嵌入合理性之中。于是分类系统使历史的融合成为可能，尤其是那种可被认为与系统相抵牾的历史。因为不要弄错：那些使细枝末节彼此严肃地相关联，以及对所谈及的地方表露感伤情绪的图腾神话，只能使人想起那些较小的、较不重要的历史事实，即最逊色的编年史家所编的历史。那些同样的社会（其社会组织和婚姻规则需要数学家的努力才能加以解释，而且其宇宙论使哲学家感到惊异）没有看到在这些领域中他们所从事的高超的理论工作与不是由一个叫做勃克哈特或斯本格勒的人，而是由一个叫做勒诺特尔和一个叫做拉·弗斯的人所写的历史之间，存在着连续性的中断。根据这种看法，阿兰达族水彩画家的风格或许就不会显得那么奇特了。而且，在我们的文明中没有什么比我们在被引导下对歌德或雨果故居的参观，更像行入族礼的澳大利亚人在本族贤哲的护送下所做的定期朝圣了。文豪故居的陈设会使我们心潮汹涌，不能自已。正像屈林加的例子一样，重要的并不在于证明这张床就是梵·高曾经睡过的那张床：参观者所要求的只是它能被指示出来。

第 9 章　历史与辩证法

324 在本书的论述中我允许自己借用某些萨特的术语，这是不无熟虑的。我想要引导读者面对这样一个问题，对这个问题的讨论将有助于介绍我自己的结论。这个问题就是：那种能够而且愿意既是叙事性的也是几何学性质的思想，在何种程度上还可以称作是辩证法的思想？野性的思维是整合性的（totalisante）；事实上，在这一点上它确实想走的比萨特容许辩证理性走的远得多。因为，一方面，后者让纯粹的系列性（sérialité pure）逃逸了（而我们刚才看到，各种分类系统如何成功地把它吸收进来）；另一方面，辩证理性又排除了可使这类系统臻于完善的图式化（schématisme）的可能。依我看来，真实的辩证理性原则应当从野性的思维顽固地拒绝使任何关于人的（甚至是关于有生命的）东西与自己疏离的态度中去寻找。但是我对辩证理性的看法与萨特的很不相同。

人们在读《辩证理性批判》时很难避免这种感觉：萨特在两种辩证理性概念之间摇摆。有时候他使辩证理性和分析理性像真理与谬误一样（如果不说像上帝与恶魔一样）相互对立，而有时候这两种理性又是朝
325 向同一真理的不同途径。第一种概念不仅怀疑科学知识，而且最终甚至

会暗示说不可能有一门生物科学。它还牵连到一种奇特的矛盾，因为题名为《辩证理性批判》的著作乃是作者运用他自己的分析理性的结果：他进行定义、区分、分类和对比。这种哲学论述与它所讨论的，以及与之对话的著作，在性质上没什么不同，即使它不赞同那些著作。人们很难理解分析理性如何能够被应用于辩证理性并声称为后者提供了基础，如果二者是以互不相容的特性来定义的话。第二种概念遭致另一种批评：如果辩证理性与分析理性最终达致同一结果，如果它们各自的真理融合为单一的真理，那么它们是如何对立的，特别是根据什么理由要宣称前者优于后者？萨特的努力在一种情况下似乎是矛盾的，而在另一种情况下又是多余的。

矛盾应该如何解释和人们为什么能够避免它呢？萨特在他所持的两种犹豫不定的假设中，赋予辩证理性一种独特的实在性，它独立于有时作为其对立面、有时又作为其补充者的分析理性而存在。虽然在这两种情况下马克思都是我们思想的出发点，不过我认为，马克思主义的方向却导致一种不同的观点，这种观点主张：两类理性之间的对立是相对的而非绝对的，它相当于人类思想内部的一种张力状态，这种张力状态可以事实上无限地存续，却并无法理上的根据。辩证理性应当始终是构成性的：它是一座由分析理性架设于深堑之上的、永远在延伸和改良之中的桥梁；它不可能瞥见对岸，但确悉岸在那里，即使岸边会不断地远 326
退。辩证理性一词也包含着分析理性为了改善本身而必须作出的持续的努力，如果分析理性想要说明语言、社会和思想的话。而且在我看来，两种理性的区别只是由于使分析理性与生活的睿智相互分离的那种暂时的差异。萨特把分析理性称作迟钝的（paresseuse）理性，我则把这同一种理性称作辩证的理性，只要它是能动的，即只要它在努力超越自身。

因而按照萨特的用语，我们就应当被称作先验唯物主义者和唯美主义者。我可被称作一位先验唯物主义者（124 页），因为我并不把辩证理性看作某种使人类秩序的绝对的独创性得以成立的、不同于分析理性的东西，而是看作某种在分析理性之内的附加的东西，只要它勇于承担把人类的事物分解为非人类的事物的活动。我又可被看作一位唯美主义者，因为萨特用这个词指任何那种把人当作蚂蚁来研究的人（183页）。然而在我看来这正是任何一位持不可知论的科学家的态度，对此我们并没有必要加以让步，因为蚂蚁连同它自己制造的隧道，它的社会生活与化学信息，已经在对分析理性活动顽强地加以抵制……于是，就我认为人文科学的最终目的不是去构成人，而是去分解人而言，我是接受唯美主义者这个形容词的。人种学的最突出的价值就在于它相当于某种方法的最初阶段，这一方法还包括其他阶段：人种志的分析试图获致那种超越经验上千差万别的人类社会中的“常项”，这种方法当然还包括其他的步骤。而且，如本书指出的，这类常项有时是存在于最意想不到之处的。卢梭（2，第8章）凭其禀赋的睿智预见到了这一点：“当你想研究众人，你就必须从近处观察，但研究人，就必须学会从远处看。为了发
327 现属性，首先必须观察区别”。然而把各种特殊的人性凝缩成一个一般的人性是不够的；这个开头的活动为其他后来的活动开辟了道路，这是卢梭当时还未曾自觉接受而精密的自然科学后来所必须遵行的：文化重新统一于自然，以及生命最终重新统一于它的物理化学条件的整体。①

然而尽管我的论断有些故意措辞极端，我并未忽略这样的事实：动词“分解”（“dissoudre”）无论如何不含有消除（甚至排除）受其他物体活动制约的物体组成成分之意。固体溶解为液体时改变了其分子的排列。它也常常提供一种把它们储存起来的有效方法，这样一旦需要时就可以把它们复原，而且它们的性质也可以得到更好的研究。于是只要满足了两个条件，我所考察的还原法就是合理的，或肯定是可能的。

首先，被还原的现象不应被削弱；我们必须肯定，每一种有助于其特有的丰富性和独特性的东西都已聚集于其周围，因为不敲钉子而举起锄头来是无意义的。

其次，人们应当看到，每次还原都彻底推翻了人们所形成的有关任何现象的各个层次上的先入之见，这些层次是人们试图予以结合的。人

① 我曾十分重视的自然与文化之间的对立（1，第1章和第2章），现在似乎具有了首先是方法论的重要性。

种志还原法所导致的某种一般人性的观念，将与任何人们以前形成的类似观念无关。而且当我们最终得以把生命理解为一种惰性物质的作用时就会发现，后者的属性与人们以前赋予它的属性完全不同。因此还原的层次不能被分为高类与低类，因为被看作较高的层次，通过还原以后必 328 定被认为把它的某些丰富性逆向地传递给包含它在内的较低的层次。科学说明不在于从繁到简，而在于用可理解性较高的复合物替换可理解性较低的复合物。

因而根据这种见解，我的自我和其他自我的对立并不比人与世界的对立更严重：通过人获悉的真理是“关于世界的”，因而这类真理是重要的。[①] 这就说明了为什么我把人种学看作一切研究的原则的原因，而对萨特来说，人种学讨论的问题则被看成为应当予以克服的障碍，或应当予以解消的抵制力量。确实，当依据辩证法来规定人和依据历史来规定辩证法时，如何能理解“没有历史”的民族呢？有时候萨特似乎想区分两种辩证法：一种是“真正的”辩证法，它应当是历史社会的辩证法；而另一种是重复性的、短时段的辩证法，它是所谓原始社会所有的，并非常接近于生物学。这就损害了他的整个体系，因为他费尽心思 329 要去摧毁掉的人与自然之间的桥梁，最终会通过人种志学而被悄悄地重建起来，人种志无可争辩地是一门人文科学，它致力于这类原始社会的研究。或者萨特宁愿给人加上一种“受阻抑的和被变形的”人性（203页），但又并非不含这样的意思，即受阻抑的和被变形的人性并非是人性的固有部分，而只是由于它接受了历史的人性的缘故：或者因为它使后者的历史内在化于殖民地的背景中；或者因为，由于人种学本身之故，历史人性赋予不具有历史人性的原初人性以意义。两种情况都会忽

① 这一点甚至也适用于数学真理，然而现代逻辑学家对此说道：“今日人们几乎可以认为数学家的共同看法是，纯数学的思想不传达有关外在世界的真理。”（A. 伊丁，71 页）然而无论如何数学反映了精神的自由活动，也就是说，大脑皮层细胞的活动，它相对来说摆脱了任何外部制约而只服从自身的法则。因为精神也是一种物，这种物的活动教给我们某种有关物性的东西：甚至纯粹的反省活动，归根结底也是一种宇宙的内在化活动。它以象征形式说明存在于外部的结构：“逻辑和符号逻辑是属于人种志学而非心理学的经验科学。”（贝兹，151 页）

略习惯、信仰、风俗的惊人的丰富性和多样性，而且忘记了，在世界上并存的或自从人出现以来陆续发生的成千上万的社会中的每一个，都声称它包含了人类社会所能够具有的一切意义与尊严的本质，而且即使它可以是小至游牧部落或淹没在森林深处的村庄，在它本身看来它的断言都具有可以和我们在我们自己的社会中所能援引的那类道德相比拟的确定性。但是不管对他们来说还是对我们来说，如果认为整个人类都退避于其历史的或地理的诸生存方式中的一种方式里，而未看到人类的真理其实存在于由这些不同方式的差异性与共同性组成的系统中，那就过于以自我为中心和天真了。

首先热衷于有关所谓自我的自明真理的人绝不会从这些真理中出现。关于各个人的知识对于那些使自己陷于个人同一性圈套里的人们说来往往似乎更容易把握些。但是这样一来他们就关上了关于人的知识之
330 门：写出的或未公开的“自白”构成了一切人种志学研究的原则。实际上，萨特成了他的“我思”（Cogito）的俘虏：笛卡尔的“我思”能够达到普遍性，但始终以保持心理性和个人性为条件。萨特只不过是通过把“我思”社会化，用一座牢狱替换了另一座牢狱。此后，每一个主体的集团和时代取代了无时间的意识。此外，萨特的关于众人和关于人的观点具有封闭社会传统上所固有的那种狭隘性。他借助没有根据的对比，执意在原始与文明之间找寻差异，这种态度以并非更巧妙的方式反映了他假定的在我自己和其他人之间存在的根本对立。但是在萨特著作中提出这种对立的方式与美拉尼西亚野蛮人多半已经提出过的这种对立方式之间的区别是甚少的，而惰性实践（pratico-inerte）的分析干脆就是复活了泛灵论的语言。[①]

想要为物理学奠定基础的笛卡尔把人（l’Homme）与社会割裂开来。自言要为人类学奠定基础的萨特则把他自己的社会与其他社会割裂

① 正因为野性思维的所有这些方面都能在萨特的哲学中找到，所以在我看来他的哲学就不具有判断野性思维的资格：他由于提出了与自己哲学相同的东西而受到这种限制。相反，对于人种学家来说，这一哲学（像所有其他哲学一样）却提供了第一流的人种志学资料，研究这些资料对于理解当代神话学是必要的。

开来。希望做到纯净不染的“我思”陷入个人主义和经验主义，并消失在社会心理学的死胡同里。因为值得注意的是，萨特企图据以推导出社会现实的形式条件的起点的情境——罢工、拳击比赛、足球赛、公共汽车站的排队——都是社会生活中的次要的偶然事件，因而它们不可能有助于揭示它的基础。

这个基本原则与人种学家的基本原则是相距甚远的，当他感觉到相 331 当接近萨特，也就是说每当萨特以无与伦比的技巧，努力在其辩证运动中去把握我们自己社会中当前与过去的社会经验时，这个基本原则更加令人失望了。萨特做的正是每一位人种学家打算在那些不同的文化中所要做的事情：使自己置身于在那里生活的众人的地位，理解他们的意愿中的原则和方式，以及领悟作为有意义的组合整体的某一时期或某一文化。在这方面，我们能经常从他那里吸取教益，但这类教益是实践性的而非理论性的。“整体化”的要求对于某些历史学家、社会学家和心理学家来说可能极为新颖。对于人种学家来说，自从他们从马林诺夫斯基那里学到了这个概念以来，就已把它视为当然了。但是马林诺夫斯基理论上的缺欠也使我们认识到说明并不到此为止。等到我们终于构成了我们的对象时它才刚刚开始。辩证理性的作用在于使人文科学具有一种只有它自己才能给予后者的那种真实性，但真正的科学工作却在于先进行分解，然后再在不同的层次上重新组合。我们对于萨特的现象学深表敬意，然而可以期望在其中找到的只是一个出发点，而不是一个终止点。

此外，辩证理性不应该任兴所之，忘乎所以，而引导我们理解其他现实的方法，也不应该把那些属于这一方法而非属于对象的东西归为辩证理性所有，它所有的只是自己的辩证特征：根据关于他者的一切知识都是辩证的这一事实，得不出一切他者都完全是辩证的存在这一结论。由于把分析理性当成某种反理解过程，萨特往往拒绝承认它是理解对象 332 的一个真实组成部分。这一谬论已经表现在他引证历史的方式中了，因为人们很难明白它指的是人无意识地创造的历史呢，还是历史学家所制作的人的历史，还是哲学家对人的历史或对历史学家的历史所做的解释。然而当萨特试图去解释不是他自己的社会而是原始社会中的现在与过去的成员如何生活与思考时，困难甚至就更大了。

他正确地认为，他所尝试的理解是不可能成功的，除非它是辩证的；而他却错误地得出结论说，土著思想与他关于土著思想的知识之间的关系，就是一种构成性的辩证法与一种被构成的辩证法之间的关系。而且，为了自己的需要，他以一种意想不到的转弯抹角的方式重复着关于原始思维的理论家的论述中的全部虚妄。认为野蛮人具有“复杂的认识”并能进行分析和证明的那种观点，对于他比对于列维-布留尔更不能容忍。因迪肯的著作而闻名于世的安勃雷姆（Ambrym）土著能够通过在沙地上绘图的办法向实地研究者说明他们的婚姻规则和亲属制度的作用（这种能力决非是个别的，因为人种志文献中就记载有大量类似的事例），萨特对此写道：“不用说，这类构造活动不是一种思维活动：它是由他们不能表达的内心的综合性知识所支配的一种手工操作”（505页）。就算如此，但还应当说的是，一位工业专科学校的老师在黑板上作证明时情况也是一样，因为每一位能够进行辩证理解的人种志学者私下都相信，上面两个例子中的情况完全相同。应该说一切理性都是辩证的，就我来说，我是准备承认这一点的，因为在我看来辩证理性与实践
333 中的分析理性是相像的。可是这样一来，作为萨特探索基础的两种理性形式之间的区别就变成无的放矢了。

现在我应当承认我自己也曾不知不觉地支持过这些错误的解释，在《亲属关系的基本结构》中，我似乎总是在探索婚姻交换的一种无意识的起源。应该在集团的精神实践中自发地和有力地表现出来的交换行为与这些同样的集团——或其哲学家们——为把其交换予以编码和控制而运用的、意识到的和精巧的规则这二者之间作出更多的区别。如果最近20年的人种志探索中有什么值得学习的东西的话，那就是这后一方面比研究者一般所理解的要重要得多，这些研究者和萨特一样，是同一类虚妄的受害者。这样一来，我们就必须像萨特所主张的那样，把辩证理性用于对我们自己以及其他社会的认识。但是我们一定不能忽略如下事实：分析理性在一切社会中都占据着重要的位置，而且，既然它是存在的，我们所采取的方法也必将能使我们重新发现它。

但是即使它不存在，萨特的地位也不会改善。因为在这种假定下，原始社会仅仅以比其他社会更一般的方式使我们面对着一种不自觉的目的论，这一目的论，虽然是历史的，却完全避开了人类历史：它的某些方面曾为语言学和精神分析学所揭示，而且它处于生物学机制（大脑结构、损伤、内分泌）和心理学机制的联合作用之中。依我看来存在着他的批判未能击碎的“骨头”（借用萨特的话）。此外，他的批判对它也不关心，这正是人们所能够对它提出的最严厉的指责。因为语言既不存在于老式语法家的分析理性中，也不存在于结构语言学家所构成的辩证理 334
性中，同样也不存在于面对惰性实践的个人实践的构成性辩证理性中，因为这三者都以语言为前提。于是语言学提供给我们一种辩证的和整体化的实体，但它是在意识和意志之外（或之下）的。语言（langue）是一种非反思的整合化过程，它是一种自有其根据的人类理性，对此人类并不认识。如果有人反对说，语言之所以如此正是因为有一个依据语言理论而把它内在化的主体，我则认为必须拒绝这种遁词。这个主体是*说话*的主体，因为向他揭示语言性质的同一明证也向他揭示：当他以前还不了解语言时语言就已经如是存在着，因为语言已经使自己被人们理解了；而且语言以后将仍然如是存在而无须为他所知，因为他的话语从来也不是，也将永远不会是语言法则有意识的整合化作用的结果。但是如果作为说话主体的人能够在一种*其他的*整合化活动中发现他的确切的经验，那么作为生存着的主体，他不能在其他的、虽不一定是人类的但却是生物的存在中获得同样的经验，就不再是有道理的了。

这一方法也可以称作“进步—倒退”法。实际上萨特用这个词所描述的正是人种学家已实践多年的人种学方法。但是萨特把它限制在初级方法的阶段上。因为我们的方法不是简单的进步—倒退：它有两个轴向。在第一阶段，我们观察经验材料，在其当前状态下分解它，尽可能地深入到过去中去，设法把握它的历史经历，然后再把一切事实加以澄清，以便把它们组成一个有意义的整体。接着开始第二阶段，它在另一个不同的平面和另一个不同的层次上重复着第一阶段：我们努力表明其全部丰富性和独创性的这一内在化的人类事务，只是测定了分析理性必 335

须越过的差距，确定了它必须作的飞越，以弥合这一新对象的从未预见到的复杂性与其所运用的理智手段之间的裂隙。因此，它作为辩证理性必须改变它自身，以便希望一旦变得灵活、被扩大和被加强以后，由于它的作用，这一未预见到的对象将可与其他对象相遇，这一新颖的整体将结合进其他整体，而且在这样一点一点地推进其征服时，辩证理性将会发现其他视野和其他对象。毫无疑问，这一方法是会迷失方向的，如果它在每一阶段，尤其是当它似乎完成了它的全部过程时，却不准备回溯其步骤并反思其自身，以便与那个既作为其目的又作为其手段的被经验的整体保持接触的话。在我看来，这种向自身的返回乃是一种证实（vérification），而不是像萨特所认为的那样是一种证明（démonstration），因为，如我所理解的，一个意识到自身的存在物提出了一个它没有提供解决办法的问题。辩证法的发现向分析理性提出一个绝对的要求，即也要去说明辩证理性。这一始终存在的要求坚持不懈地迫使分析理性扩展其程序，并改变其基本前提。但是辩证理性既不能说明自身，也不能说明分析理性。

有人会反对说，分析理性的这种扩展是虚妄的，因为它总伴随着一种意义上的削弱。而且我们将弃实惠而就幻影，弃明晰而就模糊，弃明显之物而就猜测之物，弃真理而就科学虚构（萨特，129 页）。再者，萨特也应当能指出他自己在避免每一种打算做的说明中所固有的困境。真正的问题不是我们在进行理解时所做的努力是否关系到获得或失去意义，而是我们拥有的意义是否比我们足够明智地去加以消除的意义更有价值。在这方面，萨特似乎只记住了马克思和弗洛伊德两人相同的教诲
336 中的一半。他们教导我们说，人只有在他把自己视为有意义的条件下才具有意义；就此而言，我同意萨特。但是必须补充说，**这个意义绝不是正确的**：上层结构就是在社会层次上已“成功的”过失行动（actes manqués）。所以在历史意识中去寻找最真实的意义是徒劳的。萨特所谓的辩证理性只是借助他所谓的分析理性来对一些靠不住的步骤所进行的重新构造，关于这些步骤，我们不可能知道——除非我们实行而不思考它们——它们与萨特告诉我们的东西究竟有何关系，而且，如果是有

关系的话，我们也不知道它们能否只根据分析理性来加以确定。这样我们就最终碰到了一个理论系统中的矛盾，它援引历史意识的准则去区别“原始”与“文明”，但——与其主张相反——它本身却是非历史的：它没有给我们提供具体的历史形象，而是提供了一种创造这样一种历史的人的抽象图式，这种图式能以一种同时态整体的形式表现于历史的发展之中。因而他对历史的态度就与原始人对永恒过去的态度一样：在萨特的理论系统中，历史所起的作用与神话所起的作用完全一样。

确实，《辩证理性批判》所提出的问题可以归结为这样一个问题：法国大革命的神话在什么条件下是可能的？而我愿承认，为了使现代法国人能充分发挥历史行动者的作用，应当相信这个神话。同时，萨特的分析令人赞叹地推论出了一套使这一结论靠得住的、必要的形式条件。但是我们不能因此就说，既然它是最丰富的（于是就最适合于鼓舞实际行动），就应当也是最真实的。在这里辩证法不免与自身对立了：这个真理是关于情境的问题，而且如果我们置身于这个情境之外——如科学家所起的那种作用——，那么貌似被体验到的真理的东西就始则模糊不清而终至完全消失了。所谓左翼人士仍然固执地主张有一个现代史时期，这个时期赐予他们把实践的绝对律令和解释图式统一起来的特权。或许这个历史意识的黄金时代已经过去了。而且，人们至少能够想象这种可能性，这就证明，在这个问题上我们所谈的只是一个偶然的情境，就像一件光学仪器在其物镜和目镜彼此相对移动时那种偶然的调焦距的情形一样。我们还在对法国大革命“调焦距”，但是如果我们生活的时期更早些，我们就该对投石党“调焦距”了。前者将像后者已然所做的那样很快停止提供一种我们可以奉若行为楷模的一致的形象。我们在读雷兹著作时所吸取的教训是：思想并没有力量从早已过去的事件中抽引出一种解释的图式。 337

乍一看来似乎没有疑问：一方面是特权者，另一方面是卑贱者和被剥削者，我们怎能犹豫呢？我们是投石党人。然而，巴黎市民曾经一方面被贵族操纵着，后者的唯一目的是运用现有权势安排自己的利益；另一方面又被想驱除另一半王族的那一半王族操纵着。于是现在我们就只是半个投石党人了。至于宫廷呢，它已躲到圣日耳曼去了，它似乎首先是一群依仗特权的寄生虫，以榨取盘剥民众为能事。然而不对：既然它拥有军队，就一直具有同一种职能；它领导着对抗外族——西班牙人——的斗争，投石党人毫不迟疑地把西班牙人招引来侵犯这个国家，并把自己的意志强加于同一个正在捍卫祖国的宫廷。然而天平又倾斜到
338 另一边：投石党人和西班牙人一起组成了和平团体。孔代（Condé）亲王和王室则只是追求军事冒险。我们是和平主义者，于是又一次变成投石党人。然而马萨林（Mazarin）和王室的军事功绩难道没有使法国疆土达到目前的边界，从而奠定了国家和民族的基础吗？没有他们我们就不会是我们今天这个样子。于是我们又再一次站在另一边了。

因而历史足以随着时间的推移而离开我们，或者我们足以由于思想的变化而疏离历史，因为历史不再能被内在化从而失去其可理解性，即一种依附于暂时的内在性的虚假的可理解性。然而我并不是在暗示说人能够或应当使自己与这种内在性分离。他并不能这样做，而且他的智慧正表现在理解到他在体验着这种内在性，而同时又认识到（但在另一层次内），他如此充分和强烈地体验到的只是一个神话——这个神话对于下一世纪的人们，或许对于几年后的他自己会依然如此，而对于一千年以后的人们就完全不同了。全部的意义是由较小的意义决定的，后者赋予前者以最高的意义。而且如果这种倒退最终导致承认“一个偶然的法则，对于它人们只能说：它是如此而不是别的”（萨特，128 页），这种观点就不会使未被哪怕是潜在形式中的超越折磨过的思想感到不安了。因为人将得到他能合理期望的一切，如果在服从这一偶然性法则的唯一条件下，他成功地决定了他的行为方式，并把其他一切置于可理解性领域里的话。

萨特当然不是唯一把历史看作高于其他人文科学并形成了一种几乎
339 神秘的历史概念的当代哲学家。人种志学家尊重历史，但不赋予它优于一切的价值。他把历史设想为一种对自己的工作的补充研究：历史在时

间中，人种志学在空间中，展开了人文科学这帧扇面。而区别并不像看起来那么大，因为历史学家努力重造那种已消失的社会的形象，似乎这些消失了的社会存在于对他们来说相当于现在的时间内；而人种志学者则尽力设法重造那些在时间上在其现存形式之前的历史阶段。

历史与人种志学之间的这一对称关系似乎为那些含蓄地或公然地否认空间分布与时间连续提供了彼此等价的图景的哲学所拒绝。在他们看来，时间维度似乎具有某种特殊的权威，似乎历时性构成了这样一种可理解性的基础似的，它不仅优于同时性所给予的那种可理解性，而且首先因为它特别适合于人类的特点。

只是去解释而不去证明这一选择是容易的：人种志学家把多种多样的社会形式理解为展现于空间之中，而这些社会形式则呈现为一个非连续的系统。于是，人们认为，多亏有了时间维度，历史似乎才不是给我们绘制了那些彼此分离为各个状态的画面，而是绘制了有关从一个状态向另一个状态连续地过渡的画面。而且如我们所相信的，我们把个人历史的发展理解为一种连续的变化，历史知识似乎证实了内在感觉的存在。历史并不满足于从外部向我们描述存在物，或者最好说并不满足于给予我们有关内在性的断断续续的启示，其中每一个启示都是独立的，彼此始终互不相关：它好像在我们之外重建了我们与这个变化的本质的联系。

关于自我的这个所谓具有整合作用的连续体，可说的话很多，在我 340
看来这是社会生活要求所需要的幻想——因而就是外在性在内在性上的反映——而不是一种必然的经验的对象。但是为理解所提出的历史概念并无任何一种现实与之相符，并不需要先解决这个哲学问题。由于人们声称历史知识具有特殊地位，我觉得有理由（如果人们不这样认为，我就没有必要）指出，在历史事实这个概念本身中存在着双重矛盾。因为，假定历史事实就是实际发生的东西，那么它是在哪里发生的呢？一次革命或一次战争中的每一片断都分解为大量的个人的和心理的活动；这些活动中的每一种都表示着无意识的发展过程，而后者又分解为大脑的、荷尔蒙的或神经的现象，这些现象本身都与物理的或化学的秩序有关。因而，历史事实并不比其他事实更具有给定的（donné）性质。正是历史学家或历史演变中的行动者借助抽象作用，并仿佛在一种必须进行无限回溯的威胁下，构成了它们。

于是对于历史事实的构成适用的东西，也同样适合于历史事实的选择。按照这一观点，历史学家和历史行动者进行选择、切割和划分，因为真正完全的历史将使他们陷于混乱。每一空间角落都隐含着大批个人，其中每一个个人都以一种无法与其他人的方式相比较的方式整合化着历史的进程。因为这些个人中的任何一个，每时每刻都无穷无尽地充满了物理的和心理的事件，它们都在他的整合化作用中起着各自的作用。甚至自认为是通史的历史，仍然只是一些局部历史的并置，在这些历史内部（并在这些历史之间），空缺之处比充实之处要多得多。以为通过增加合作者的人数和进行更辛勤的研究工作就能得到更好的成果，
341 这也是徒然的：就历史渴望追求意义来说，它必不可免地要选择地区、时期、人群和人群中的个人，并使这一切作为非连续的形象，在勉强充作背景的连续体前面突现出来。一部真正完全的历史将取消自己：它的产品将等于零。使历史能够成立的是，事件的一个子集合，在一定的时期内，对于一批个人能具有大致相同的意义，这些人不一定经历过这些事件，然而他们甚至隔几个世纪还能考虑他们。因而历史绝不单是历史，而是“为……的历史”（l’histtoire-pour）。[①] 它是片面的，即使它为自己辩解也仍然必定是片面的，而且其本身就是某种形式的片面性。

当你打算写一部法国大革命史时，你就知道（或应当知道），它不可能同时地，在同一标题下，既是雅各宾党人的历史又是贵族的历史。假定它们各自的整合化（二者是正相反的）都同样是真的，因而你必须

---

① 萨特支持者也会有相同的评论。但是他们整个的努力表明，虽然“为我史”的主观性可以让位于“为我们史”的客观性，“我”仍然只能以宣告这个“我们”不过是提高到二次幂的“我”来转变为“我们”，其本身与其他“我们”隔绝。为在我自己和他人之间克服了不可解决的矛盾（在这样一个系统中）的幻觉所付出的代价就是：历史意识把关于他人的形而上学功能给予了巴布亚人。由于把后者贬为工具的地位，勉强合乎它的哲学胃口，历史理性就委身于一种理智的同类相食，这种同类相食对于人种志学者来说比真正的同类相食更令人厌恶。

在二者之间作出选择：你必须或者选择二者中的一个，或者选择其他第三个（因为有无数个整合化过程）作为主要整合化过程，并且放弃想在 342
历史中找到一种将诸片面的整合化过程的全体加以整合的过程的这个企图。或者你必须承认它们全都是真实的，但这样就会发现，一般人们所谈论的那个法国大革命其实从未发生过。

因而历史没有逃避一切知识共同负有的责任，它要运用信码去分析其对象，即使（特别是）这个对象被认为具有一种连续的实在性。[①] 历史知识的特征不在于缺乏一种本身实为虚幻的信码，而是在于它的这一特征：信码是由年代序列组成的。没有日期就没有历史；要相信这个说法，只要想想小学生是怎样学好历史的就够了：他使历史的身躯骨瘦如柴，其骨架是由日期组成的。就这种干枯的方法而言还存在着相反的方法，这是不无理由的，但它往往趋向另一极端。如果日期不是历史的全部内容，也不是其最有趣的部分，那么没有日期历史也就不复存在了，因为历史的全部的独特性和特殊性正在于理解**在前**和**在后**之间的关系，如果历史的各个事项不能，至少是潜在地，被标以日期的话，历史就必然会解体。

然而，这一年代序列的编码揭示了比人们把历史日期想作简单的直线序列时远为复杂的性质。首先，一个日期指示着一个连续过程中的时刻：d_2 在 d_1 之后而在 d_3 之前；按这一观点，日期只起着序数的作用。 343
但是每一个日期也是一个基数，并因而表示了一个相对于最靠近它的那些日期的**距离**。其次，我们使用大量的日期来把某些历史时期编码；对其他历史时期则用较少的日期。这一应用于时延相等的几个时期中的可变的日期数量，就是对所谓“历史压缩”（pression de l'histoire）的度量：“热的”年代序列就是那样一些时期，按历史学家看来，其间的大量事件是作为不同的成分出现的。另一些时期正相反，对他来说（虽然

① 在这个意义上，人们也可以讨论历史知识的一种矛盾：如果它自称达到了连续性状态，那么由于要进行无限远的回溯，所在是不可能的。而为了使其能够实行，事件必须被量化，而且此后时间性就不再是历史知识的具有特殊重要性的一维，因为每一事件一旦被量化了，它对于一切有用的目的来说，都能被处理得好像它是各种可能的在先存在物之间的某种选择的结果。

当然不是对经历这一时期的人来说），其间只有极少的事件，或有时就根本没有事件发生。再次，而且最重要的就是，一个日期是一个类的元素。这些日期类可以由该类中每一日期相对于也属于该类的其他日期来说所具有的有意义的特性来确定，而且可以由欠缺属于其他类的日期这种有意义的特性来确定。于是日期1685年就属于这样一个类：在此类中1610年、1648年和1715年都同样是它的元素。但它相对于由第一千年、第二千年、第三千年、第四千年等日期组成的类来说，就毫无意义了；同样的，相对于由1月23日、8月17日、9月30日等等日期组成的类来说，也是没有意义的。

因此，历史学家的信码究竟是什么呢？肯定不是诸日期，因为这些日期不是重复出现的。温度的变化能借助数字来编码，因为在温度计上读出一个数字令人想起一种早先情况的重现：我一读到0℃时，我就知道在结冰了，并穿上我最暖的大衣。但一个历史日期就其本身来说什么意义也没有，因为它在自身之外没有所指物：如果我不了解全部近代史，那么日期“1643年”不会给我什么知识。因而信码只能由这样的日期类组成，其中每一日期只是处于与其他日期相关和对立的复杂的关
344 系中时才有意义。每一个类都由一种频率来确定，而且它属于一个所谓的历史实体或历史领域。于是历史知识与具有频率调节的无线电的情况完全一样：它像一根神经一样，通过与其变化成比例的脉冲频率，把一个连续量——于是就是一个非符号的量——编码。至于历史本身，它不可能被表现为一个非周期性的序列，对于这个序列我们只知道一些片段。历史是由诸历史领域组成的非连续体的集合，其中每一领域都是由一特殊频率和由一在前与在后的特殊的编码来确定的。越过组成不同历史领域的日期并不比从自然数过渡到无理数更有可能。或者更精确地说：适用于每一类的日期相对于一切其他类的日期来说都相当于是无理数。

于是把历史过程想象为一种连续的发展不仅是虚妄的，而且是矛盾的。历史从一个按照数十或数百个千年来编码的前历史期开始，然后当它到了第四或第三个千年时就采取了千年制，之后又继续成为一种百年

制的历史，其中按照每位作家的喜好夹杂进一段段的百年之内的单年史，单年之内的逐日史、或者甚至是一天之内的小时史。所有这些日期都不形成一个序列：它们各属不同的类别。只举一个例子就够了，我们在史前期使用的编码并不先于我们在近代和现代史中使用的编码：每一信码都指示一个意指系统，它至少在理论上可适用于人类历史的全体。对一种信码有意义的事件对另一种信码就不再有意义。近代和现代史中
最著名的事件，一旦在史前期系统中编码后，就不再适当了；或许除了 345
（而且我们对此还是一无所知）在世界规模上观察的大量人口演变的情况、蒸汽机的发明、电力和核能的发现等等。

假定一般信码不是由可以按一种直线系列排列的日期所组成，而是由各自提供一个独立自主的指示系统的日期类所组成，历史知识的非连续性和分类性就明显地表现出来了。我们可按照一个矩阵图形来表示其作用：

其中每一横行表示日期的类，为了用图式说明，它们可被称作时类、日类、年类、世纪类、千年类等等，并一起构成一非连续集合。在这种类型的一个系统中，所谓历史连续性就只能借助虚假的图线来得到。

此外，虽然每一个类中的内部裂隙不能依靠其他类来填充，然而每一个类被看作一整体时总是与其他类有关，它包含着它本身不可能希望得到的一种可理解性理由。17 世纪的历史是“按年”安排的，但是作为一个历史领域的 17 世纪则属于其他的类，这个类参照着较早的和较后的世纪来把它编码。而且这个近代的领域本身也成为一个类的元素，它似乎与其他各“时代”相互关联和相互对立：中世纪、古代、当代等
等。于是，这类各种各样的历史领域都对应着各种不同强度的历史 346
（histoires d'inégales puissances）。

处于时制底层的传记史和轶事史是弱强度的历史，它们不包含它们自己的可理解性，而只是在整个地过渡到比其强度高的历史领域时才成为可理解的；而后者与一个强度在其之上的历史类领域也是同样的关系。然而要是认为我们通过这类切分与嵌合历史的方法就渐进地重新构成了全部历史，那就错了。因为，一方面之得恰为另一方面之失所抵消。传记史和轶事史是可解释性最低的，但它包含的信息量最丰富，因为它描绘个人的特性，详述每个人的性格异同、动机的曲折、思虑的变化等各个方面。当过渡到历史时制上越来越强的历史类时，历史信息就始则简化，继而模糊不清，最后终于消失了。[①] 因此，根据历史学家所处的地位，在信息中失去了他在理解中所得的东西，或者反过来说，似乎具体事物的逻辑想要用“变化”的黏土来制作一个哥德尔定理的模糊的模型以提醒我们注意到它的逻辑性质。历史学家对于他舍弃的每一种
347 历史领域所做的相对选择，永远只是在教诲多而解释少的历史与解释多而教诲少的历史之间的选择。如果他想避免这一两难困境，唯一办法是超越历史：或者是沿底层，如果信息的研究使他从对集团的思考转向对个人的思考，并因而转到他们的那些依赖于其个人经历和气质的动机形成，就是说转到由心理学和生理学主宰的基础历史领域；或者沿顶层，如果理解的需要促使他把历史推回到史前史，并把史前史推回到有机物的一般演化，而这种一般演化只有借助生物学、地质学和宇宙学才可以解释。

---

① 每一历史领域都“外接”（circonscrit）于阶次紧挨其下的领域，“内接”（inscrit）于阶次紧挨其上的领域。于是，一个被内接的领域的每一弱强度历史都是与被外接的领域的强强度历史互补的，而且是与同一领域（因为它本身是一被内接的领域）的弱强度历史相矛盾的。于是每一种历史都伴随着数量不定的反历史（anti-histoire），其中每一种历史类都与其他种历史类具有互补关系：对每个一阶的历史来说都有一个二阶的反历史与其相对应，以此类推。知识的进步和新科学的创造是通过反历史的产生而出现的；反历史表明，只在一个平面上可能出现的某一秩序，在另一平面上就不再可能出现。由果比诺设想的法国大革命的反历史一被放到在他以前的法国大革命研究的平面上就发生了矛盾；反历史在逻辑上是可以设想的（这并不意味着它就是真的），如果我们置身于果比诺笨拙地选择的新平面上的话。这就是说：如果人们从“年”阶或“世纪”阶（它也是政治的、社会的和意识形态的）的历史过渡到“千年”阶（它也是文化的和人类学的）的历史上去的话。这个过程不是果比诺的发明，我们可以把它称作“布兰维里尔斯的变换”。

然而还有另外一种既能避免这一两难困境又不因此而消除历史的方法。我们只需要承认，历史是一种并无确切对象与之对应的方法，而且必须拒绝把历史概念与人类概念等量齐观。有些人企图怀着使历史性成为一种先验人本主义最后避难所的隐晦目的将其强加于我们：好像只要舍弃了过于明显地欠缺首尾一致性的“我”的观念，“众人”（les hommes）的观念就可以在“我们”的平面上使我们重新获得虚幻的自由似的。

事实上，历史既不与人缠结在一起，又不与任何特殊对象缠结在一起。历史完全在于其方法，经验表明，这种方法对于把任何有关人的或非人的结构的成分都加以编目而言是必不可少的。因而实际情况远非是 348
说，有关历史可理解性的研究似乎已告终结；其实正是历史才被用作任何一种对可理解性进行探索的出发点。正如人们在谈论某些个人经历时所说的，只有走出历史，历史才能通向一切。

历史由于缺少本身的指示对象（références）而转向于这个其他事物表明，不管历史知识有什么价值（这是无疑问的），它都不应以为自己是最具特权地位的一种知识，从而使自己与其他各种知识对立。我们前面已经指出过①，人们发现历史已经植根于野性的思维之中，现在我们可以明白为什么它没有在那里结出果实。野性思维的特征是它的非时间性；它想把握既作为同时性又作为历时性整体的世界，而且它从这个世界中得到的知识与由室内挂在相对的墙壁上的两面镜子所提供的知识很相像，两面镜子互相反射（并反射那些处于二者之间的东西），尽管反射不是严格平行的。这样就同时形成了大量的形象，其中没有一个与任何其他一个雷同。因而任何单个形象所提供的只是有关家具和饰物的局部知识，全体群象则是由表现着真理的不变属性所刻画的。野性的思维借助于形象的世界（imagines mundi）深化了自己的知识。它建立了

① 参见本书 321～323 页。

各种与世界相像的心智系统，从而推进了对世界的理解。在这个意义上野性的思维可以说成是一种模拟式的（analogique）思维。

349 然而也正是在这个意义上，野性的思维有别于那种包括历史知识在内的“开化的”思维。历史知识所极其关注的连续性确实在时间秩序内表现为这样一种知识，它是间隙式的（interstiticielle）和综合性的（unissante），而非不连续的和模拟式的：不是借助有关被添加的对象的作用图式来使对象增多，而是通过使对象彼此相联结的方式来克服最初的不连续性。但是正是这个十分热衷于减少差异和消除区别的理性，可以十分恰当地被称作“分析的”。按照近来人们十分强调的一种表面上矛盾的论点，对于近代思想来说，“连续性、变异性、相对性、决定论是彼此相互配合的”。（奥格尔，475 页）

这种分析的、抽象的连续体无疑将与具体个人所体验的那种实践（praxis）的连续体相对立。但是这后一种连续体的派生性质似乎并不比前一种少，因为它只是对其本身为不连续性的心理学和生理学过程的有意识的理解方式。我们并非在怀疑理性在实践领域中发展着并改变着自身：人的思维方式反映着他与世界和其他人的关系。但是为了使实践成为活的思维，必须首先（在逻辑的而非历史的意义上）使思维存在，这就是说，它的初始条件必须在心理和大脑的客观结构的形式中被赋予，没有这种结构就既不会有实践也不会有思想。

因而当我把野性的思维描绘为嵌于形象中的一种概念系统时，我绝没有接近一种构成式辩证法的《鲁滨孙漂流记》（萨特，642～643 页）：一切构成式的理性都以被构成的理性为前提。但是即使人们容忍萨特用
350 以驱散附着在他的综合之第一阶段上面的“可疑性质”的循环证法，他的建议实际上仍具有一种《鲁滨孙漂流记》的性质。而且这次是在现象描述的借口下，他声言要恢复婚姻交换、波特拉奇（potlatch）仪式，或一位美拉尼西亚野蛮人所表示的部落婚姻规则等等所具有的意义。于是萨特谈到的是这样一种存在于其组织者的精神实践中的理解，这是一种没有现实与之相对应的奇怪的表述，或许除了下述这种情形，即任何原始社会赋予任何从外部看它的人的那种朦胧不清的特点，而且这种朦

胧不清的特点使他能把自己观察中的空缺处以肯定性的形式投射给它。下面两个例子有助于我们的说明。

没有哪位人种学家会不对全世界各种各样社会在把入族礼仪式加以概念化时所采用的共同样式感到惊讶。无论在非洲、美洲、澳大利亚，还是在美拉尼西亚，这些仪式都遵循同样的程式：首先，把未入族者从他们的父母处带来，象征性地把他们“杀死”，并藏于森林或树丛中，让他们经受来世的考验，然后他们就作为社群的成员“再生”了。当他们被送回生身父母身旁时，父母模拟新分娩时所经历的一切过程，并开始重新教育孩子，甚至包括喂食或穿衣等基本行为。人们倾向于把这一系列现象解释为是这个阶段中的思想完全包含在实践之中的明证。但这样一来就不免本末倒置了，因为正相反，它是科学的实践，对我们来说，科学的实践使一切不与单纯生理过程相符的东西都不具有生死的意义，并使生死概念不适宜于传达其他的意义。在具有入族礼的社群里，生与死为一种丰富多样的概念化活动提供了材料，只要一种转向实用效益（这是原始社会理智活动中所欠缺的）的科学认识没有抛开一种超越 351
了实在与想象之间区别的观念的大部分内容所具有的这类概念（以及许多其他概念）的话：这是一种完全的观念，如今我们至多不过在比喻语言的简化背景前为其招魂而已。在我们看来像是保护涂层的东西乃是这样一种思想的标志，这种思想极其认真地看待所使用的字词，而在类似的情境中我们却只不过是在从事字词的“游戏”。

关于岳父母的禁忌为一则寓言提供了素材，这个寓言通过不同的途径导致同一结论。在近支姻亲之间经常禁止任何身体的和言语的接触，这使人种学家颇感不解，他们费尽心思想出许多解释的假说，却并不总能断定这些假说是否彼此重复。例如艾尔金用下述规则解释澳大利亚很少有与堂兄弟联姻的现象，即因为一个男子必须避免与其岳母有任何接触，所以他往往明智地会完全在自己集团（他的姑姑属于这个集团）之外的女人中去选择岳母。这一规则本身的目的被认为是在于防止母亲和女儿为了同一个男子而成为情敌。最后，这一禁忌由于传染作用而扩展到妻子的祖母及其丈夫。因而对这同一个现象有了四种同时存在的解释：作为一种婚姻类型的功能，作为一种心理考虑的结果，作为对本能倾向的防止，和作为邻近性联系的产物。然而艾尔金对此还不满足，因为在他看来，关于岳父的禁忌属于第五种解释：岳父将自己的女儿给予女婿，故是其债权人，因而女婿觉得自己的地位低于岳父。（艾尔金 4，66～67 页，117～120 页）

人们将会对最后一种解释感到满意，它充分包含了一切有关情况，
352 并指明其他解释都过于简单而无价值。但是为什么把这些习惯解释清楚会如此之难呢？原因似乎是，在我们自己的社会中那些可与原始人的惯习相比较并可提供据以识别它们的标准的我们自己的惯习，彼此是互无联系的，而在未开化的社会中它们的各种惯习则是互有联系的，因此反倒使我们不能辨认了。

我们熟悉关于岳父母的禁忌，或至少熟悉与其近似的现象。由于这类禁忌，我们被禁止对大人物说长道短，并在相遇时必须为他们让路。一切礼仪都证明了这一点：人们不能先向英国女王或法兰西共和国总统问话。当意外的机会在上司与我们之间创造了比彼此的社会差距所允许的接近程度更近的接触条件时，我们会采取同样的克制。现在，在多数社会中，妻子给予者的地位都伴随着社会的（有时也是经济的）优越性。而妻子接受者的地位则伴随着卑屈与依属感。姻亲之间的这种不平等性可以在易变的或稳定的等级制度中得到客观的表现。或者它可以在个人间关系组成的系统中借助特权与禁律得到主观的表现。

因而对于这些我们可凭自己的经验从内部加以理解的惯习，并无什么神秘之处。我们只是对它们的形成条件感到为难，这些条件因情况不同而互有差别。对我们来说，它们与其他惯习截然不同，并与一个毫无含混性的环境联系在一起。相反，在未开化的社会，相同的惯习和相同的环境似乎包含在其他惯习和其他环境中：如家庭关系的环境，在我们看来，它们与这一环境是不相容的。我们觉得很难想象，在私生活中法
353 兰西共和国总统的女婿会把他看成国家元首而非自己的岳父。而且，虽然英国女王的丈夫在公共生活中可能表现为她的第一臣属，但我们仍有充分理由假定，当他们单独在一起时他仍然只是一位夫婿。非此即彼。

关于岳父母的禁忌表面上的奇特性正是由于它同时涉及了二者。

因而，如同我们在有关理解活动的运行问题上已经证实的，在这里观念和态度的系统只是表现为体现的（incarné）系统。就其本身来看，这个系统并没有什么使得人种学家困惑之处：我和共和国总统的关系完全是消极性顺应的，因为不存在其他联系，我们之间所具有的任何关系完全是由下述规则规定的，即除非受邀否则勿言，以及应与总统保持一个体面的距离。但是只要这种抽象关系包含在某种具体的关系中，而且每人所具有的各种态度累积起来的话，我就也会像澳大利亚土著人一样为自己的家庭感到困惑。因此，我们觉得具有较大的社会舒适性和较高的理智机动性的东西乃是起因于下述事实，即我们偏好于使用一块块的钱币，如果不一定是用“零钱”的话；而土著人则是逻辑的储积者：他永远在串接线头，不停地把现实的一切方面翻来倒去，不管是物理的、社会的还是心理的方面。我们在交易思想，他们则在储积思想。野性的思维在实行着一种有限事物的哲学。

这也是我们对其重新发生兴趣的根源。这种具有有限词汇的语言能通过其组成单元间的对立组合来表达任何信息，这种内容与形式不可分离的内涵逻辑（logique de la compréhension），这种由有限类组成的分 354
类系统，这种由诸意指作用组成的世界，在我们看来不复是下述这样一个时代的回溯的见证：“当天行于大地之上，栖息于群神之间时”（A. 缪塞）；诗人只是用这句诗来询问是否应当后悔呢。这个时代现在又回来了，这是由于发现了信息世界，在这个世界里野性思维的法则重新占据了统治地位：“天”也“在大地上行走”于发信者和受信者之间，他们的在传送中的信息构成了物理世界的对象，并能既从外部又从内部加以理解。

认为原始人的（或假定是这一类人的）世界主要由信息组成，这并非什么新的思想，但是直到最近还有人对人们错误地当成区分性特征的东西予以否定的评价，似乎原始人的世界与我们自己的世界之间的这种区别就包含了对原始人的精神与技术的低劣性的解释，而实际上我们宁

肯说，他们与现代的文献理论家①是可以相提并论的。物理科学应该发
355 现，一种语义世界具有一种纯物质对象的全部特征，因为必须承认，原始种族把他们的世界加以概念化的方式不只是融贯一致的，而且也是一种对象的存在所必需的，这种对象的基本结构表现为一个非连续性的综合结构。

逻辑的心智与前逻辑的心智之间的虚假对立就这样被同时克服了。野性的思维在与我们的思维相同的意义与方式上是合乎逻辑的，即使它像我们自己的思维一样，只有当它用于这样一个世界的知识时才是合乎逻辑的，在这个世界中它同时辨认出物理的和语义的特性。一旦消除了这一误解，仍然真实的是：和列维-布留尔的意见相反，野性的思维是通过理解作用（l'entendement）而非通过感情作用（l'affectivité）来进行的。所借助的方法是区分和对立，而非混合和互渗。迪尔凯姆和毛斯的大量论述表明，他们理解到，所谓原始思维乃是一种量化的思维，虽然这样一个词尚未被人使用。

人们会反对说，在原始人的思维与我们的思维之间仍然存在着重要的区别：信息论关心真正的信息，而原始人却把物理决定论的各种简单的表现错当作信息了。然而有两点理由将会使这种争议失去其分量。首先，信息论已被一般化了，而且它涉及的不是本身具有信息特征的现象，尤其是生物学现象。图腾现象中的各种错觉至少能借助分类系统的内部机制来阐明属于这一领域的诸现象之间的基本关系。在把动植物界的可感特性看成是某种信息的元素时，以及在发现动植物的“外表特征”——于是也就是记号——时，原始人犯了拼合记号（repérage）的错误：有意指作用的成分并不总是他们所相信的成分。但是他们尽管没
356 有可将成分置于其最常出现之处的精良工具，即显微镜级的仪器，却已能“宛如通过云雾”认出解释原则，这类解释原则所具有的启示价值及

① 文献学家对所分析的著作的内容既不否认也不质疑，其目的只是在于获得他的信码的组成单元或将其加以重新排列，其办法是，或者把它们组合起来，或者（如果必要的话）把它们分解为更细小的单元。因而他把作者奉若神明，神的启示被写了下来，而不是被刻入生物与事物之中，但它们具有同等神圣的价值，这种价值所具有的最有意义的特点，即不管是由于方法论的还是本体论的原因，在这两种情况下按照假设都不得不予以承认。

其与现实的符合，只有通过晚近电信、计算机和电子显微镜等等的发明，才能向我们显示出来。

特别是因为信息（当其传送期间，它客观地存在于发信者与受信者的意识之外）表现出了信息与物理世界之间的共同特性，所以结果，尽管人们错误地理解了物理现象（不是绝对的，而是相对于人们对其掌握的水平）并将其解释成似乎就是信息，人们仍然能够理解其性质中的某些部分。为使某种信息理论得到发展，无疑人们必须认识到信息世界是自然界的一个部分或一个方面。但是一旦从自然法则向信息法则过渡的正当性得到证明，相反的过渡的正当性也就得到了证明：因此几千年来人们可以通过信息之路来接近自然法则。

当然，野性的思维能够理解的性质与科学家关心的性质不同。他们是分别从对立的两端来研究物理世界的：一端是高度具体的，另一端是高度抽象的；或者是从感性性质的角度，或者是从形式性质的角度。但是如果，至少在理论上，二者之间的相互关系不出现突然的变化，这两条途径肯定会相遇。这就表明，它们二者将在时间和空间上彼此独立地通向两种虽然同样都是确实的，然而却是不同的知识：一种成熟于新石器时期，它为一种关于感觉事物的理论奠定了基础，同时它还通过各种 357
文明技艺继续满足着我们的基本需要，如农业、畜牧、制陶、纺织、食物的保存与加工等等；另一种从一开始就存在于与可理解性事物有关的平面上，现代科学即为其产物。

人们不得不等到 20 世纪中叶才看到两条长期分离的道路的相互会合：一条通过通信活动迂回到物理世界；而另一条，如我们最近才知道的，则通过物理学迂回到通信世界。于是人类知识的整个过程就具有一种封闭系统的性质。因而，如果我们承认，最现代化的科学精神会通过野性的思维本来能够独自预见到的两种思维方式的交汇而有助于使野性思维的原则合法化并恢复其权利，那么，我们仍然是忠实于野性思维之启迪的。

1961 年 6 月 12 日至 10 月 16 日

附　录

关于野生三色堇[①]（Viola tricolor，L.；野三色堇〔Pensée des champs〕，三合一草〔Herbe de la Trinité〕：

> 三色堇总是散发出比三月堇（或芳香堇）更芬芳的香气。她生长在麦田里，想要采摘她的人都不得不踩踏麦梗。三色堇十分怜惜麦子，她于是谦卑地祈求圣三位一体驱除她的芳香。祈愿被满足了，这就是人们何以称她为三合一花的缘故。（潘泽尔，Ⅱ，第203节，波格尔引录，151页）

各种栽培植物的花有两种颜色（紫色和黄色，或黄色和白色），有时有三种颜色（紫色、黄色、浅黄色），交相辉映，仪态万千……德文中三色堇是Stiefmütterchen，这个词的原意是“小后娘”。按照民间的解释，带刺的华丽花瓣象征着后母（父亲再婚的妻子），另外两片相邻的，而且也是三色的花瓣表示后母的两个孩子，而上端的花瓣（颜色远为平淡）则是前妻的孩子。波兰民俗学提出了略为不同的另一种象征的

① “野生三色堇”的法文俗名为la Pensée sauvage，与“野性的思维”为同一词。——译者

解释，它比只着眼于萼片位置的解释更值得注意，所表现的诗情画意也与德国的同样丰富多彩。最鲜艳的下端花瓣的两侧都待在萼片上：她好比是坐在椅子上的后母。相邻的两片花瓣同样艳丽，各自都待在一个萼片上，表示后娘生的子女各坐一个凳子。上端两片花瓣色彩暗淡，朝两侧斜倚在花中心的萼刺上：这是前妻的可怜的孩子，他们应当对分享一个凳子心满意足。华格纳（《在大自然中》，3 页）又继续做了补充的解释。色彩艳丽的花瓣（所谓“后母”）应当向下弯伸，像是挨罚似的，而前妻可怜的孩子（上端的花瓣）则朝上。野生三色堇被用来制作利血的汤药，即所谓：“三合一药”。（荷弗尔等）

> 长久以来对花瓣流传着这样一种解释：一位后母、由后母所生的各有一个凳子的两弟兄，以及由前母所生的合用一个凳子的两弟兄……按照《阿舍森泉》的解释，花瓣象征着四姐妹（两个前妻生的，两个后妻生的），而后母则由不成对的第五片花瓣表示。（特雷舍尔：《民俗》）

> 三色堇花说，你们欣赏我的花瓣，可是靠近点瞧瞧吧：花瓣的大小和彩饰各有不同。开于下端的花瓣是占有一切的恶毒的后母，她同时霸占着两把椅子，因为，你们可以看到，在这片大花瓣下面有两个萼片。在她的左右侧是她的亲女儿，每人各有一个凳子。离她最远的地方可以看见上端的两片花瓣：这是她丈夫前妻的两个女儿，可怜地蜷缩在一个凳子上。可是仁慈的上帝怜悯被遗弃的女儿的命运。他惩罚了恶毒的后母，让花翻向花柄：本来当花朝正面时在上方的后母以后就在下方了，而且她背上生了个大肿瘤，她的女儿们也生了芒刺，算是对她们的傲慢的惩罚，以致所有看见芒刺的孩子都要对她们加以嘲笑。而备受轻视的前妻的女儿现在则比后母的女儿的位置高了。（瓦格纳：《在大自然里》，3 页；布兰基引自《植物传说》）

> 因此三色堇叫作“孤儿”（Syrotka）。从前有一个男人，他有一个妻子和两个女儿。妻子死后，丈夫又娶了另一个女人，她也有两个女儿。她只给前妻的两个女儿一个凳子，而给自己的女儿每人

一个，自己则占用两个凳子。等到她们都死了，圣彼埃尔让她们以同样方式入座，这就是我们今日见到的三色堇所"描绘"的图画。两个孤儿一直安守一个凳子，总是缟素服孝。后母的亲生女儿则服饰艳丽，不穿素戴孝。（卢萨斯传说，冯·舒仑伯格：《冬天的童话》，1882年，43页）

有一天，哥哥背着父亲娶了自己的妹妹（他不知道她是自己的妹妹）。当两人后来明白无意中已犯了重罪，悔恨万分。于是惹起上帝的怜悯，把他们变成了这种花（三色堇），从此它一直被叫做"哥哥"（bratky）。（乌克兰传说，《人种志评论》（俄文版），第3卷，1889年，211页〔Th. V.〕）①

---

① 以上录自罗兰：《植物志》，第2卷，179～181页。

参考文献

BIBLIOGRAPHIE

ALVIANO, F. DE:

"Notas etnograficas sobre os Ticunas do Alto Solimões". *Revista do Instituto Historico e Geografico Brasileiro*, vol. 180, 1943.

ANDERSON, A. J. O. and DIBBLE, Ch. E. :

Florentine Codex. Book 2, Santa Fé, N. M. , 1951.

ANDERSON, E. :

Plants, Man and Life, Boston, 1952.

ANTHONY, H. G. :

Field Book of North American Mammals, New York, 1928.

AUGER, P. :

"Structures et complexités dans l'univers de l'antiquité à nos jours" . *Cahiers d'histoire mondiale*, vol. 6, n° 3, Neuchâtel, 1960.

BALANDIER, G. :

"Phénomènes sociaux totaux et dynamique sociale" . *Cahiers internationaux de sociologie*, vol. 30, Paris, 1961.

BALZAC, H. DE:

La Comédie humaine, 10 vol. Bibl. de la Pléiade, Paris, 1940—1950.

BARRETT, S. A.:

"Totemism among the Miwok". *Journal of American Folklore*, vol. 21, Boston-New York, 1908.

BARROWS, D. P.:

The Ethno-Botany of the Coahuilla Indians of Southern California, Chicago, 1900.

BATESON, G.:

Naven, Canbridge, 1936.

BEATTIE, J. H. M.:

"Nyoro Personal Names". *The Uganda Journal*, vol. 21, n° 1, Kampala, 1957.

BECKWITH, M. W.:

"Mandan-Hidatsa Myths and Ceremonies". *Memoirs of the American Folklore Society*, vol. 32, New York, 1938.

BENEDICT, P. K.:

"Chinese and Thai Kin numeratives". *Journal of the American Oriental Society*, vol. 65, 1945.

BEIDELMAN, T. O.:

"Right and Left Hand among the Kaguru: A note on Symbolic Classification", *Africa*, vol. 31, n° 3, London, 1961.

BERGSON, H.:

Les Deux Sources de la morale et de la religion, 88e éd., Paris, 1958.

BETH, E. W.:

Les Fondements logiques des mathématiques, Paris, 1955.

BOAS, F.:

(1) Introduction to: James Teit, "Traditions of the Thompson River Indians of British Columbia", *Memoirs of the American Folklore Society*, vol. 6, 1898.

(2) "Handbook of American Indian Languages", Part. 1. *Bulletin* 40, *Bureau of American Ethnology*, Washington, D. C., 1911.

(3) "The Origin of Totemism". *American Anthropologist*, vol. 18, 1916.

(4) "Ethnology of the Kwakiutl". *35 th Annual Report*, *Bureau of American Ethnology*, 2 vol. (1913—1914), Washington, D. C., 1921.

(5) "Mythology and Folk-Tales of the North American Indians" . Reprinted in: *Race, Language and Culture*, New York, 1940.

BOCHET, G. :

"Le Poro des Dieli", *Bulletin de l'Institut Français d'Afrique noire*, vol. 21, n°s 1—2, Dakar, 1959.

BOWERS, A. W. :

Mandam Social and Ceremonial Organization, Chicago, 1950.

BRÖNDAL, V. :

Les Parties du discours, Copenhague, 1928.

BROUILLETTE, B. :

La Chasse des animaux à fourrure au Canada, Paris, 1934.

CAPELL, A. :

"Language and World View in the Northern Kimberley, W. Australia". *Southwestern Journal of Anthropology*, vol. 16, n°1, Albuquerque, 1960.

CARPENTER, E. :

Communication personnelle, 26—10—61.

CHARBONNIER, G. :

"Entretiens avec Claude Lévi-Strauss", *Les Lettres Nouvelles* 10, Paris, 1961.

COGHLAN, H. H. :

"Prehistoric Copper and some Experiments in Smelting" . *Transactions of the Newcomen Society*, 1940.

COLBACCHINI, P. A. et ALBISETTI, P. C. :

Os Bororos Orientais, São Paulo-Rio de Janeiro, 1942.

COMTE, A. :

Cours de philosophie positive, 6 vol. , Paris, n. éd. , 1908.

CONKLIN, H. C. :

(1) *The Relation of Hanunóo Culture to the Plant World*. Doctoral Dissert. , Yale, 1954 (microfilm).

(2) "Hanunóo Color Categories" . *Southwestern Journal of Anthropology*, vol. Ⅱ , n° 4, Albuquerque, 1955.

(3) Betel Chewing among the Hanunóo. *Proceedings of the 4 th Fareastern Pre-*

historic Congress, Paper n° 56, Quezon City (Nat. Res. Council of the Philippines), 1958.

(4) *Lexicographical Treatment of Folk Taxonomies*, mimeogr., 1960.

COOKE, Ch. A.:

"Iroquois Personal Names-Their Classification". *Proceedings of the American Philosophical Society*, vol. 96, fasc. 4, Philadelphia, 1952.

CRUZ, M.:

"Dos nomes entre os Bororos". *Revista do Instituto Historico e Geografico Brasileiro*, vol. 175 (1940), 1941.

CUNNISON, I. G.:

The Luapula Peoples of Northern Rhodesia, Manchester, 1959.

DELATTE, A.:

"Herbarius: Recherches sur le cérémonial usité chez les anciens pour la cueillette des simples et des plantes magiques". *Bibl. de la Fac. de Phil. et Let. Univ. de Liège*, fasc, LXXXI, Liège-Paris, 1938.

DENNETT, R. E.:

Nigerian Studies, London, 1910.

DENNLER, J. G.:

"Los nombres indigenas en guarani". *Physis*, n° 16, Buenos Aires, 1939.

DENSMORE, F.:

(1) "Papago Music". *Bulletin 90*, *Bureau of American Ethnology*, Washington, D. C., 1929.

(2) "Mandan and Hidatsa Music", Bulletin 80, Bureau of American Ethnology, Wshington, D. C., 1923.

DIAMOND, S.:

"Anaguta Cosmography: The Linguistic and Behavioral Implications". *Anthropological Linguistics*, vol. 2, n° 2, 1960.

DICKENS, Ch.:

Great Expectations, Complete Works, 30 vol., New York and London, s. d.

DIETERLEN, G.:

(1) "Les Correspondances cosmo-biologiques chez les Soudanais". *Journal de Psychologie normale et pathologique*, 43e année, n° 3, Paris, 1950.

(2) "Classification des végétaux chez les Dogon" . *Journal de la Société des Africanistes*, tome XXII, Paris, 1952.

(3) "Parenté et Mariage chez les Dogon (Soudan français)" . *Africa*, vol. 26, n° 2, London, April 1956.

(4) "Mythe et organisation sociale au Soudan français", *Journal de la Société des Africanistes*, tome XXV, fasc, I et II, 1955.

(5) "Mythe et organisation sociale en Afrique occidentale" . *Journal de la Société des Africanistes*, tome XXIX, fasc. 1, Paris, 1959.

(6) "Note sur le totémisme dogon" . *L'Homme*, II, 1, Paris, 1962.

DORSEY, G. A. and KROEBER, A. L.:

"Traditions of the Arapaho" . *Field Columbian Museum*, *Publ. 81*, *Anthropological Series*, vol. 5, Chicago, 1903.

DORSEY, J. O.:

(1) "Osage Traditions" . *6th Annual Report*, *Bureau of American Ethnology* (1884—1885), Washington, D. C., 1888.

(2) "Siouan Sociology" . *15th Annual Report*, *Bureau of American Ethnology* (1893—1894), Washington, D. C., 1897.

DUPIRE, M.:

"Situation de la femme dans une société pastorale (Peul nomades du Niger)" in: D. Paulme éd., *Femmes d'Afrique Noire*, Paris-La Haye, 1960.

DURKHEIM, E.:

Les Formes élémentaires de la vie religieuse, 2e éd., Paris, 1925.

DURKHEIM, E. et MAUSS, M.:

"Essai sur quelques formes primitives de classification" . *L'Année Sociologique*, vol. 6, 1901—1902.

ELKIN, A. P.:

(1) "Studies in Australian Totemism. Sub-Section, Section and Moiety Totemism" . *Oceania*, vol. 4, n° 1, 1933—1934.

(2) "Studies in Australian Totemism. The Nature of Australian Totemism". *Oceania*, vol. 4, n° 2, 1933—1934.

(2a) "Cult Totemism and Mythology in Northern South Australia". *Ocenia*, vol. 5, n°2, 1934.

(3) "Kinship in South Australia" . *Oceania*, vol. 8, 9, 10, 1937—1940.

(4) *The Australian Aborigines*, Sydney-London, 3e éd. , 1961.

ELMENDORF, W. W. and KROEBER, A. L. :

"The Structure of Twana Culture" . *Research Studies*, *Monographic Supplement n°2*, Pullman, Washington, 1960.

ELMORE, F. H. :

"Ethnobotany of the Navajo" . *The University of New Mexico Bulletin*, *Monograph Series*, vol. 1, n°7, Albuquerque, 1943.

EVANS-PRITCHARD. E. E. :

(1) "Witchcraft" . *Africa*, vol. 8, n° 4, London, 1955.

(2) *Nuer Religion*, Oxford, 1956.

(3) "Zande Clans and Totems" . *Man*, vol. 61, art. n° 147, London, 1961.

FIRTH, R. :

(1) "Totemism in Polynesia" . *Oceania*, vol. 1, nos 3 et 4, 1930, 1931.

(2) *History and Traditions of Tikopia*, Wellington, 1961.

FISCHER, J. L. FISCHER, A. , and MAHONY, F. :

"Totemism and Allergy" . *The International Journal of Social Psychiatry*, vol. 5, n° 1, 1959.

FLETCHER, A. C. :

(1) "A Pawnee Ritual used when changing a Man's name". *American Anthropologist*, vol. Ⅰ, 1899.

(2) "The Hako: A Pawnee Ceremony" . *22nd Annual Report*, *Bureau of American Ethnology* (1900—1901), Washington, D. C. , 1904.

FLETCHER, A. C. and LA FLESCHE, F. :

"The Omaha, Tribe", *27th Annual Report*, *Bureau of American Ethnology* (1905—1906), Washington, D. C. , 1911.

FORTUNE, R. F. :

(1) "Omaha Secret Societies" . *Columbia University Contributions to Anthropology*, vol. 14, New York, 1932.

(2) *Sorcerers of Dobu*, New York, 1932.

FOURIE, L. :

"Preliminary Notes on Certain Customs of the Hei/om Bushmen" . *Journal of the Southwest Africa Society*, vol. 1, 1925—1926.

FOX, C. E.:

The Threshold of the pacific, London, 1924.

FOX, R. B.:

"The Pinatubo Negritos: their useful plants and material culture". *The Philippine Journal of Science*, vol. 81 (1952), n°s 3—4, Manila, 1953.

FRAKE, Ch. O.:

"The Diagnosis of Disease among the Subanun of Mindanao". *American Anthropologist*, vol. 63, n° 1, 1961.

FRAZER, J. G.:

Totemism and Exogamy, 4 vol., Londres, 1910.

FREEMAN, J. D.:

"Iban Augury". *Bijdragen tot de Taal-, Land-en Volkenkunde*, Deel 117, 1^e Afl., 'S-Gravenhage, 1961.

FREUD, S.:

Totem et Tabou. Trad. française, Paris, 1924.

GARDINER, A. H.:

The Theory of Proper Names. A Controversial Essay, London, *2nd* ed., 1954.

GEDDES, W. R.:

The Land Dayaks of Sarawak, Colonial Office. London, 1954.

GILGES, W.:

"Some African Poison Plants and Medicines of Northern Rhodesia". *Occasional Papers, Rhodes-Livingstone Museum*, n° 11, 1955.

GOLDENWEISER, A. A.:

"On Iroquois Work". *Summary Report of the Geological Survey of Canada*. Ottawa, Department of Mines, 1913.

GRZIMEK, B.:

"The Last Great Herds of Africa". *Natural History*, vol. 70, n° 1. New York, 1961.

HAILE, Father B.:

Origin Legend of the Navaho Flintway, Chicago, 1943.

HAILE, Father B. and WHEELWRIGHT, M. C.:

Emergence Myth according to the Hanelthnayhe Upward Reaching Rite. Navajo Religion Series, vol. 3, Santa Fe, 1949.

HALLOWELL, A. I.:

"Ojibwa Ontology, Behavior and World View", *in*: S. Diamond, ed., *Culture in History. Essays in Honor of Paul Radin*, New York, 1960.

HAMPATE BA, A. et DIETERLEN, G.:

"Koumen. Texte initiatique des Pasteurs Peul". *Cahiers de l'Homme*, nouvelle série 1, Paris-La Haye, 1961.

HANDY, E. S. Craighil and PUKUI, M. Kawena:

"The Polynesian Family System in Ka-'u, Hawai'i". *The Polynesian Society*, Wellington, N. Z., 1958.

HARNEY, W. E.:

"Ritual and Behaviour at Ayers Rock". *Oceania* vol. 31, n°1, Sydney, 1960.

HARRINGTON, J. P.:

"Mollusca among the American Indians". *Acta Americana*, vol. 3. n° 4, 1945.

HART, C. W. M.:

"Personal Names among the Tiwi". *Oceania*, vol. 1, n°3, 1930.

HEDIGER, H.:

Studies of the Psychology and Behaviour of Captive Animals in Zoos and Circus (transl. from German), London, 1955.

HENDERSON, J. and HARRINGTON, J. P.:

"Ethnozoology of the Tewa Indians". *Bulletin n° 56*, *Bureau of American Ethnology*, Washington, D. C., 1914.

HENRY, J.:

Jungle People. A Kaingáng Tribe of the Highlands of Brazil, New York, 1941.

HERNANDEZ, Th.:

"Social Organization of the Drysdale River Tribes, North-West Australia". *Oceania*, vol. 11, 1940—1941.

HEYTING, A.:

Les Fondements des Mathématiques, Paris, 1955.

HOFFMAN, W. J.:

"The Menomini Indians" . *14th Annual Report. Bureau of American Ethnology*, *part* 1 (1892—1893), Washington, D. C. , 1896.

HOLLIS, A. C. :

The Nandi, their Language and Folklore, Oxford, 1909.

HUBERT, R. et MAUSS, M. :

(1) *Mélanges d'histoire des religions*, 2e éd. , 1929.

(2) "Esquisse d'une théorie générale de la magie" . *L'Année Sociologique*, tome Ⅶ, 1902—1903, *in*: Mauss, M. *Sociologie et Anthropologie*, Paris, 1950.

IVENS, W. G. :

Melanesians of the South-East Solomon Islands, London, 1927.

JAKOBSON, R. :

"Concluding Statement: Linguistics and Poetics", *in*: Thomas A. Sebeok, ed. *Style in Language*, New York-London, 1960.

JAKOBSON, R. and HALLE M. :

Fundamentals of Language, 'SGravenhage, 1956.

JENNESS. D. :

(1) "The Indian's Interpretation of Man and Nature " . *Proceedings and Transactions*, *Royal Society of Canada*, Section Ⅱ, 1930.

(2) "The Ojibwa Indians of Parry Island. Their Social and Religious Life". *Bulletins of the Canada Department of Mines*, *National Museum of Canada*, n° 78, Ottawa, 1935.

(3) "The Carrier Indians of the Bulkley River" . *Bulletin n° 133*, *Bureau of American Ethnology*, Washington, D. C. , 1943.

JENSEN, B. :

"Folkways of Greenland Dog-Keeping" . *Folk*, vol. 3, Copenhague, 1961.

K. , W. :

"How Foods Derive their Flavor" (compte rendu d'une communication de E. C. Crocker à la *Eastern New York Section of the American Chemical Society*) . *The New York Times*, May 2, 1948.

KELLY, C. Tennant:

"Tribes on Cherburg Settlement, Queensland" . *Oceania*, vol. 5, n° 4, 1935.

KINIETZ, W. V. :

"Chippewa Village. The Story of Katikitegon" . *Bulletin n° 25*, *Cranbrook Institute of Science*, Detroit, 1947.

KOPPERS, W.:

Die Bhil in Zentralindien. Wien, 1948.

KRAUSE, A.:

The Tlingit Indians. Transl. by E. Gunther, Seattle, 1956.

KRIGE, E. J. and J. D.:

The Realm of a Rain Queen, Oxford, 1943.

KROEBER, A. L.:

(1) "Zuni Kin and Clan", *Anthropological Papers of the American Museum of Natural History*, vol. 18, part. II, New York, 1917.

(2) "Handbook of the Indians of California", *Bulletin 78*, *Bureau of American Ethnology*, Washington, D. C., 1925.

KROTT, P.:

"Ways of the Wolverine" . *Natural History*, vol. 69, n°2, New York, 1960.

LA BARRE, W.:

"Potato Taxonomy among the Aymara Indians of Bolivia" . *Acta Americana*, vol. 5, n^{os}1—2, 1947.

LA FLESCHE, F.:

(1) "Right and Left in Osage Ceremonies" . *Holmes Anniversary Volume*, Washington, D. C., 1916.

(2) "The Osage Tribe. Rites of the Chiefs: Sayings of the Ancient Men". *36th Annual Report*, *Bureau of American Ethnology* (1914—1915), Washington, D. C., 1921.

(3) "The Osage Tribe. The Rite of Vigil" . *39th Annual Report*, *Bureau of American Ethnology* (1917—1918), Washington, D. C., 1925.

(4) "The Osage Tribe. Child Naming Rite" . *43rd Annual Report*, *Bureau of American Ethnology* (1925—1926), Washington, D. C., 1928.

(5) "The Osage Tribe. Rite of the Wa-Xo'-Be" . *45th Annual Report*, *Bureau of American Ethnology* (1927—1928), Washington, D. C., 1930.

LAGUNA, F. DE:

"Tlingit Ideas about the Individual " . *Southwestern Journal of Anthropology*, vol. 10, n° 2, Albuquerque, 1954.

LAROCK, V.:

Essai sur la valeur sacrée et la valeur sociale des noms de personnes dans les sociétés inférieures, Paris, 1932.

LEIGHTON, A. H. and D. C.:

"Gregorio, the Hand-Trembler, A Psychobiological Personality Study of a Navaho Indian". *Papers of the Peabody museum*, *Harvard University*, vol. 40, n° 1, Cambridge, Mass, 1949.

LÉVI-STRAUSS, C.:

(1) *Les Structures élémentaires de la parenté*, Paris, 1949.

(2) *Tristes Tropiques*, Paris, 1955.

(3) "Documents Tupi-Kawahib", *in*: *Miscellanea Paul Rivet*, *Octogenario Dicata*, Mexico, 1958.

(4) *Collège de France*, chaire d'Anthropologie sociale. *Leçon inaugurale* faite le mardi 5 janvier 1960. Paris, 1960.

(5) "La Structure et la forme, réflexions sur un ouvrage de Vladimir Propp". *Cahiers de l'Institut de Science économique appliquée* (Recherches et dialogues philosophiques et économiques, 7), n° 99, Paris, 1960.

(6) *Le Totémisme aujourd'hui*, Paris, 1962.

LIENHARDT, G.:

Divinity and Experience. The Religion of the Dinka, London, 1961.

LOEB, E. M.:

"Kuanyama Ambo Magic", *Journal of American Folklore*, vol. 69, 1956.

LONG, J. K.:

Voyages and Travels of an Indian Interpreter and Trader (1791), Chicago, 1922.

MANU (The Laws of):

The Sacred Books of the East, ed. by F. Max Müller, vol. 25, Oxford, 1886.

MCCLELLAN, C.:

"The Interrelations of Social Structure with Northern Tlingit Ceremonialism". *Southwestern Journal of Anthropology*, vol. 10, n° 1, Albuquerque, 1954.

MCCONNEL, U.:

"The Wik-Munkan Tribe of Cape York Peninsula" . *Oceania*, vol. 1, nos 1 and 2, 1930—1931.

MARSH, G. H. and LAUGHLIN, W. S. :

"Human Anatomical Knowledge among the Aleutian Islanders". *Southwestern Journal of Anthropology*, vol. 12, n°1, Albuquerque, 1956.

MAUSS, M. :

(Cf. aussi HUBERT et MAUSS, DURKHEIM et MAUSS.) "L'âme et le prénom", *Bulletin de la Société française de Philosophie*, Séance du 1er juin 1929 (29e année).

MEGGITT, M. J. :

"The Bindibu and Others" . *Man*, vol. 61, art. n°172, London, 1961.

MICHELSON, T. :

(1) "Notes on Fox Mortuary Customs and Beliefs" . 40 *th Annual Report*, *Bureau of American Ethnology* (1918—1919), Washington, D. C. , 1925.

(2) "Fox Miscellany", *Bulletin 114* , *Bureau of American Ethnology*, Washington, D. C. , 1937.

MIDDLETON, J. :

"The Social Significance of Lugbara Personal Names" . *The Uganda Journal*, vol. 25, n°1, Kampala, 1961.

MOONEY, J. :

"The Sacred Formulas of the Cherokee" . 7*th Annual Report*, *Bureau of American Ethnology*, Washington, D. C. , 1886.

NEEDHAM, R. :

(1) "The System of Teknonyms and Death-Names of the Penan". *Southwestern Journal of Anthropology*, vol. 10, n°4, Albuquerque, 1954.

(2) "A Penan Mourning-Usage" . *Bijdragen tot de Taal-Land-en Volkenkunde*, Deel 110, 3e Afl. , 'S-Gravenhage, 1954.

(3) "The Left Hand of the Mugwe: An Analytical Note on the Structure of Meru Symbolism" . *Africa*, vol. 30, n°1, London, 1960.

(4) "Mourning Terms", *Bijdragen tot de Taal-*, *Land-en Volkenkunde*, Deel 115, 1re Afl. , 'S-Gravenhage, 1959.

NELSEN, E. W. :

Wild Animals of North America, Washington, D. C., 1918.

NSIMBI, N. B.:

"Baganda Traditional Personal Names". *The Uganda Journal*, vol. 14, n°2, Kampala, 1950.

PARSONS, E. C.:

"Hopi and Zuñi Ceremonialism". *Memoirs of the American Anthropological Association*, n°39, Menasha, 1933.

PASO Y TRONCOSO, F. del:

"La Botánica entre los Nahuas", *Anales Mus. Nac. Mexic.*, tome Ⅲ, Mexico, 1886.

PEIRCE, Ch. S.:

"Logic as Semiotic: the Theory of Signs", *in*: J. Buchler, ed. *The Philosophy of Peirce: Selected Writings*, London, 3rd, ed., 1956.

PINK, O.:

"Spirit Ancestors in a Northern Aranda Horde Country". *Oceania*, vol. 4, n°2, Sydney, 1933—1934.

RADCLIFFE-BROWN, A. R.:

(1) "The Social Organization of Australian Tribes". *Oceania*, vol. 1, n°2, 1930—1931.

(2) "The Comparative Method in Social Anthropology". Huxley Memorial Lecture for 1951. *Journal of the Royal Anthropological Institute*, vol. 81, parts Ⅰ and Ⅱ, 1951 (Published 1952). Republié dans: *Method in Social Anthropology*, Chicago, 1958, chap. V.

(3) "Introduction" *in*: A. R. Radcliffe-Brown and Daryll Forde, eds. *African Systems of Kinship and Marriage*, Oxford, 1950.

RADIN, P.:

(1) "The Winnebago Tribe", 37 th *Annual Report*, *Bureau of American Ethnology* (1915—1916), Washington, D. C., 1923.

(2) "Mexican Kinship Terms". *University of California Publications in American Archaelogy and Ethnology*, vol. 31, Berkeley, 1931.

RASMUSSEN, K.:

"Intellectual Culture of the Copper Eskimos", *Report of the Fifth Thule Expe-*

dition, vol. 9, Copenhague, 1932.

READ, K. E.:

"Leadership and Consensus in a New Guinea Society". *American Anthropologist*, vol. 61, n°3, 1959.

REICHARD, G. A.:

(1) "Navajo Classification of Natural Objects". *Plateau*, vol. 21, Flagstaff, 1948.

(2) *Navaho Religion. A Study of Symbolism*, 2 vol. Bollingen Series XVIII, New York, 1950.

REKO, B. P.:

Mitobotanica Zapoteca, Tacubaya, 1945.

RETZ, Cardinal DE:

Mémoires. Bibliothèque de la Pléiade, Paris, 1949.

RISLEY, H. H.:

Tribes and Castes of Bengal, 4 vol., Calcutta, 1891.

RITZENTHALER, R.:

"Totemic Insult among the Wisconsin Chippewa". *American Anthropologist*, vol. 47, 1945.

RIVERS, W. H. R.:

"Island-Names in Melanesia". *The Geographical Journal*, London, May, 1912.

ROBBINS, W. W. HARRINGTON, J. P., and FREIRE-MARRECO, B.:

"Ethnobotany of the Tewa Indians". *Bulletin n°55*, *Bureau of American Ethnology*, Washington, D. C., 1916.

ROCAL, G.:

Le Vieux Périgord, 3e éd., Paris, 1928.

ROLLAND, E.:

(1) *Faune populaire de la France*. Tome II, "Les Oiseaux sauvages", Paris, 1879.

(2) *Flore populaire de la France*. Tome II, Paris, 1899.

ROSCOE, J.:

The Baganda: An Account of their Native Customs and Beliefs, London, 1911.

ROUSSEAU, J. J.:

(1) *Discours sur l'origine et les fondements de l'inégalité parmi les hommes*. Œuvres mêlées. Tome II. Nouvelle éd., Londres, 1776.

(2) *Essai sur l'origine des langues*. (Euvres posthumes. Tome Ⅱ, Londres, 1783.

RUSSELL, B.:

"The Philosophy of Logical Atomism". *The Monist*, 1918.

RUSSELL, F.:

"The Pima Indians", 26 *th Annual Report*, *Bureau of American Ethnology* (1904—1905), Washington, D. C., 1908.

SARTRE, J. P.:

Critique de la raison dialectique, Paris, 1960.

SAUSSURE, F. DE:

Cours de Linguistique générale, 2e éd., Paris, 1922.

SCHOOLCRAFT, H. R.:

Cf. WILLIAMS.

SEDEIS (Société d'Etudes et de Documentation Économiques, Industrielles et Sociales):

Bulletin n°796, supplément "Futuribles", n°2, Paris, 1961.

SHARP, R. Lauriston:

"Notes on Northeast Australian Totemism", *in*: *Studies in the Anthropology of Oceania and Asia*, *Papers of the Peabody Museum*, *Harvard University*, vol. 20, Cambridge, Mass., 1943.

SEBILLOT, P.:

Le Folklore de France. Tome Ⅲ, "La Faune et la flore", Paris, 1906.

SIMPSON, G. G.:

Principles of Animal Taxonomy, New York, 1961.

SKINNER, A.:

(1) "Social Life and Ceremonial Bundles of the Menomini Indians". *Anthropological Papers of the American Museum of Natural History*, vol. 13, part. 1, New York, 1913.

(2) "Observations on the Ethnology of the Sauk Indians". *Bulletins of the Public Museum of the City of Milwaukee*, vol. 5, n°1, 1923—1925.

(3) "Ethnology of the Ioway Indians". *Bulletins of the Public Museum of the City of Milwaukee*, vol. 5, n°4, 1926.

SMITH, A. H.:

"The Culture of Kabira, Southern Ryúkyú Islands". *Proceedings of the American Philosophical Society*, vol. 104, n°2, Philadelphia, 1960.

SMITH BOWEN, E.:

Le Rire et les songes (*"Return to Laughter"*, trad. française), Paris, 1957.

SPECK, F. G.:

(1) "Reptile Lore of the Northern Indians". *Journal of American Folklore*, vol. 36, n°141, Boston-New York, 1923.

(2) "Penobscot Tales and Religious Beliefs". *Journal of American Folklore*, vol. 48, n°187, Boston-New York, 1935.

SPENCER, B. and GILLEN, F. J.:

The Northern Tribes of Central Australia, London, 1904.

STANNER, W. E. H.:

(1) "Durmugam, A Nangiomeri (Australia)", *in*: J. B. Casagrande, ed. *In the Company of Man*, New York, 1960.

(2) "On Aboriginal Religion. Ⅳ. The Design-Plan of a Riteless Myth". *Oceania*, vol. 31, n°4, 1961.

STEPHEN, A. M.:

"Hopi Journal", ed. by E. C. Parsons, 2 vol., *Columbia University Contributions to Anthropology*, vol. 23, New York, 1936.

STREHLOW, C.:

Die Aranda und Loritja-Stämme in Zentral Australien, 4 vol., Frankfurt am Main, 1907—1913.

STREHLOW, T. G. H.:

Aranda Traditions, Melbourne, 1947.

STURTEVANT, W. C.:

"A Seminole Medicine Maker", *in*: J. B. Casagrande, ed. *In the Company of Man*, New York, 1960.

SWANTON, J. R.:

(1) "Social Organization and Social Usages of the Indians of the Creek Confederacy". *42nd Annual Report*, *Bureau of American Ethnology* (1924—1925), Washington, D. C., 1928.

(2) "Social and Religious Beliefs and Usages of the Chickasaw Indians". *44th Annu-*

al Report, *Bureau of American Ethnology* (1926—1927), Washington, 1928.

TESSMANN, G.:

Die Pangwe, Völkerkundliche Monographie eines west-afrikanischen Negerstammes, 2 vol., Berlin, 1913.

THOMAS, N. W.:

Kinship Organizations and Group Marriage in Australia, Cambridge, 1906.

THOMSON, D. F.:

"Names and Naming in the Wik Monkan Tribes". *Journal of the Royal Anthropological Institute*, vol. 76, part Ⅱ, London, 1946.

THURNWALD, R.:

"Bánaro Society. Social Organization and Kinship System of a Tribe in the Interior of New Guinea". *Memoirs of the American Anthropological Association*, vol. 3, n°3, 1916.

THURSTON, E.:

Castes and Tribes of Southern India, 7 vol., Madras, 1909.

TOZZER, A. M.:

"A Comparative Study of the Mayas and the Lacandones", *Archaeological Institute of America. Report of the fellow in American Archaeology* (1902—1905), New York, 1907.

TURNER, G.:

Samoa a Hundred Years ago and Long Before..., London, 1884.

TURNER, V. W.:

(1) "Lunda Rites and Ceremonies". *Occasional Papers. Rhodes-Livingstone Museum*, n°10, Manchester, 1953.

(2) "Ndembu Divination. Its Symbolism and Techniques". *The Rhodes-Livingstone Papers*, n°31, Manchester, 1961.

TYLOR, E. B.:

Primitive Culture, 2 vol., London, 1871.

VAN GENNEP, A.:

L'État actuel du problème totémique, Paris, 1920.

VAN GULIK, R. H.:

(1) *Erotic Colour Prints of the Ming Period*, 3 vol., Tokyo, 1951.

(2) *Sexual Life in Ancient China*, Leiden, 1961.

VANZOLINI, P. E.:

"Notas sôbre a zoologia dos Indios Canela". *Revista do Museu Paulista*, N. S. vol. 10, Sao Paulo, 1956—1958.

VENDRYES, J.:

Le Langage. Introduction linguistique à l'histoire, Paris, 1921.

VESTAL, P. A.:

"Ethnobotany of the Ramah Navaho". *Papers of the Peabody Museum, Harvard University*, vol. 40, n°4, Cambridge, Mass, 1952.

VOGT, E. Z.:

"On the Concepts of Structure and Process in Cultural Anthropology". *American Anthropologist*, vol. 62, n°1, 1960.

VOTH, H. R.:

(1) "The Oraibi Soyal Ceremony". *Field Columbian Museum*, *Publ. 55. AnthropologicalSeries*, vol. 3, n°1, Chicago, 1901.

(2) "The Oraibi Powamu Ceremony". *Field Columbian Museum*, *Anthropological Series*, vol. 3, n°2, Chicago, 1901.

(3) "Hopi Proper Names". *Field Columbian Museum*, *Publication 100*, *Anthropological Series*, vol. 6, n°3, Chicago, 1905.

(4) "The Traditions of the Hopi". *Field Columbian Museum Publ. 96. Anthropological Series*, vol. 8, Chicago, 1905.

(5) "Brief Miscellaneous Hopi Papers", *Field Museum of Natural History*, *Publ. 157. Anthropological Series*, vol. Ⅱ, n°2, Chicago, 1912.

WALKER, A. Raponda, et SILLANS, R.:

Les Plantes utiles du Gabon, Paris, 1961.

WALLIS, W. D.:

"The Canadian Dakota". *Anthropological Papers of the American Museum of Natural History*, vol. 41, part 1, New York, 1947.

WARNER, W. Lloyd:

A Black Civilization. Revised edition, New York, 1958.

WATERMAN, T. T.:

"Yurok Geography". *University of California Publications in American Ar-*

chaeology and Ethnology, vol. 16, n°5, Berkeley, 1920.

WHITE, C. M. N.:

(1) "Elements in Luvale Beliefs and Rituals". *The Rhodes-living stone Papers*, n°32, Manchester, 1961.

(2) (J. CHINJAVATA and L. E. MUKWATO.) "Comparative Aspects of Luvale Puberty Ritual". *African Studies*, Johannesburg, 1958.

WHITE, L. A. "New Material from Acoma", *in*:

Bulletin 136, *Bureau of American Ethnology*, Washington, D. C., 1943.

WHITING A. F.:

"Ethnobotany of the Hopi". *Bulletin n° 14*, *Museum of Northern Arizona*, Flagstaff, 1950.

WILLIAMS, M. L. W.:

Schoolcraft's Indian Legends, Michigan U. P., 1956.

WILSON, G. L.:

"Hidatsa Eagle Trapping". *Anthropological Papers of the American Museum of Natural History*, vol. 30, part Ⅳ, New York, 1928.

WIRZ, P.:

Die Marind-Anim von Holländisch-Süd-Neu-Guinea. I Band, Teil Ⅱ, 1922.

WITKOWSKI, G. J.:

Histoire des accouchements chez tous les peuples, Paris, 1887.

WOENSDREGT, J.:

"Mythen en Sagen der Berg-Toradja's van Midden-Celebes". *Verhandelingen van het Bataviaasch Genootschap van Kunsten en Wetenschappen*, vol. 65, n°3, Batavia, 1925.

WORSLEY, P.:

"Totemism in a Changing Society". *American Anthropologist*, vol. 57, n° 4, 1955.

WYMAN, L. C. et HARRIS, S. K.:

"Navaho Ethnobotany". *University of New Mexico*, *Bulletin n° 366*, *Anthropological Series*, vol. 3, n°4, Albuquerque, 1941.

ZAHAN, D.:

Sociétés d'initiation bambara, Paris-La Haye, 1960.

ZEGWAARD，G. A.：

"Headhunting Practices of the Asmat of Netherlands New Guinea". *American Anthropologist*，vol. 61，n°6，1959.

ZELENINE，D.：

Le culte des idoles en Sibérie. Trad. française，Paris，1952.

索　引

（所注页码为原书页码，即本书边码）

A

B

H

I

J

K

N

O

R

S

U

V

W

Y

Z

插图目录

初版中译者序

《野性的思维》一书发表于1962年，出版后不久就在法国学术界引起了广泛的注意。作者在本书最后一章中对两年前萨特在《辩证理性批判》一书中讨论的有关辩证理性和历史发展的观点公然加以驳难，因而从某一方面说这本书也代表了结构主义思想向存在主义思想的挑战。在本书问世一年以后，法国著名现象学家保罗·利科（Paul Ricoeur）主持了《精神》（*L'Esprit*）期刊举办的一次关于这本书的专题讨论会，评论十分热烈，成为法国20世纪60年代思想界引人注目的一件盛事。大约同时，其他一些法国结构主义的著作也相继问世，于是结构主义作为继存在主义之后的另一重要人文思潮就出现在法国思想舞台上了。《野性的思维》的发表，似乎既是实际上也是象征地拉开了60年代法国结构主义运动的序幕。

本书是一部有关理论人类学和哲学的专著。作者克洛德·列维-斯特劳斯是法兰西学院教授，法国当代著名的思想家和文化人类学家。他出生于1908年，早年就学于巴黎大学。青年时代爱好哲学，并醉心于卢梭、弗洛伊德和马克思的思想；嗣后致力于文化人类学研究达50余年之久。20世纪30年代他曾在巴西考察当地土著社会多年。40年代旅美期间钻研英美人类学与结构语言学，陆续发表了大量研究成果。自1959年起任法兰西学院教授迄今。

本书发表以前，列维-斯特劳斯已是著名人类学家；本书发表以后，特别是随着他的四巨册《神话学》的陆续发表（1964—1971年），他的影响就进而扩大到哲学界和人文科学其他各学科中去了。但是西方研究者往往把他的人类学思想与哲学思想加以区分，对前者的重视远远超过对后者的重视。

列维-斯特劳斯是一位不遵循西方传统学科分类的学者。他的研究著作从内容到风格都介于社会学—人类学研究与哲学研究之间。他对学科名称的用法往往与一般不同。为了与英美注重经验性研究的“人类学”相区别，他有时称自己的研究为“文化人类学”，有时称“人种学”(ethnologie)。这种学科名称不一致的情况往往与西方各国早期人类学研究的历史有关。比如在19世纪西方各国，人类学（anthropology）与人种学（ethnology）这两个词常常混用。那时“人种学”大致相当于后来所说的人种志（ethnography），研究内容主要是对原始部落社会的实地观察记录和采访报道。摩尔根就曾被称作是“进行实地考察的人种学者”(列维-斯特劳斯并尊称他为“最早一位结构主义人类学家”)。20世纪初，英国学术界曾对人种学与“社会人类学”这两个不同研究领域加以区分，后者以著名人类学家J. 弗雷泽为代表。前一类研究与各原始种族体格特征及其分类与演化等问题有关；后一类研究与原始社会的习俗与制度的比较考察有关。在法国，“人种学”名称的含义却相当不同。著名社会学家迪尔凯姆虽然已经为“人种学”勾勒了研究范围，但这个学科名称的用法的确立，却是由列维-布留尔与M. 毛斯（Mauss）等人完成的。1927年，巴黎大学“人种学研究所”成立，从此这一名称才在法国通行起来。于是在20世纪最初的几十年中，“人类学”与“人种学”两个学科名称的用法在英国和法国正好颠倒了过来。在法国，人种学研究与原始社会的文化、制度、风俗的比较分析有关，而人类学研究则与以种族体格特点为主的“身体人类学”和涉及考古学与古生物学的“史前人类学”有关。

列维-斯特劳斯的人类学研究兼涉英美经验主义功能学派和法国实证—唯理主义结构学派两大领域。大体上说，他把前者作为其材料来源，而把后者作为其理论根据。他不断批评英国学派的经验主义使人类学变成了一门只应用经验归纳法的“社会的自然科学”（如罗德克里夫-布朗）。列维-斯特劳斯说，英国学派因受到具体性经验和生物有机体结构模型的限制而难以达到对社会的深刻认识，“罗德克里夫-布朗虽然是一位无与伦比的观察家、分析家和分类学家，但一旦当他转向解释工作时往往会令人非常失望”（《结构人类学》，英文版，304页）。但是他又说，罗德克里夫-布朗虽然未能在经验性的社会关系与抽象的社会结构之间作出足够的区别，却曾提出过结构与所谓“结构形式”之间的区别。例如，在时间中相对稳定的个人之间的关系可以说成是一种“结构形式”，而在时间中有变化的各具体个人间的关系则被说成是一种“结构”。按照列维-斯特劳斯的观点，这一区别是沿理论抽象方向上的一种“进步”，不过他补充说，这种进步仍然受到英国学派“历时性立场”的限制。

与英国学派比较具有独立性的经验科学研究不同，法国具有社会学风格的人类学研究是与哲学、心理学、历史学、语言学以及社会批评等领域交织在一起的，并且始终伴随着基本方法论的探索。在迪尔凯姆之后，法国“社会学年鉴派”的代表人物毛斯的研究具有更明显的“结构主义”倾向。他批评了迪尔凯姆企图把复杂的社会现象还原为简单社会现象的基本原则，认为这是由于迪尔凯姆未能分清“简单”、“初步”与“在先”等基本概念。此外，毛斯也摆脱了迪尔凯姆把社会现象一般地划分为社会与个人这两个层次的简单化方法，而着手分析社会个体与整体之间大量的中间层次和不同方面，如语言、象征、心理、宗教等等。列维-斯特劳斯十分推崇毛斯的研究，认为后者的贡献主要表现在把迪尔凯姆的“社会事实”概念用社会相互关系概念加以必要的限定，从而提高了社会学理论的研究水准。

这样，列维-斯特劳斯就在英、法两大学派研究的基础上提出了自己的文化人类学观念。1954年，他在《人类学在社会科学中的地位和人类学教学中的问题》一文中把有关原始部族及其社会文化的研究分为三个阶段：

第一阶段包括观察、描述和实地调查等，大致相当于人种志的研究范围。

第二阶段对收集到的经验材料进行综合研究，并分为地理、历史和组织系统三个研究领域。这一阶段的研究他称之为“人种学”，其理论性比前一阶段提高一步。

第三阶段是在前两个阶段的基础上把研究材料进一步加以理论化，他把这一阶段的研究统称为“社会或文化人类学”。列维-斯特劳斯解释说，社会人类学对原始社会生活的各个方面（经济、技术、政治、法律、美术、宗教等）进行综合性考察。所谓社会或文化人类学就是要完整而全面地把握原始社会生活这样一个“复合体”。

最后他建议用“人类学”一词来表示以上三个相互联系的学科的总体（参见《结构人类学》，英文版，354～359 页）。但是需要指出，当前西方人类学研究中并不一定都按列维-斯特劳斯上述划分来使用这些学科名称。

50 多年来列维-斯特劳斯的研究工作大部分属于他所说的人类学第三阶段的领域，即文化人类学领域，具体来说主要涉及原始社群中的社会结构、神话结构、思维结构和历史结构等方面。《野性的思维》一书主要研究未开化人类的“具体性”与“整体性”思维的特点，并力申未开化人的具体性思维与开化人的抽象性思维不是分属“原始”与“现代”或“初级”与“高级”这两种等级不同的思维方式，而是人类历史上始终存在的两种互相平行发展、各司不同文化职能、互相补充互相渗透的思维方式。他并且断言人类艺术活动与科学活动即分别与这两种思维方式相符；正如植物有“野生”和“园植”两大类一样，思维方式也可分为“野性的”（或“野生的”）和“文明的”两大类。

作者在本书的论证中除人类学外，还涉及了语言学、逻辑学、社会学、心理学、美学、历史学、哲学等各个方面的问题，如事物的命名与分类方式，结构与事件的关系，自然与文化的关系，个体名称与一般名称关系，艺术的形式与内容，历史概念的辨析等等。论述的方式也别具一格，其中哲学的、科学的、艺术的、文学的语言往往交相并用。此外，尽管我们会在本书文句中不时遇到借自控制论、信息论、逻辑代数、结构语言学等学科中的术语，但它绝不是一本具有自然科学风格的人类学著作，而是一本具有哲学意趣的理论人类学专著。

我国哲学社会科学工作者正在开始研究法国结构主义学说，译者希望本书中译本的出版能有助于研究工作的开展。

本书提到许多动植物的学名和俗名，译者在这一领域里的知识十分有限，虽然在翻译过程中广泛查找了中外文各种专业工具书，但最后还是有少量术语没有查出对应的中文译名，因此，只好不译，原文照录。已经译出的各种名词术语不当与错误之处恐亦难免，希望读者不吝指正。

最后要说明的一点是，本书初稿最初是于1979年根据当时仅能见到的英译本译出的。作者得悉后立即寄来了法文原版。于是我开始根据法文原版对全书进行了比较彻底的改译，1980年完成，最后改定的译稿从体例到字句基本与法文版一致，不过书中英文资料引文部分仍以英译本为准。在本书改译前后作者曾多次向译者说明和解释自己的学说和本书的宗旨，使我获益匪浅，谨在此对作者的关心和帮助表示由衷的谢意。

李幼蒸

于中国社科院哲学所

1981年12月初稿

1986年2月定稿

译后记

我所译的《野性的思维》一书作为列维-斯特劳斯结构主义人类学哲学观的代表作，被纳入中国人民大学出版社“列维-斯特劳斯文集”系列再版，对此我感到十分高兴。一方面，这一文集的出版将使中国读者有可能对作者结构主义人类学学说获得全面性的了解；另一方面，文集在中国出版也正好与我目前在国内外符号学界推动的对法国结构主义运动再认识的努力在时机上一致。列维-斯特劳斯是结构主义运动时期所谓“巴黎五巨头”中的唯一健在者，自所谓后结构主义思潮兴起以来作者的学术影响力在国内外却处于逐渐减弱的态势中。当然，他作为当代法国思想界“纪念碑”的永久性地位是无人可以动摇的。可以说，战后60年来的法国，前有萨特，后有列维-斯特劳斯。在当代法国思想史上他仍是首屈一指的学者和思想家。此外，文集在中国的出版，也标志了近年来日趋活跃的中法人文学术交流活动中的一项重要的成果。

1977年下半年我从江南返京后，北京图书馆重新开放。

在对现代西方哲学各流派进行了长达20年的独立研读后，我却突然发现了非哲学本位的法国结构主义理论。记得70年代初赴甬省亲途中曾偶然在余姚书店中买到一册《自然辩证法通讯》杂志，其中有一篇苏联学者文章的译文，介绍了列维-斯特劳斯和其结构主义思想。我读后极为兴奋，认为某种全新的思想体系似乎正在形成之中。由于是“文化大革命”期间的译文，又是由当时苏联学者所撰写，其内容必然是稍述即止，语焉不详。但是我却从此牢牢记住了列维-斯特劳斯这个名字。在1959年到1966年在北京图书馆自学期间，我曾积极寻索着当时各种西方理论发展的脉络，却未曾知悉同时期在法国学术界正在发生而尚未传布于世界的重要事件：结构主义运动。1977年夏季重新进入北京图书馆时，了解列维-斯特劳斯和结构主义自然成为我当时的第一关切所在。当时借给我北京图书馆借书证的北京电影学院所委托我翻译的文章适巧也是结构主义和符号学的电影理论（参见敝译《电影与方法：符号学文选》，北京，三联书店，1987，2000），其中颇多涉及列维-斯特劳斯理论的部分。于是整个夏秋期间我遂全力沉浸于结构主义研究之中，并译出了《结构主义》一书（北京，商务印书馆，1980；北京，中国人民大学出版社，朗朗书房，2004）。当时认为结构主义与马克思主义有密切关系的已故杜任之先生，年逾古稀，却思想前进，一手把我从社会上引入哲学所。为此我提交的第一篇论文，也是我平生所写的第一篇论文，就是关于列维-斯特劳斯思想的。应该说，70年代末那几年中，列维-斯特劳斯曾是我的第一兴奋点。1980年时，译作《结构主义》和文章《列维-斯特劳斯》先后出版、发表。同时，《野性的思维》译稿业已完成并已送商务印书馆编辑。我于是将《结构主义》和载有《列维-斯特劳斯》一文的《现代西方著名哲学家述评》（杜任之主编，北京，人民出版社，1980）两书“大胆地”主动寄给列维-斯特劳斯。并用我于60年代在旧货商店买到的一部20世纪初制造的破旧打字机给他写了平生发出的第一封英文信。在我当时心目中，列维-斯特劳斯被视为当前西方思想家中的第一代表人物，我的个人致信行为也不期然地表达了和象征着“文化大革命”后一位红色中国的人文学者向当代西方人文学者的首次友善问候。效果竟然是积极正面的，不久之后我在哲学所接到了回信。

1981年2月11日的列维-斯特劳斯法文复信译文如下：

教授先生，亲爱的同事：

承蒙惠赠两书，请容许我向你表示热情的感谢。两书使我了解到中国社会科学的专家们对现代西方思潮，特别是对结构主义，具有兴趣。我特别对此感到高兴，因为我曾从远东古代哲学中寻获某些启示。但愿在我们各自机构之间的这种有益交流能继续发展下去。教授先生和亲爱的同事，请容许我向你表达同行的敬意。

克洛德·列维-斯特劳斯

法兰西科学院社会人类学实验室主任

作者对我这位从"文化大革命"刚结束不久的中国突然冒出的结构主义译者和研究者当然一无所知却不无好奇。20 世纪 50 年代左翼哲学家萨特和 70 年代初左翼结构主义者巴尔特和克莉思特娃都曾访华，但对这个文化异邦对现代西方思想的认知程度并无了解。我这封突如其来的"投石问路"信函和书物一定使作者对我本人及对中国学界产生过诸多猜想。当我顺利地完成了这次"里通外国"的交流行为并安全地获得了对方积极回应后，我紧接着又使作者的"兴奋"进一步转为"惊讶"和"不安"：向其通报了我已据英译本译出了《野性的思维》一书（这一工作竟未受到当时单位科研处的关注，即未列入所内重要项目之内，而记得一本《波普尔评传》小册子的翻译倒是列为所内重点项目了）。之后，作者一方面寄来了法文本，希望我能据原版重译；一方面开始视我为结构主义学者，希望在我的结构主义研究中能够调整正确的方向。后来在其 1981 年 6 月 12 日的法文信中作者对我解释道：

关于一般结构主义，重要的是强调，在法国由本维尼斯特，杜麦吉，维尔南和我所代表的人文科学中的结构主义，与在哲学和文学批评中随意使用的同一标称并无关系。说实在的，由于人们现在随意使用此标称……以至于我本人反倒在使用结构主义一词时感到犹豫了。

当译者在对当代西方思想了解增深后，一方面注意到学者之间思想立场的异同；另一方面也越来越认识到中国研究者保持独立学术立场的必要性（后来在我接触其他西方一流学者时曾不断遇到类似的关切）。在与西方学者交流时，要不断向其解释这样一种“交流原则”：忠实性和批评性的并存和交相为用的合理性。西方权威学者特别关心于外国研究者对其思想把握的准确性如何，也特别希望外国学者能原原本本地传播其思想。这种愿望不久之后还为一个实际的背景因素所支持：非西方留学生在西方留学期间必然（学术上和实用上）以导师学术为“绝对”标准；在回到本国学术环境后又自然地以坚持同一“师道”作为本人学术来源“纯正”的证据和前程的基础。但是，正如我在 2004 年 3 月下旬中国社科院举办的国际研讨会“符号学和人文科学”的总结发言中对到会西方专家所解释的：中国学者一方面必须忠实地研习和介绍西方各家各派的理论思想；另一方面也必须坚持独立评估和创造性运用的立场。跨学科研究方向的本质必然在于最终打破既定学科范式和规范，以便在扩大的学术运作框架内实行创造性的学术重组工作。由西方传统中产生的学术民主原则也必然应由西方专家本身遵行。就法国结构主义而言，一方面，我们应该注重列维-斯特劳斯的首要地位；另一方面也要注意其他相关学术之间的异同。列维-斯特劳斯在信中未提到的“五巨头”中另外四人（罗兰-巴尔特，雅克-拉康，密歇-福科，路意-阿尔杜塞）在结构主义运动中的作用当然也应被视为同样是重要的。

列维-斯特劳斯人类学结构主义的突破性贡献正源于其跨学科和跨文化的思考方向：法国的教育背景和美国及美洲的工作经验之结合；社会科学和自然科学的结合；自然和文化的交融；学术和艺术的对话，如此之类跨领域的精神实践。在人类学—社会学方面，他综合了法国实证主义和英美功能主义；在语言符号学方面他结合了俄国和法国的结构主义语言学（其符号学思想基本上是来源于俄国雅克布森和美国乔姆斯基）；在哲学方面，他综合了法国现象学和英美分析哲学；在精神分析学方面，他运用了弗洛伊德的基本模型；在结构主义二元对立原则方面，他借取了中国古代阴阳思想；在历史哲学方面，他以符号学思想对峙于萨特的本体论思想。列维-斯特劳斯的结构主义本身无疑反映着结构主义运动的主要特征，但绝未穷尽该运动中远为深广的内容和潜力。

在上述符号学、语言学、历史学、哲学、社会学、精神分析学以及美学文艺学等各个领域中，不同的观点和贡献，所在多有。基于同一学术自由和民主原则，我们对历年来西方学界对列维-斯特劳斯“结构主义机械观”的批评和否定（特别是来自美国式结构主义人类学的批评）也应持同样的客观主义的反批评态度，不可即视其为定论。实际上，列维-斯特劳斯的人类学结构主义的学术成果在我们今日对法国结构主义重新评估之际正应继续深入加以研究和重新加以认识。

列维-斯特劳斯思想中最可贵的倾向是其对扩大理解现代理性主义方面所作的努力，在人类文化各种表现中寻求统一秩序性认知的思想虽然往往成为人们对其批评的根据，却无疑反映了作者追求最终理性目标的一种愿望。人所共知，对宇宙和文化中一种普遍性二元对立和二元选择规律的探索，遂成为列维-斯特劳斯结构主义思想的主要标志。作者在其最早致译者信中曾谈及中国古代二元对立原则的智慧对其产生的影响。我在最近致作者的一封信中也谈到他对我在一部有关中国古代“伦理学结构主义”的专著（《仁学解释学》，北京，中国人民大学出版社，朗朗书房，2004）中所给予的影响。但是一项基本的区别是，列维-斯特劳斯强调着一种客观结构主义，我却强调一种主观的结构主义。对我来说，“结构主义”不在于其作为“宇宙规律”方面（这一方面也显然有其一定范围内的重要表现），而在于其作为主观实践学的方面。因此，我所强调的“结构主义”主要是一种人类理性实践中的倾向，这种倾向着重于精神运作中的整体性、关系性、层次性、综合性和二元选择性的思维方式。列维-斯特劳斯在本书中指出了原始部落中“客观的”（无意识的）道德性，我则着重于文明社会中“主观的”（意识的）伦理性。毫无疑问，我对“结构主义”的扩解不是作为结构主义运动创始人的列维-斯特劳斯所能认可的。但我向其传达了一个他不得不予以关注的信息：一种“扩解的”结构主义或许有可能使以他本人作为其第一标志的思想运动在当今世界跨文化学术整合中产生全新的重要作用。在同样的意义上，我们有可能使“分析哲学”、“实践学”、“解释学”、“现象学”以及“符号学”等等，经合理化语义内涵调整后，发挥更适当、更有效的作用，如果我们能坚持一种适当的学术策略辩证法的话，即首先忠实地吸收西方原典的内容，其次创造性地运用该内容，那么前者必然使我们不同于传统保守主义，后者必然使我们不同于西学本位主义。在前一类型的实践中我们进行全面和准确的翻译和绍述，在后一类型的实践中我们结合新的环境和条件予以选择、变通和重组。这样我们才能不囿于产生于西方的专业本位主义，而使西方的专业知识得以在中西跨文化的学术整合中发挥真正创造性的作用。

1988 年至 1989 年期间在西柏林担任客座研究之时，经列维-斯特劳斯向法国文化部推荐和在法国人文科学基金会资助下，我首次获得了对法国进行一个月学术访问的机会，并从此开启了以后十多年期间多次访法的机缘。2004 年夏在里昂召开的 21 世纪第一次国际符号学大会上，我的两个学术项目是：

一，以中国符号学圆桌会议的举办象征性地表达现代符号学运动中跨文化的世纪性“转向”；

二，从跨文化符号学立场为法国结构主义符号学方向“正名”。

虽然获准承担了大会中的两个项目，而作为国际符号学学会的中国理事，当时我却无法从任何机构获得经费与会。由于事关结构主义和符号学运动的发展，不得已，我只得再次请求列维-斯特劳斯的推荐。得悉我对法国结构主义和中国符号学关系的解释后，他在来信中同意“勉为其难”和“姑且一试”。结果他竟再次促成了我 2004 年夏访法计划的实现。在知悉法国人文科学基金会已对我发出了 2004 年夏访法邀请后，他来信预祝我在当年 3 月北京国际符号学研讨会上和 7 月在里昂符号学大会上有关结构主义符号学的努力取得成功。

为了促进中国学术的进步，中国学术界必须尽快与现代西方学术一流典籍进行积极对话。现代西方思想理论典籍在中国学术界的“存在”，必然成为对中国学术未来发展的一种永存的刺激、挑战和检验。那种 20 世纪初时借助日文通俗介绍来对西学进行一知半解批判的风格，也就难以发挥其阻碍中国学术思想进步的效用了。现代许多“大儒”中不乏“托庇祖荫”（认为祖先的独创性即为子孙的独创性）和“曲线救学”

（在西方制度中为中学安身立命）之辈。其共同特点就是畏惧现代西方理论的艰难性，以至于依仗各种人为的权势，轻浮加轻率地为他们自己不甚了了的西方理论进行自以为是的评定，从而全面地、系统地贻误后学。现在，改革开放时期全面开放西方学术理论以来各种西方学者文集也开始陆续出版了，中国现代化百年过程中的保守主义已经难成气候。不过此时我们又须防止另外一种偏向：借外国学术权威之名义以牟求本土西学权威性代理者的地位。尊重外国学术权威，不等于盲目地对外国权威亦步亦趋。在此，正是中国古训中的“诤友”之义有以教之。中外学术交流是以文会友，最终目的不是借学术权威以牟学者个人之实惠，而是通过相互切磋以增进彼此的学养和认知。列维-斯特劳斯属于成长于战前的老一辈学者，其造诣和人格均非今日西方机会主义一代所可比拟。

最后，我作为最早在中国介绍和研究列维-斯特劳斯学说的学者和译者之一，在此谨对中国人民大学出版社成功地出版“列维-斯特劳斯文集”一事，表达深切的敬意和诚挚的祝贺。

李幼蒸

当代世界学术名著·第一批书目

心灵与世界	[美]约翰·麦克道威尔
科学与文化	[美]约瑟夫·阿伽西
从逻辑的观点看	[美]W.V.O.蒯因
自然科学的哲学	[美]卡尔·G·亨普尔
单一的现代性	[美] F.R.詹姆逊
本然的观点	[美]托马斯·内格尔
宗教的意义与终结	[加]威尔弗雷德·坎特韦尔·史密斯
帝国与传播	[加]哈罗德·伊尼斯
传播的偏向	[加]哈罗德·伊尼斯
世界大战中的宣传技巧	[美]哈罗德·D·拉斯韦尔
一个自由而负责的新闻界	[美]新闻自由委员会
机器新娘——工业人的民俗	[加]马歇尔·麦克卢汉
报纸的良知——新闻事业的原则和问题案例讲义	[美]利昂·纳尔逊·弗林特
传播与社会影响	[法]加布里埃尔·塔尔德
模仿律	[法]加布里埃尔·塔尔德
传媒的四种理论	[美]威尔伯·施拉姆 等
传播学简史	[法]阿芒·马特拉 等
受众分析	丹尼斯·麦奎尔
写作的零度	[法]罗兰·巴尔特
符号学原理	[法]罗兰·巴尔特
符号学历险	[法]罗兰·巴尔特
人的自我寻求	[美]罗洛·梅
存在——精神病学和心理学的新方向	[美]罗洛·梅
存在心理学——一种整合的临床观	[美]罗洛·梅
个人形成论——我的心理治疗观	[美]卡尔·R·罗杰斯
当事人中心治疗——实践、运用和理论	[美]卡尔·R·罗杰斯

万物简史	[美]肯·威尔伯
动机与人格(第三版)	[美]亚伯拉罕·马斯洛
历史与意志:毛泽东思想的哲学透视	[美]魏斐德
中国的共产主义与毛泽东的崛起	[美]本杰明·I·史华慈
毛泽东的思想	[美]斯图尔特·R·施拉姆
仪式过程——结构与反结构	维克多·特纳
人类学、发展与后现代挑战	凯蒂·加德纳,大卫·刘易斯
结构人类学	[法]克洛德·列维-斯特劳斯
野性的思维	[法]克洛德·列维-斯特劳斯
面具之道	[法]克洛德·列维-斯特劳斯
嫉妒的制陶女	[法]克洛德·列维-斯特劳斯
社会科学方法论	[德]马克斯·韦伯
无快乐的经济——人类获得满足的心理学	[美]提勃尔·西托夫斯基
不确定状况下的判断:启发式和偏差	[美]丹尼尔·卡尼曼 等
话语和社会心理学——超越态度与行为	[英]乔纳森·波特 等
社会网络分析发展史——一项科学社会学的研究	[美]林顿·C·弗里曼
自由之声——19世纪法国公共知识界大观	[法]米歇尔·维诺克
官僚制内幕	[美]安东尼·唐斯
公共行政的语言——官僚制、现代性和后现代性	[美]戴维·约翰·法默尔
公共行政的精神	[美]乔治·弗雷德里克森
公共行政的合法性——一种话语分析	[美]O.C.麦克斯怀特
后现代公共行政——话语指向	[美]查尔斯·J·福克斯 等
政策悖论:政治决策中的艺术(修订版)	[美]德博拉·斯通
行政法的范围	[新西]迈克尔·塔格特
法国行政法(第五版)	[英]L·赖维乐·布朗,约翰·S·贝尔
宪法解释:文本含义,原初意图与司法审查	[美]基思·E·惠廷顿

英国与美国的公法与民主	[英]保罗·P·克雷格
行政法学的结构性变革	[日]大桥洋一
权利革命之后:重塑规制国	[美]凯斯·R·桑斯坦
规制:法律形式与经济学理论	[英]安东尼·奥格斯
阿蒂亚论事故、赔偿及法律(第六版)	[澳]波得·凯恩
意大利刑法学原理(注评版)	[意]杜里奥·帕多瓦尼
刑法概说(总论)(第三版)	[日]大塚仁
刑法概说(各论)(第三版)	[日]大塚仁
英国刑事诉讼程序(第九版)	[英]约翰·斯普莱克
刑法总论(新版第2版)	[日]大谷实
刑法各论(新版第2版)	[日]大谷实
日本刑法总论	[日]西田典之
日本刑法各论(第三版)	[日]西田典之
美国刑事法院诉讼程序	[美]爱伦·豪切斯泰勒·斯黛丽,南希·弗兰克
现代条约法与实践	[英]安托尼·奥斯特
刑事责任论	[英]维克托·塔德洛斯
刑罚、责任和正义——相关批判	[英]阿伦·洛雷
政治经济学:对经济政策的解释	T.佩尔森,G.塔贝里尼
共同价值拍卖与赢者灾难	约翰·H·凯格尔,丹·莱文
以自由看待发展	阿马蒂亚·森
美国的知识生产与分配	弗里茨·马克卢普
经济学中的经验建模——设定与评价	[英]克莱夫·W·J·格兰杰
产业组织经济学(第五版)	[美]威廉·G·谢泼德,乔安娜·M·谢泼德
经济政策的制定:交易成本政治学的视角	阿维纳什·K·迪克西特
博弈论经典	[美]哈罗德·W·库恩
行为博弈——对策略互动的实验研究	[美]科林·凯莫勒
博弈学习理论	[美]朱·弗登伯格,戴维·K·莱文
利益集团与贸易政策	G.M.格罗斯曼,E.赫尔普曼
市场波动	罗伯特·希勒
零售与分销经济学	罗格·R·贝当古

世界贸易体系经济学	[美]科依勒·贝格威尔，罗伯特·W·思泰格尔
税收经济学	伯纳德·萨拉尼
经济学是如何忘记历史的：社会科学中的历史特性问题	杰弗里·M·霍奇逊
通货膨胀、失业与货币政策	罗伯特·M·索洛 等
经济增长的决定因素：跨国经验研究	[美]罗伯特·J·巴罗
全球经济中的创新与增长	[美]G.M.格罗斯曼，E.赫尔普曼
美国产业结构(第十版)	[美]沃尔特·亚当斯，詹姆斯·W·布罗克
制度与行为经济学	[美]阿兰·斯密德
企业文化——企业生活中的礼仪与仪式	特伦斯·E·迪尔 等
组织学习(第二版)	[美]克里斯·阿吉里斯
企业文化与经营业绩	[美]约翰·P·科特 等
系统思考——适于管理者的创造性整体论	[英]迈克尔·C·杰克逊
组织学习、绩效与变革——战略人力资源开发导论	杰里·W·吉雷 等
组织文化诊断与变革	金·S·卡梅隆 等
社会网络与组织	马汀·奇达夫 等
美国会计史	加里·约翰·普雷维茨 等
新企业文化——重获工作场所的活力	特伦斯·E·迪尔 等
文化与组织(第二版)	霍尔特·霍夫斯泰德 等
实证会计理论	罗斯·瓦茨 等
组织理论：理性、自然和开放的系统	理查德·斯科特 等
管理思想史(第五版)	丹尼尔·A·雷恩
后《萨班斯—奥克斯利法》时代的公司治理	扎比霍拉哈·瑞扎伊
财务呈报：会计革命	威廉·比弗
当代会计研究：综述与评论	科塔里 等
管理会计研究	克里斯托弗·查普曼 等
会计和审计中的判断与决策	罗伯特·阿斯顿 等
会计经济学	约翰·B·坎宁

ISBN：2－266－03816－8

图书在版编目（CIP）数据

野性的思维/［法］克洛德·列维-斯特劳斯著；李幼蒸译.
北京：中国人民大学出版社，2006
（当代世界学术名著）
ISBN 978-7-300-07017-9

Ⅰ.野…
Ⅱ.①克…②李…
Ⅲ.思维方法
Ⅳ.B804

中国版本图书馆 CIP 数据核字（2005）第 148669 号

本书的出版经由法国文化部出版中心资助
当代世界学术名著
野性的思维
［法］克洛德·列维-斯特劳斯　著
李幼蒸　译

出版发行	中国人民大学出版社		
社　　址	北京中关村大街 31 号	**邮政编码**	100080
电　　话	010－62511242（总编室）		010－62511770（质管部）
	010－82501766（邮购部）		010－62514148（门市部）
	010－62515195（发行公司）		010－62515275（盗版举报）
网　　址	http://www.crup.com.cn		
经　　销	新华书店		
印　　刷	运河（唐山）印务有限公司		
开　　本	720 mm×1000 mm　1/16	**版　　次**	2006 年 1 月第 1 版
印　　张	19.75 插页 7	**印　　次**	2025 年 6 月第 8 次印刷
字　　数	276 000	**定　　价**	69.90 元